彩图 1 刺梨植株1

彩图 2 刺梨植株2

彩图 3 刺梨花

彩图 4 刺梨果实

彩图 5 刺梨叶片1

彩图 6 刺梨叶片2

彩图 7　刺梨芽1　　　　彩图 8　刺梨芽2

彩图 9　无籽刺梨果实1　　　　彩图 10　无籽刺梨果实2

彩图 11
无籽刺梨果实3

彩图 12　野生刺梨果实

彩图 13　无刺刺梨果实

彩图 14　贵农5号刺梨果实1

彩图 15　贵农5号刺梨果实2

彩图 16　贵农5号刺梨愈伤组织

彩图 17　贵农5号刺梨芽诱导

彩图 18　贵农5号刺梨丛生芽诱导

彩图 19　贵农5号刺梨生根苗

彩图 20　刺梨扦插育苗

彩图 21　刺梨与小蒜间作

彩图 22　刺梨果脯

彩图 23　刺梨产品

贵州刺梨
资源开发与应用

王彩云　阮培均　主编

化学工业出版社

·北京·

内 容 提 要

《贵州刺梨资源开发与应用》主要针对刺梨这一云贵高原地区特有物种的开发及应用进行系统介绍。全书共分九章，主要介绍了贵州省刺梨的资源现状、产业发展情况、研究简史、生物学基础、品种改良及繁殖技术、组织培养、栽培技术、病虫害防治、采收及加工、化学成分及药用价值、产品开发及应用等内容。本书可供各高等及大专院校、科研院所从事资源开发利用、产品研发研究以及从事刺梨生产的人员参考使用。

图书在版编目（CIP）数据

贵州刺梨资源开发与应用/王彩云，阮培均主编. —北京：化学工业出版社，2020.9
ISBN 978-7-122-37280-2

Ⅰ.①贵… Ⅱ.①王…②阮… Ⅲ.①刺梨-资源开发-贵州②刺梨-资源利用-贵州 Ⅳ.①S661.9

中国版本图书馆 CIP 数据核字（2020）第 113312 号

责任编辑：刘　军　孙高洁　　　　　　　装帧设计：关　飞
责任校对：王鹏飞

出版发行：化学工业出版社（北京市东城区青年湖南街 13 号　邮政编码 100011）
印　　刷：北京京华铭诚工贸有限公司
装　　订：三河市振勇印装有限公司
710mm×1000mm　1/16　印张 12¾　彩插 2　字数 247 千字
2020 年 9 月北京第 1 版第 1 次印刷

购书咨询：010-64518888　　　　　　　　售后服务：010-64518899
网　　址：http://www.cip.com.cn

本书编写人员

主   编   王彩云   阮培均

副主编   侯 俊   张翔宇

参编人员 （按姓氏音序排列）

        陈 杰   成忠均   侯 俊   黄晓旭

        李恒谦   柳 敏   王 永   徐庆祝

        查 钦   张翔宇   周茂嫦   邹 涛

前 言

　　刺梨又名送春归、刺莓果、佛朗果、文先果、刺菠萝等，为蔷薇科蔷薇属多年生落叶小灌木，富含多种维生素、多糖、人体必需氨基酸、三萜、微量元素、黄酮等，具有"防癌长寿绿色珍果""三王水果"的美誉，是一种集药用、食用、保健、观光为一体的野生水果，广泛分布于暖温带及亚热带地区，在我国主要分布于云南、贵州、四川等省，其中贵州刺梨产量最高，资源最为丰富，产品也最多。近年来，随着对刺梨生物活性成分、应用价值、功能作用的不断深入研究，刺梨被广泛应用于食品、保健品、日化产品、石漠化治理、扶贫开发、乡村振兴等方面。尤其在贵州省，刺梨作为十二个特色产业之一，在脱贫攻坚及乡村振兴中发挥着重要作用。

　　本书从刺梨的资源现状、产业发展情况、研究简史、生物学基础、品种改良及繁殖技术、组织培养、栽培技术、病虫害防治、采收及加工、化学成分及药用价值、产品开发及应用等方面对刺梨做了系统介绍，旨在为贵州刺梨资源的开发及应用提供参考。

　　本书是多位作者共同努力、集体劳动的结晶。全书共九章，主要编写分工如下：第一章由王彩云、侯俊编写；第二章由侯俊编写；第三章由王彩云、阮培均、侯俊编写；第四章由王彩云、侯俊编写；第五章由侯俊、王彩云、阮培均编写；第六章由王彩云、侯俊编写；第七章由王彩云、张翔宇编写；第八章由王彩云编写；第九章由王彩云编写；此外，王永、成忠均、周茂嫦、徐庆祝、李恒谦、陈杰、柳敏、黄晓旭、邹涛、查钦参与了部分内容的编写工作，侯俊、成忠均、王永对本书进行了排版。阮培均和成忠均对全书进行了系统审阅并提出了宝贵的修改意见，另外，在本书的编写过程中参考了相关专家及学者的著作以及研究成果，在此一并表示感谢。

　　由于本书涉及内容较广，且编者水平有限，书中难免存在不足，需要通过进一步深入的研究和探索不断加以完善，敬请广大专家及读者批评指正，以便进一步修订。

编者

2020 年 5 月

目录

第一章 概 述 / 1

第二章　刺梨生物学基础　/ 18

第三章　刺梨品种改良与繁殖技术　/ 26

第四章　刺梨组织培养　/ 43

第五章 刺梨栽培技术 / 56

第八章　刺梨的化学成分及药用价值　/ 102

第九章　刺梨产品的开发及应用　/ 130

第一章

概　述

刺梨（*Rosa roxbunghii* Tratt），又名送春归、刺莓果、佛朗果、文先果、刺菠萝等，为蔷薇科蔷薇属多年生落叶小灌木，是我国特有物种，野生资源主要分布于云南、贵州、四川、广西等地。贵州处中亚热带和北亚热带，海拔 300～2900m，平均海拔为 1100m，年降雨量为 800～1500mm；年平均气温 10.4～16.0℃，其中 1 月平均气温为 2.0～7.0℃，7 月平均气温为 20.1～25.9℃，西北部边缘地区为 17.5～20.0℃，东部、西部和南部边缘地区为 26～28℃；冬无严寒，夏无酷暑，雨水充足，气候温和，特别适合刺梨生长，是全国刺梨分布最多、产量最大的省份，同时也是刺梨的起源中心（宋仁敬等根据核型分析、形态学特征和地理分布得出）。贵州省的刺梨主要分布于六盘水市、黔南州、黔西南州、安顺市、毕节市等地。我国刺梨的利用已有 300 余年的历史，以往仅限于野生资源的利用，20 世纪 80 年代初开始驯化栽培并获得成功，贵州是我国栽培和利用刺梨最早的省份。随着对刺梨认识的加深、刺梨产业的不断发展壮大以及刺梨产品的大量推广，人们对刺梨的需求量不断增加，许多地区已进行人工种植且栽植成功，目前广西、陕西、甘肃、江西、浙江、湖南、福建、安徽、湖北等地均有栽培。

刺梨与猕猴桃、山楂并称我国三大新兴水果，是一种集药用、食用、保健、观光于一体的野生水果，因其富含维生素、多糖、人体必需氨基酸、三萜、微量元素、黄酮、超氧化物歧化酶（Superoxide Dismutase，SOD）等多种活性成分，药用价值和营养价值均较高，被誉为"营养库""防癌长寿绿色珍果""三王水果"。近年来，随着对刺梨生物活性成分、应用价值、功能作用的深入研究，刺梨被广泛应用于食品、保健品、化妆品、石漠化治理、扶贫开发、乡村振兴等方面。刺梨鲜食香味浓郁、酸甜可口、果肉质脆，也可加工成刺梨果脯、果酱、复合饮料、茶、酸奶、罐头、啤酒、可乐、软糖、果酒、饼干、蛋糕、醋等食品。刺梨具有调节机体免疫功能、解毒、镇静、延缓衰老、抗动脉粥样硬化、抗肿瘤、清除体内自由基等功能，药用价值极高，临床上常用于治疗食积腹胀、黄褐斑、动脉粥样硬化、肿瘤、糖尿病等。刺梨保健功能显著，目前主要用于开发刺梨口服液、刺梨冻干粉胶囊、刺梨糖浆等刺梨保健品。因刺梨无毒、不刺激、有特殊香味，且具有延缓衰老、抗色斑等功效，被用于制作刺梨种子油雪花膏、刺梨面膜等护肤品。另外，刺梨还被应用于生产刺梨洗发水、刺梨洗衣液等日化产品。因刺梨树体不高、枝条密、分枝多、绿化覆盖效果好，且花量大、花形多、花期长，果实碧绿晶莹、成熟时有特殊香味，还被广泛应用于园林绿化等方面。因刺梨根系发达，能在荒山、石山、荒坡地生长，对贵州省石漠化地区涵养水源、保持水土具有重要作用，因此在喀斯特地形地区被广泛应用于石漠化治理。另外，刺梨种植见效快、效益高，2年可产果，4年可进入盛果期，亩产值在6000元左右（1亩＝666.67m²），经济带动作用明显，因此还作为重点扶贫产业，助力脱贫攻坚。尤其在贵州省，刺梨作为十二个特色产业之一，在脱贫攻坚及乡村振兴中起到重要作用。

第二节　刺梨的价值

一、刺梨的药用价值

刺梨富含维生素 C、维生素 E、维生素 P、维生素 B、黄酮、三萜、有机酸、多糖、多酚、SOD 等物质，其中维生素 C 含量居水果之首，具有很高的营养价值及药用价值。现代研究表明，中药中含有的多种化学成分在发挥药理作用时往往具有协同作用，刺梨的药理作用与其含有的化学成分密切相关。因此，许多对刺梨药理作用的研究是利用刺梨的果汁或以刺梨果汁为主要成分的制剂。传统医学常把刺梨用于维生素 C 缺乏症、泄泻、食积腹胀等症的治疗，现代临床主要用于健胃、提高免疫力、防辐射、美容、抗衰老、防癌抗癌、抗动脉粥样硬化、降血脂、降血糖、抗氧化等。

刺梨具有较高的药用价值和食用价值，是著名的药食两用植物，在清代赵学敏的《本草纲目拾遗》、清代纳兰常安的《受宜堂宦游笔记》以及南京中医药大学编著的《中药大辞典》中对刺梨的药用价值均有记载。作为民族用药材，刺梨叶（Folium *Rosa roxburghii*）、刺梨根（Radix *Rosa roxburghii*）分别属蔷薇科植物单瓣缫丝花（*Rosa roxburghii* Tratt f. normalis Rehd. et Wils.）及缫丝花（*R. roxburghii*

Tratt）的干燥叶和根，被列入《贵州省中药材民族药材质量标准》（2003版、2013版）中。在贵州地区流传着这样一句话："刺梨上市，太医无事"，表明了刺梨具有重要的药用价值，且药用历史悠久。

二、刺梨的经济价值

刺梨是维生素C之王，具有较高的营养价值和药用价值，随着对刺梨价值的发掘以及刺梨产业的快速发展，刺梨产业产生了巨大的经济效益。自20世纪80年代以来，贵州省十分重视刺梨产品的研发。经过科研部门与生产企业的合作，先后研制生产了刺梨原汁、浓缩刺梨汁、刺梨饮料、刺梨酒系列产品以及带有刺梨风味的糖果、糕点、刺梨果酱、多维刺梨啤酒、刺梨休闲食品等。近年又开发了含有刺梨SOD的老来福口服液、口宝含片等产品，这些产品的问世，受到了广大消费者的欢迎与好评，也由此带动了西南省区农民的种植积极性，刺梨作为西部发展循环经济的新兴果树产业已初见端倪。

刺梨全身都是宝，其根、叶、果均可入药，根皮所含的鞣质可制栲胶；果实可以熬糖、酿酒、加工饮料及保健品等；刺梨花朵大、花瓣开展、颜色鲜艳、蜜粉丰富，有利于蜜蜂采集花粉，每年可取1～2次蜜，是一种理想的辅助蜜源植物。刺梨种植见效快、效益高，可作为重点扶贫产业。刺梨种植后，在标准化管理下，2年就可产果，4年进入盛果期。在日常的实践中，刺梨鲜果单价3～10元/kg。以贵州省龙里县为例，该县刺梨产业园亩产刺梨鲜果1500～4000kg，产值平均可达到2万元，因此，刺梨产业是增收致富的有效途径，也是很高效的产业扶贫项目。

三、刺梨的生态价值

滇、黔、桂石漠化地区为喀斯特地形，日趋恶化的脆弱生态环境制约了西南地区的经济发展。刺梨作为本土小灌木，以较高的营养价值、医药价值和观赏价值受到人们的广泛关注，对于石漠化地区的植被恢复、水土保持亦有重要的生态价值。刺梨根系发达，尤其喜在荒山、石山、荒坡地生长，对贵州省石漠化地区涵养水源、保持水土具有重要作用，在喀斯特地形地区大力发展刺梨种植，能有效遏制喀斯特地形地区的石漠化、水土流失现象。

近年来，随着土地沙漠化的日益严重，耕地面积急剧减少，由于刺梨能够在极为贫瘠的土地上生长，因此能在非耕地种植刺梨，起到防止水土流失、保护农田、美化环境、维护生态平衡等作用，具有很高的生态价值。贵州是典型的喀斯特山区省份，生态脆弱、石漠化程度高、贫困面大，为了统筹产业扶贫与生态建设，贵州将刺梨作为喀斯特地貌地区植被恢复的主要树种和政府主导的山地特色高效农业发展项目之一，对当地经济有很好的促进作用。贵州龙里、贵定等县启动了巩固退耕还林成果工程造林项目，根据刺梨的生长条件及价值，在退耕还林中大力发展刺梨产业，在当地，刺梨种植有了相当规模，在带动农民致富、振兴乡村中起到积极的作用。目前，刺梨在贵州的栽培面积已达到 220 万亩，年产鲜果可达 13 万吨，其产业总值达到 23 亿元，种植刺梨不仅带动农户脱贫增收，还能扩大刺梨深加工和带动山地特色农业旅游业的发展，在有效保持生态环境的基础上对扶贫产业的发展亦有深远的意义。

第三节 刺梨资源的开发利用

一、刺梨食品的开发利用

刺梨果肉鲜食香味浓郁、质脆、略酸、带涩味，可加工成果汁或制作食品，亦可晒干泡茶饮用。随着科学技术的发展以及对刺梨产品加工工艺的深入研究，目前已开发出刺梨原汁、刺梨饮料、发酵食品、刺梨果实罐头和刺梨保健茶等多种产品。通过在刺梨原汁中添加蜂蜜、芦荟、菠萝、西番莲等制成复合果汁，不仅提高了刺梨饮料的保健价值和营养价值，而且融合了多种风味，是潜力巨大的新型饮料。近年来，科技人员利用刺梨的酸味口感特性，研制出黏稠性搅拌型刺梨酸奶及凝固型刺梨百合酸乳等品种。另有报道，刺梨茶具有降血糖作用，可作为调节血糖的功能性饮品进行开发利用。但由于刺梨中的单宁和总酸含量高，使得刺梨果酒、酸乳、饮料等产品的生产过程中存在产品易凝聚沉淀、酒精度偏低、发酵周期长等问题，使产品品质下降，其中的关键技术仍需改进。

关于刺梨的食用方式也多种多样，直接新鲜食用是最好的选择，即去掉新鲜的刺梨果皮上的小肉刺，掏出种子，便可直接食用，口感酸甜、微涩，冷藏后味道更好。为了便于保存，延长货架期，也可将刺梨晾晒成干果，时常取几颗泡水或泡酒饮用，还能起到强身健体、抗衰老等保健功效。将其做成糖浆、果脯、蜜饯，也是一种很好的选择，不仅方法简单、味道好、营养价值高，而且有利于提高其中的 SOD 活性；同时也可以用来泡水喝，甜甜的味道也十分惹人喜爱。另外，将刺梨熬制成粥也是养生保健的上上选择，刺梨桑葚粥可养血滋阴、补肝益肾、止血止带；玉米刺梨粥可健脾开胃；刺梨冰粥可清热解毒、消食、健胃；刺梨小米粥可提高睡眠质量；刺梨鸡米粥可滋阴补气。早在清代道光十三年（公元 1833 年）就有利用刺梨酿制刺梨酒的记载，吴嵩梁在《还任黔西》中有诗句："新酿刺梨邀一醉，饱与香稻愧三年"，奠定了刺梨酒业的发展。应用刺梨可酿制成刺梨白酒、刺梨啤酒、刺梨糯米酒、刺梨保健酒等。刺梨与大多数水果一样还可加工成刺梨汁、刺梨茶、刺梨面包、刺梨饼干、刺梨饮料、刺梨醋、刺梨营养果冻、刺梨糕点等食品。

二、刺梨保健品的开发利用

近年来，随着从刺梨中提取黄酮、多酚、刺梨多糖及 SOD、维生素等生物活性成分技术的日益完善，提取物纯度较高，已形成了以刺梨提取物为主的保健食品系列。目前，市场上的刺梨保健品主要有刺梨口服液、刺梨冻干粉胶囊、刺梨复合维生素 C 以及刺梨胶原蛋白、刺梨果汁、刺梨精粉等。目前，以刺梨汁为主，结合中药配方，用现代技术已研制生产出了一系列抗衰老保健制剂——刺梨 SOD 制剂。这类制剂主要有中外合资安徽海尔生药业有限公司生产的"超氧化物歧化酶合剂"、上海黄山制药厂生产的"福寿来复方刺梨口服液"及贵阳龙发保健药品厂生产的"老来福 SOD 口服液"等。此外，刺梨冻干粉是利用冷冻干燥技术制成具有多元抗氧化活性的超细粒冻干粉，可添加到牛奶、饼干等产品中，提升常规食品的营养和保健价值，亦可灌装制成胶囊，直接以健康产品销售。这些刺梨保健产品浓缩和保留了刺梨中的维生素 C、SOD 等营养物质及其他生物活性物质，又在一定程度上弥补了刺梨鲜果保存期短、易腐败变质、货架期短的缺点，具有更广阔的市场前景。

三、刺梨中成药的开发应用

刺梨作为药食两用植物具有悠久的药用历史。康熙年间（公元 1697 年）所撰《贵州通志》所述"刺梨野生乾如蒺藜，结实如小石榴，有刺味酸，取其汁入蜜炼之可以为膏，各郡俱有，越黔境乃无，有重胎者，花甚艳，可艺为玩"为刺梨形状、产地、用途的最早文献记载。清代赵学敏的《本草纲目拾遗》及《中药大辞典》收载了该产品；本品也作为贵州省少数民族用药，收录于《贵州省中药材、民族药材质量标准》（2003 年版、2013 年版）和卫生部食品新资源品种；《贵州民间草药》《四川中药志》中亦有记载。虽然资料记载刺梨具有很高、很广泛的药用价值，但是临床药用大多只是作为中药组方使用。以黄芪、刺梨、灵芝等为主要原料的配方，可用于肿瘤放化疗引起的血小板减少、白细胞下降、免疫功能降低所致的食欲不振、体虚乏力等症的辅助治疗。阮方超等人研究发现复方刺梨合剂治疗口腔溃疡疗效好于西瓜霜。贵州老来福药业有限公司将刺梨提取物与芦荟提取物、大黄提取物组方用于改善胃肠道功能，或将淫羊藿与野生刺梨制成溶液，用于治疗胃肾虚弱所致的食欲不振、失眠、便秘、神疲乏力。有人也将刺梨、绞股蓝、苦参、山楂、徐长卿等药磨粉，用于治疗痰瘀互阻引起的高脂血症，刺梨还是苗药中治疗肿瘤的药物的主要成分之一。

目前，以刺梨为主要原料制成的中成药主要有康艾扶正胶囊、血脂平胶囊、金刺参九正合剂、仙人掌胃康胶囊以及益肾健胃口服液等，其中取得国药准字的有 7 个。金刺参九正合剂是根据贵州苗医药理论，以刺梨、金荞麦、苦参配伍组方而成的新一代抗癌药物。研究表明，金刺参九正合剂能较好地抑制高转移肺腺癌小鼠肿瘤细胞的生长及转移，现有临床研究证实，其对治疗癌症有效，且具有安全、毒副作用小的特点，尤其适用于癌症放疗、化疗引起的白细胞减少、恶心呕吐、头昏以及失眠等症的辅助治疗。由刺梨、徐长卿、绞股蓝等制成的血脂平胶囊可显著降低机体血脂水平，具有抗动脉粥样硬化、促进血液循环的作用，临床常用于治疗高脂血症。消痞和胃胶囊、仙人掌胃康胶囊等对功能性消化不良、慢性浅表性胃炎以及胃癌前病变患者疗效确切，能使患者临床症状得到有效改善。王劲红等（2004）采用刺梨根等制备的五味降脂散，经研究表明其对高脂血症有较好的疗效。刺梨与其他药物配伍同样产生较好的药理作用，如兰燕宇等研制的梨麦消食咀嚼片，具有消食化积、补脾益肺的功效，能促进小肠蠕动，有助于排便。刺梨与其他药物进行配伍，还可以有效降低其他药物成分的毒副作用，如尹红卫和潘苏华等研究发现，刺梨与银杏叶提取物配伍具有抗 CCl_4 导致的小鼠肝损伤作用，发现其抗肝损伤作用优于单方银杏叶提取物。

四、刺梨资源的其他利用

在对刺梨果实进行研究的同时，有人发现刺梨花粉含有 18 种氨基酸和 24 种矿质元素。其中有钙、钠、磷、钾等人体所必需的常量元素和铜、氟、钴、锰等微量元素以及 8 种人体所必需的氨基酸，且含量为油菜花粉的 1.25～6 倍。刺梨花粉含有具抗衰老作用的锰、钴微量元素，其含量为油菜花粉的 1.25 倍，维生素 E 为油菜花粉的 14.6 倍，维生素 C 为油菜花粉的 15.6 倍。同时，由于刺梨植株为异花授粉，花朵多，每株约 500 朵，雄蕊多数，花粉量大，刺梨还可作为一种新型的粉源植物。另外，刺梨果实开发利用后残余的果渣还可以用于制备高效饲料以及栽培平菇等食用菌，刺梨根皮、茎皮含鞣质（单宁）可制成烤胶，刺梨籽中由于含有大量的脂肪酸、氨基酸等活性成分，还可以用于提取刺梨种子油，开发新食品及保健品。

第四节 贵州刺梨产业发展情况

刺梨具有耐贫瘠、耐干旱、改善环境、防治水土流失等优势，在喀斯特地貌规模较大的贵州省被广泛引种栽培。刺梨同时具备药用、食用、观赏等价值，作为贵州省重点开发的特色资源，成为近年来食品、药品研发、生态环境改善等方面的研究热点之一。国务院颁发的〔2012〕2号文件《国务院关于进一步促进贵州经济社会又好又快发展的若干意见》提道："促进农产品加工结构调整与升级，支持发展绿色食品和有机食品，加大特色农产品注册商标和地理标志开发保护力度，打造一批具有影响力的品牌"，这为刺梨产业发展带来机遇。贵州省政府办公厅印发了《贵州省推进刺梨产业发展工作方案（2014—2020年）》，突出刺梨种植与加工特色，开展以刺梨为主题的乡村旅游，丰富了刺梨产业发展内涵；指出以刺梨种植、观花、采果、食品以及保健品等产品加工为依托，打造以刺梨为主的乡村旅游观光精品带，让游客在游憩中赏花、摘果、品刺梨食品，享受大自然美景和田园乐趣，把刺梨产业建设成为促进林农增收致富、振兴乡村和改善生态环境的支柱产业。

随着生活质量的提高，人们对食品的要求越来越严格，除营养外还要求绿色、有机、环保。与常见大宗水果相比，虽然刺梨果实其貌不扬，但刺梨的营养保健价值高、风味独特，目前还处于半野生状态，多产自无污染的山区，属纯天然果品，被称为"第三代水果"。刺梨的工业化加工已不局限于药品、保健品及食品领域，在护肤品、日化产品、生物肥料等领域也有广阔的发展空间，如制作刺梨面膜、提取刺梨精油、制作刺梨洗发水、生产刺梨酵素菌肥等。在农业生产领域，亦有用刺梨果渣栽培食用菌等方面的应用研究。加强刺梨保健效果的宣传，培育刺梨产业龙头企业，打造刺梨产品品牌，大面积发展刺梨栽培及规模化生产加工，能有效增加山区农民收入，为退耕还林项目提供支持，对实现山区经济的可持续发展具有重要意义。在贵州，刺梨产业已逐步发展成为推动地区农业产业结构调整，促进农民增收，助力脱贫攻坚的重点产业之一。《贵州省刺梨产业发展规划（2014—2020年）》中明确指出，计划到2020年，在毕节市、黔南州、六盘水市、安顺市新建刺梨基地6万公顷，在全省现有基础上总面积达到8万公顷。

一、贵州刺梨产业发展优势及意义

贵州大部分地区非常适合种植刺梨，为刺梨产业发展提供了得天独厚的自然条件，加上刺梨本身营养成分丰富，在食品、药品、保健品等开发利用方面潜力巨大。近年来，在各级政府的大力支持下，刺梨产业发展成为贵州山地特色的优势产业之一。贵州省发展刺梨产业具有诸多优势及意义，具体分析如下：

（一）野生资源丰富

贵州省是刺梨资源的起源地，野生资源分布广泛，居全国之首，现有野生刺梨面积0.67余万公顷，全省88个县（市、区）除威宁、榕江、从江分布较少外，其余各县（市、区）分布均较多，为刺梨品种改良及新品种选育奠定了坚实的基础，为发展刺梨产业提供了得天独厚的条件。目前，贵州人工种植刺梨面积达 2 万公顷，主要分布于毕节市、黔南州、六盘水市以及安顺市的 22 个县（市、区）。其中贵定、龙里 2 个县的刺梨人工栽培面积在 0.2 万～0.4 万公顷，盘州、长顺、镇宁、西秀、惠水、独山 6 个县（市、区）的刺梨人工栽培面积在 0.06 万～0.2 万公顷，瓮安、水城、六枝、普定、平塘等县的刺梨人工栽培面积小于 0.06 万公顷，其他县（市、区）的人工栽培刺梨分布较为零散，尚未形成规模。据统计，近年贵州省采用优良无性系栽培的刺梨鲜果年产量达 15 万吨左右，相比往年有所提高，但增幅不明显。

（二）生态环境适宜

生态环境是否适宜决定着刺梨产业能否得到发展。贵州属于亚热带湿润季风气候，大部分地区降雨充沛、气候温和、冬无严寒、夏无酷暑、四季分明，温度、光照、海拔、水分、湿度等均适宜刺梨生长。其中以贵州省中部、北部的遵义市大部分地区、西南部的部分地区、毕节市的大部分地区为刺梨最适生长区，该区域5～8月日均温为 18.0～21.0℃，7 月日均温为 19.5～23.0℃，10℃活动积温为 3500～4400℃，海拔 800～1600m，雨水充足，气候温和，湿度条件和热量条件均较好，十分适合刺梨的生长。因此，适宜的生态环境是贵州刺梨产业标准化、规模化的前提，是刺梨产业做大、做强的关键。

（三）刺梨营养成分丰富

在目前已开发利用的水果、蔬菜中，刺梨果实的维生素 C、维生素 P 和 SOD 含量均最高。此外，刺梨果实、根、叶、种子中还含有多糖、黄酮、有机酸、维生素 E、甾醇、单宁等多种活性成分，这些活性成分具有消食、健胃、滋补、消炎、止咳、抗癌、延缓衰老、治疗动脉粥样硬化等功效，在疾病预防及治疗、保障人体健康等方面发挥着重要作用。如没食子酸具有抗菌作用，在抗支气管肺炎发作、抗肿瘤、抗真菌和滤过性病原体活动等方面发挥着积极的作用；SOD 具有抗癌活性，在癌症治疗及预防中发挥着重要作用，有"生物黄金"之称。由于刺梨营养成分丰富，在研发食品、药品、保健品等方面潜力巨大，因而备受重视。

（四）产业链不断增长，附加值高

刺梨附加值高，其产业可带动一、二、三产业的融合发展，且带动作用明显。一是发展刺梨产业不仅可带动林下种养殖循环经济的科学发展，而且有利于发展创意农业、休闲农业、特色文化、乡村旅游等产业；二是可发展刺梨精品加工、精深加工，延长产业链，提升附加值，现在已逐步形成刺梨饮料、刺梨酒品、刺梨药品、刺梨糖品、刺梨美容护肤品、刺梨美容保健产品、刺梨茶等系列产品，促进加工制造产业的升级发展，市场潜力巨大；三是可依托刺梨基地发展乡村旅游，举办刺梨"采摘节""观花节"，打造乡村旅游观光精品带，丰富刺梨产业文化内涵，进一步推进刺梨一、三产业融合发展。

（五）政府大力支持

贵州省山多地少，耕地破碎，贫困群众大部分居住在山区，种植业依然是山区农民经济收入的重要来源，发展刺梨产业具有显著的经济效益，是带动山区人民脱贫致富的重要途径，对脱贫攻坚具有重要意义。各级党委、政府高度重视刺梨产业发展，贵州省为支持刺梨产业发展制订了《贵州省刺梨产业发展行动方案》和《贵州省刺梨产业发展规划（2014—2020 年）》等文件，明确提出到 2022 年发展刺梨种植面积 500 万亩，综合产值达 100 亿元，带动 140 万人增收，达到脱贫的目标。2014 年，贵州省林业、发改、财政等部门以退耕还林等林业工程项目支持发展刺梨产业近 15 万亩。贵州省扶贫办、省农委、省旅游局等部门共投入 2000 余万元资金支持刺梨产业。同时，其他各县（市、区）也根据各地产业发展情况，采取加大财政资金支持、强化融资力度、保障土地供给、加大科研投入力度等方式，加快刺梨产业的转型升级，推动刺梨产业更好、更快的发展。

（六）发展基础良好

贵州人民对刺梨的认识及利用由来已久，在贵州发展刺梨产业具有良好的群众基础以及扎实的研究基础。谚语"刺梨上市，太医无事"、"云果"助诸葛亮七擒孟获的故事在民间广为流传。"好花红来好花红，好花生在刺梨蓬，好花生在刺梨树，哪朵向阳哪朵红"，一首《好花红》道尽了山区人民与刺梨的深厚情感。自 20 世纪80 年代初开始，贵州就组织科研工作者对刺梨的资源调查、生理学、病虫害防治、形态解剖、果实营养学、组织培养、细胞学、成分分析、人工栽培技术、产品加工利用等做了大量研究，选育出刺梨优良品种"贵农 1 号""贵农 2 号""贵农 5 号"和"贵农 7 号"等，并获得品种审定证书，其中"贵农 5 号"丰产性高、适应性强，被广泛用于生产；制订了《无公害食品刺梨生产技术规程》《刺梨培育技术规程》等标准。刺梨优良种不断选育，种植技术日趋成熟，科研成果日渐丰富，为贵州发展刺梨产业奠定了扎实的基础。

（七）生态效益及社会效益明显

在贵州大力推进刺梨产业发展，不仅能带来较高的经济效益，还带来了良好的生态效益及社会效益。刺梨产业的稳定发展，不仅能实现产业带动的造血式脱贫，还有助于生态环境的保持及可持续性发展。如今，刺梨已发展成为村民致富的"摇钱树"、生态治理的"生态树"、旅游发展的"景观树"，在美化环境、净化空气、涵养水源、保持水土、减少自然灾害等方面都起到了重要作用。

二、贵州刺梨产业发展现状

刺梨作为贵州省 12 个特色产业之一，种植规模居全国第一，刺梨加工企业数全国第一，刺梨产业已具备快速发展的条件。2019 年贵州省刺梨种植面积 176 万亩，比上年新增 21 万亩，带动 6.48 万户 21.71 万人增收致富，人均增收 1854 元。根据《贵州省农村产业革命刺梨产业发展推进方案》，到 2021 年全省刺梨种植面积将稳定在 220 万亩，鲜果产量达到 50 万吨，综合产值达到 100 亿元。

贵州是全国唯一一把野生刺梨变家种并大规模种植的省份，省内刺梨加工企业 30 余家，较成规模的企业有 10 余家，加工能力为 9.6 万吨/年。2018 年，贵州省与广药集团合作，开发出刺柠吉系列产品，在黔南州惠水县的生产线每天生产达 1 万箱以上，带动 2000 亩刺梨种植。在 2019 年 11 月还启动了"贵广高铁刺柠吉专列"。2019 年贵州刺梨加工企业销售收入 7.5 亿元，省外销售收入达 3 亿元，占全省刺梨产业销售总额的 40%。

国内以刺梨为原料开发的药品主要集中在贵州，目前取得国药准字的品种有 7 个，分别为贵阳中医学院中药厂生产的"血脂平胶囊"、汉方制药生产的"康艾扶正胶囊""金刺参九正合剂""益肾健胃口服液"，科顿制药生产的"小儿消食开胃颗粒"，贵州顺健制药厂生产的"仙人掌胃康胶囊"，以及永乐药业以刺梨叶为原料开发和生产的"消痞和胃胶囊"。

刺梨除少量用于开发药品外，大部分被用于开发食品及保健品。目前，贵州省刺梨产品主要为天然刺梨果汁、饮料、糖果、蜜饯、儿童果奶、果茶、刺梨果酒和发酵酒、刺梨罐头、刺梨面条、刺梨醋等食品，SOD 营养口服液、刺梨精油、刺梨精粉、刺梨保健茶、刺梨含片等多种保健品，以及刺梨面膜、刺梨洗发水、刺梨洗衣液等日化产品。目前龙里县已经注册"茶香刺梨"和"谷脚刺梨"两个商标，其中"谷脚刺梨"已成功打入省外市场。盘州天刺力公司在刺梨食品加工利用方面已获得国家发明专利 3 项，注册有"真菌皇后刺梨罐头""凉都圣果刺梨果脯""天刺力果汁"等 31 个商标，产品远销上海、成都、中国香港以及韩国，深受广大消费者喜爱。黔西县绿源食品开发有限公司生产的"金刺维"刺梨果汁系列产品刷新刺梨产品加工出口记录。贵州老来福生物科技有限公司生产的四种含刺梨的保健食品年销售额已经达到 2500 万元，其中富含 SOD 的"老来福口服液"是一种以刺梨为主要成分的独家专利保健食品，出口到中国港澳台、日韩欧美、东南亚等地区。贵州卡璐丽卡生物医药科技有限公司以刺梨为主要原料，注册了"金赐丽"品牌，陆续开发了刺梨复合维生素 C、刺梨胶原蛋白、刺梨冻干粉等高附加值的功能性产品，并将刺梨产品线不断丰富细化。另外，广药集团在贵州成立广药王老吉（贵州）产业公司和广药王老吉（毕节）产业公司，充分发挥龙头产业的带动作用，将王老吉刺柠吉系列产品打造成为继王老吉凉茶之后的又一个拳头产品，形成消费扶贫，为贵州刺梨产业的发展和王老吉刺柠吉系列产品搭建优质平台，助力贵州打造百亿刺梨产业。

三、贵州刺梨产业发展中存在的问题

近年来，贵州省人工种植刺梨面积快速扩大，刺梨产业发展步伐也逐年加快。各地不断加大刺梨产品研发及推介力度，开发了刺梨原汁、饮料、酒、茶、果脯、软糖、口服液、含片以及刺梨干和刺梨酥等数十种刺梨产品，刺梨正在逐步走进大众视野。贵州刺梨产业已成为部分贫困地区脱贫攻坚的特色主导产业，为打赢脱贫攻坚战起到了积极的作用，但依然存在一些瓶颈性问题制约着刺梨产业的发展。

（一）品种单一

目前，贵州刺梨的主栽品种为无籽刺梨、"贵农5号"，配植品种为"贵农7号"，栽培面积占贵州刺梨总面积的95％以上，其他适合用于榨汁、鲜食、酿酒、制作罐头等的少核、无核刺梨新品种以及适合大面积推广的高、中、低海拔种植品种和早、中、晚熟品种尚未培育出。品种的单一导致贵州刺梨产业发展中面临着成熟期集中、贮藏压力大、货架期短、企业资源不能合理应用等种种问题，不利于刺梨产业的可持续发展。

（二）技术受限

一是鲜果保鲜技术待攻关。贵州省刺梨鲜果的成熟期为每年的9～10月份，采摘后若不及时压榨，维生素C等有效成分含量会逐渐降低，甚至会造成鲜果发酵，失去原有营养价值。而压榨后的原汁易变质和产生沉淀，需要冷冻保存，若贮存不当会造成原汁的报废。受限于鲜果保鲜技术，刺梨产品开发利用中存在着鲜果集中成熟又不耐贮藏、企业短期内加工能力有限等问题，导致企业生产线的闲置和运营成本的增加。二是刺梨精深加工技术不足，高附加值的产品少。目前，贵州省刺梨加工企业开发的产品主要集中于刺梨果汁、刺梨饮料、刺梨果脯、刺梨果酒、刺梨含片等低端产品，刺梨果醋、刺梨果酱、刺梨面膜、刺梨保健品、刺梨口服液等精深产品有待开发，生产线待完善。刺梨中单宁等含量高，导致加工产品口感差，因此如何去除影响刺梨原汁口感的单宁，如何澄清刺梨汁及其产品，如何快速、有效地提取刺梨中SOD等有效活性成分等系列技术问题有待突破，落后的深加工水平成为制约贵州刺梨产业发展的瓶颈之一。

（三）产能不足

尽管我国刺梨的研究工作在加工技术、生产栽培、药用功能、成分提取等方面做了大量的研究工作，也取得了一些重要成果，但还不能满足当前产业化和商品化开发的需要。目前开发的刺梨产品中科技含量普遍不高，产能不足。

为了进一步开发利用刺梨资源，提升刺梨产品附加值，探究刺梨生物活性成分及其功能，优化生物活性成分的提取方法，提升产品加工技术以及开发一些药食两用的附加值高的保健食品是未来刺梨产业的发展关键。同时，应该多挖掘刺梨对于特殊人群的作用，针对婴幼儿、孕妇、老人、特殊病患者等不同群体研发出相应产品，例如：针对孕妇，研制精巧、便于携带、口感好、不刺激的零食；针对老年群体，研制延缓衰老、增强体质、易消化的产品；针对婴幼儿，研制口感好、易消化、易吸收的辅食；挖掘刺梨在特殊医学食品方面的潜力，针对患有特殊疾病的群体，开发相关产品等。目前市场上有关刺梨的功能性食品还较少，大部分是刺梨茶叶和刺梨果干等干制类，其他功能性保健品还未能得到普及。但随着科学研究的不断深入及食品加工工艺的进步，刺梨的巨大潜力将会有更广阔的利用空间，刺梨精粉、刺梨冻干粉、刺梨果酒、刺梨果醋、刺梨蜜、刺梨复合果汁以及以刺梨为基础的各种保健产品将赢得更多消费者的青睐。

从总体上看，全省刺梨产品开发的深度不够、广度不高，高附加值和高档产品的市场占有率不高，在国内外市场上的竞争力有待加强。目前，全省30多家企业主要生产刺梨饮料、刺梨原汁、刺梨果酒、刺梨酒、刺梨果脯等产品，低端同质化竞争趋势严重，其他高附加值产品市场接受度低，销量有限，对刺梨产业发展的拉动效果不明显。另外，快销产品开发、推广和宣传跟不上，消费者认识度不够，高端产品开发技术尚未突破，导致刺梨产品销售对刺梨产业发展的拉动作用十分有限。

四、贵州刺梨产业发展对策及建议

依托刺梨资源产业的发展基础和技术条件，贵州省刺梨的发展关键在于重点引进和突破一批制约产业发展的关键性技术，支撑刺梨产业的集群式发展和可持续发展。

（一）强化科技支撑

一是建议相关部门、高校、科研院所针对刺梨专门成立课题，对刺梨的品种选育工作进行研究，在保持现有优势品种的基础上加大对新品种的选育，争取选育或者引进一批无核、少核、无刺、高产、适应性强、抗性强的刺梨新品种，解决品种单一问题，增强刺梨产业发展后劲；二是加强对刺梨标准化、无公害化栽植技术的研究，满足贵州刺梨产业发展对栽培技术的迫切需求；三是鼓励科研人员研究刺梨鲜果保鲜、贮存技术，刺梨采收与加工专用设备，刺梨花、根、叶、籽加工及质量（标准）控制，刺梨加工工艺及设备，刺梨残渣综合利用技术等，切实提高刺梨综合利用率，扩大消费群体，降低企业生产成本，实现刺梨产业的快速发展。尤其是加强刺梨中间活性提取物、药效物质、功能因子等基础研究，引进、开发刺梨新药、保健品、食品、日化产品生产技术及装备，实现刺梨活性提取物、特殊饮料、刺梨酒、保健品、高附加值食品、日化品、以刺梨为原料的药品等产品的批量稳定生产，重点突破一批制约刺梨产业发展的核心技术，逐步形成"资源—原料—高附加值制品"的产业链，成立刺梨产业技术创新战略联盟，构建具有核心竞争力的刺梨产业集群。

（二）加大投入力度

建议政府及相关单位加大对刺梨种植、原料贮存以及产品加工的财政补贴，支持企业及合作社发展刺梨产业，重点扶持一批龙头企业。建议政府出资购买设备或者建设厂房，低价租赁或者无偿提供给企业或药农使用，以降低企业运营成本；同时要求被扶持企业或药农加强其基地建设及产品加工，形成品牌产品；引进新技术、新品种，加大研发投入力度，尤其是加强早、中、晚刺梨品种的选育及优化，以期形成规模化、规范化、标准化生产，形成批次上市，延长刺梨鲜果采收期、刺梨产品货架期，避免企业设备的闲置及生产力的浪费。

（三）加强组织领导

成立省级刺梨产业发展专班，制订刺梨产业发展规划和推进方案，协调解决产业发展过程中遇到的重大问题，推动刺梨地方标准的制订和实施，推动刺梨定位及身份认证，争取将刺梨纳入水果和中医药典目录，为刺梨产业的健康、高速发展铺平道路。

（四）优化产业布局

一是开展刺梨普查工作。1985年贵州省已开展过全省刺梨普查工作，但至今已过去30余年，其资源、规模、产能及效益等已经发生了日新月异的变化，因此，再次进行刺梨资源普查便于全面、精准地掌握刺梨产业发展状况。二是明确发展定位。着力打造具有模范带动作用和较高知名度的刺梨产业集群，争取将贵州建设成为国家重要的刺梨优势特色产业基地，让刺梨产业成为贵州的又一张新名片。三是高标准制订刺梨产业发展规划。依据全省经济发展战略，制订与全省主导的核桃、食用菌、茶叶、蔬菜等产业相衔接的刺梨产业发展规划。四是加强校企合作、院企合作。制定相应的政策鼓励企业和院所、高校开展翔实的市场调研，在准确掌握不同群体对刺梨产品消费需求的基础上，有针对性地进行适销产品开发。鼓励有实力的企业开发以刺梨为原料的快销产品，以大众消费为突破口，拉动刺梨资源的快速消耗，刺激刺梨产业发展。鼓励企业与高校以及科研院所合作，引进专利技术成果，共同研制新产品。鼓励科研院所及企业积极开发中高端产品，满足刺梨健康养生产品潜在消费群体的需求，提高刺梨加工企业的精深加工能力，确保其具有开发高、中、低端产品的潜力及实力，避免低端同质化竞争。

第五节 刺梨的研究简史

从公元 1690 年开始，刺梨产业的发展经历了 300 多年的风风雨雨，其整个发展过程可以划分为 4 个时期。

一、启蒙期

1690～1939 年为刺梨研究的启蒙期。由于康熙二十九年（公元 1690 年）田雯所著《黔书》，是历史文献中最早出现关于刺梨的文字记载，因此可认为这是我国刺梨研究史的开端。康熙年间江阴人陈鼎漫游滇黔，并注意到刺梨，后将其对刺梨的认识写入了《滇黔纪游》中。我国清代有"宦迹半天下"之称的著名植物学家吴其濬，在其任贵州巡抚时对刺梨与金樱子的异同进行了研究，他于道光二十八年（公元 1848 年）出版的植物学著作《植物名实图考长编》中，较系统地汇集了有关刺梨的原始文字材料，并按条罗列了诸家说法，供后人研究。之后贵州地方志及有关典籍，虽然也有对刺梨文字的转述和收录，但直至抗日战争结束，我国对刺梨的研究和记载均未有突破性的进展。因此，将此时期（1690～1939 年）称为刺梨研究的启蒙时期。

二、基础期

1940～1949 年为刺梨科学研究的基础期。20 世纪 40 年代，由于抗日战争的爆发，我国大批科研院所及高等院校，纷纷往贵州、云南、四川等西南地区迁移。随之在西南地区涌入大批的生化营养学家，在此期间，他们对刺梨做了大量的测试和研究工作。例如，我国著名的生化营养学家罗登义、王成发、万昕、张宽厚、李琼华等对刺梨做了大量的分析测定与科学研究工作，尤其是王成发教授对刺梨进行了全面的检测分析，得出刺梨中维生素 C 的含量为 2435mg/100g，为我国刺梨资源的开发、综合利用以及科研、生产打下基础。我国生化营养学界对刺梨进行的新研究，取得的新进展、新突破和新发现使得我国刺梨研究取得突破性进展，同时也把刺梨产业提高到了一个前所未有的水平和高度，这在我国刺梨研究史上具有划时代的重要意义。

三、创新期

1950～1995 年为我国刺梨科学研究的创新期。新中国成立以后，由于科研工作者的重视以及各级党委和政府的大力支持，我国刺梨科学研究工作进入了创新发展期。在刺梨的科研工作中，从引种驯化到栽培技术的规范化，从品种资源调查到新品种培育以及病虫害防治，从贮藏保鲜到刺梨饮料等新产品的加工利用及开发，都取得了一批可喜的研究成果。因此，可将 1950～1995 年划为刺梨产业的创新期，主要体现在以下几个方面。

（1）刺梨产业　形成一批以刺梨产业为经营主体的企业，最具代表性的是贵阳龙泉食品厂和贵阳凯福糖果食品厂，分别生产了"山环牌"和"幸福牌"的刺梨汁和浓缩刺梨汁产品，多次获得省、部级荣誉。尤其是贵阳龙泉食品厂生产的"山环牌"刺梨汁，曾多次被我国体委定为亚运会运动员饮料以及运动员专用饮料之一。

（2）刺梨产品　形成一批刺梨产品，多时曾达到 6 大类 20 多个品种，主要以刺梨汁为主，另外还有刺梨酒、刺梨醋、刺梨软糖、刺梨果脯、刺梨糕点等等。

（3）科研成果　诞生一批科研成果，科研院所及高校对刺梨开展的大量研究工作，不断深化了社会对刺梨的认识。1981～1982 年贵州省植物园联合贵州大学开展了全省刺梨资源普查，普查中发现刺梨有 2 个种、3 个变种和若干个不同类型的品种；刺梨资源的年均产量为 1.5 万吨；同时收集了大量的优良单株，并进行人工驯化栽培。1984 年，贵州农学院（现贵州大学农学院）何照范教授、罗登义教授等（1987）对全省各地刺梨资源进行收集，同时对采集的 192 个样品进行了生化营养成分分析。发现刺梨果实中含有多种氨基酸、碳水化合物（葡萄糖、蔗糖、木糖、果糖等）、胡萝卜素、多种微量元素以及维生素（维生素 C、维生素 E、维生素 B_1、维生素 B_2、维生素 K）。其中 100g 刺梨中维生素 C 的平均含量为 2391mg，远高于大部分蔬菜、水果，被誉为"水果中的维生素 C 之王"。1986 年，北京医科大学宋圃菊教授承担的省经贸委课题"贵州刺梨汁阻断 N-亚硝基化合物体内合成及其防癌作用"通过验收，并于山东省牟平县（现牟平区）胃癌高发区用刺梨汁对志愿者做了试验研究，发现其对食管癌和胃癌有明显的抑制作用。1987 年，贵州大学吴立夫教授等承担的省科委课题"刺梨超氧化物歧化酶（SOD）"通过验收，突破性地从刺梨中提取到 SOD。在现代医学界自由基学说中，SOD 可以消除人体内的自由基，具有增强机体系统免疫能力、延缓衰老、祛斑、助消化、降血脂、防癌抗癌等功能。1985～1988 年，贵阳中医学院梁光义教授系统地研究了刺梨的化学成分，并从刺梨中分离、鉴定了 9 个化合物。以上科研成果为刺梨的研究及开发利用提供了丰富的资源。1989～1995 年，"刺梨热"热遍了云贵高原，一批以生产刺梨饮料为主的"刺梨宝""刺梨汁""刺梨酒"厂家如雨后春笋般纷纷涌现。更为可喜的是，贵州老来福药业有限公司于 1992 年 5 月投产上市的天然型抗衰老滋补保健品"SOD 老来福口服液"赢得了市场的青睐，并于 1993 年被列为国家级星火计划项目，生产能力从 200 吨/年增长到 400 吨/年，产品远销东南亚和美国，打破了刺梨产品局限于饮料与酒的历史。贵州老来福药业有限公司和国内外科研机构合作，进行了大量的临床研究，又开发出以刺梨为主要原料的抗肿瘤药物——"金刺参九正合剂"（国药准字 Z20025506 号），其主要药效是抗癌和抑制肿瘤发展、抑制细胞突变，经临床验证用于治疗化疗、放疗病人，抑制白细胞减少有效率达 88%，该产品也被列入国家星火计划项目。

四、全面发展期

1996 年至今为刺梨科学研究的全面发展期。1996 年至今，由于政府的大力投入以及政策支持，伴随着大力发展绿色产业与生态修复相结合，刺梨产业进入全面发展期。

1996 年，贵州省委、省政府启动肉牛、山羊、猕猴桃、魔芋、杜仲、油桐和刺梨等重点开发项目，提出在全面发展的基础上，围绕几个重点项目分层次加以突破，加快形成有档次、有效益、有规模、有特色的绿色产业，达到富企业、富县、富民目的，同时提出由省经委负责刺梨产业园的建设，省财政每年投入 500 万元作为滚动基金，为刺梨产业的发展保驾护航。国务院颁发的《国务院关于进一步促进贵州经济社会又好又快发展的若干意见》（国发〔2012〕2 号文件）中提道："促进农产品加工业结构调整与升级，支持发展绿色食品和有机食品，加大特色农产品注册商标和地理标志开发保护力度，打造一批具有影响力的品牌"，这为刺梨产业发展带来巨大的机遇。

2015 年，省政府办公厅印发的《贵州省推进刺梨产业发展工作方案（2014—2020 年）》（黔府办函〔2015〕1 号）文件中指出，"重点在六盘水市、安顺市、毕节市、黔南自治州等 4 个产业基础较好的市（州）即龙里、贵定、长顺、普定、镇宁、惠水、盘县、水城、六枝、平塘、黔西、大方、西秀、平坝 14 个县（区、特区）打造刺梨产业带，建设生产、加工、销售一体化产业链。到 2020 年，全省刺梨种植面积达 120 万亩。进入盛产期后年产鲜果 120 万吨，基本满足省内加工企业需要和消费者需求，刺梨产业实现年总产值 48 亿元，成为我省打造现代高效农业，实现精准扶贫和改善生态环境的重要产业"，文件为贵州又好又快发展刺梨产业指明了方向。同时，文件指出要突出刺梨种植与加工特色，通过重点品牌引领的方式，重点扶持刺梨饮料、果脯、酒品、药品、茶、精油、口服液等产品研发与精深加工，逐步形成刺梨食品、药品、保健品、日化用品四大类品种齐全的产品系列；要开展以刺梨为主题的特色乡村旅游，丰富刺梨产业的发展内涵。2019 年，贵州省政府工作报告中提出了要"大力发展刺梨等精品水果，实现规模化生产"。由此可见，刺梨产业已上升为贵州省推动农村产业革命的重要产业之一。

　　1996年至今，关于刺梨的文献报道有近1600篇，刺梨相关发明专利近3000项，且近几年有关刺梨的文献报道及专利申请数均呈逐步上升的趋势，刺梨产品从单纯的刺梨饮料发展到刺梨保健品、护肤品、药品、日化品等，数量也从最初的十多种到数十种，标志着刺梨产业进入全面发展新时期。

刺梨生物学基础

第二章

第一节 植物学特征及生长习性

刺梨又名茨梨、木梨子、送春归、缫丝花，隶属被子植物门、双子叶植物纲、蔷薇目、蔷薇科、蔷薇属落叶小灌木。

一、根

刺梨属浅根性植物，80%的根系主要分布在10～60cm的表土层之间。即使是实生苗主根亦不发达，侧根和须根多，容易产生不定芽而长出根蘖苗。当地上部出现真叶时开始分生侧根，4～5片真叶时侧根可达10余条，长5～6cm。研究表明，刺梨的根系无自然休眠期，冬季仍缓慢生长，在贵州中部地区立地条件下，在一个年周期内，根系有3次生长高峰。每年的春季来临，当土温升至10℃以上时，根的生长逐渐加强，于3月下旬至4月初出现第1次生长高峰，此次生长高峰发根量最多；步入夏季，土温达到25℃左右时，根系生长最旺盛，发根时间短，发根量较少，7～8月为根的第2次生长高峰；第3次生长高峰在9月下旬至10月中旬，到秋季10月中旬后土温降至18℃以下时，根的生长减缓，此次发根量较多。

刺梨根呈类圆柱形，长15～50cm，直径0.5～2cm或更粗，表面棕褐色，具细纵纹及侧根痕，少数有细须根残存。皮部薄，易剥离，皮脱落处表面呈棕红色。气微，味涩，质坚硬，不易折断，断面纤维性，木部呈黄白色与浅红棕色相间的放射状条纹。根横切面木栓细胞数列，外侧有落皮层，有的可见1～2列木栓形成层和数列栓内层细胞，其内散有单个或数个成束的纤维。无限外韧型维管束排列成环，韧皮部纤维束排成断续的1～2层，微木质化或木质化，有的纤维鞘薄壁细胞中含草酸钙方晶。木质部导管多单个散在，周围有木纤维，壁木质化。射线细胞类方形或长方形，5～16列，有的细胞孔沟明显。年轮清晰可见，髓部细胞壁木质化。

二、芽

刺梨芽具有明显的早熟性和异质性。刺梨芽的早熟性表现在，当年形成的新梢上的芽当年就能萌发生长抽生二、三次梢。在我国西南亚热带地区，一般1月下旬芽开始萌动，2月下旬至3月上旬展叶，3月下旬抽生一次梢。由于刺梨芽具有早熟性，在我国西南亚热带地区一年可抽生3次梢，即春、夏、秋梢。春梢可分为生长枝和结果枝，于1月份开始萌动，2月下旬进入快速生长阶段，3月初至5月中下旬为一年中生长高峰期；5月初"立夏"后开始抽生夏梢，6月上旬春季营养枝生长量小甚至停止生长，下旬开始抽生大量夏梢，并进入快速生长阶段；8月"立秋"后开始抽生秋梢，10月上旬后枝梢生长缓慢，11月下旬停止生长并开始落叶，在温度适宜、肥水条件好的地方落叶不完全。

果树枝条上的芽在生长过程中，由于营养条件和气候环境的不同而使芽的质量（个体大小、充实程度、花芽、叶芽）表现出差异，这种质量上的差异，简称为芽的异质性。刺梨芽的萌发力较强，1年生枝上只有基部的少数芽不萌发成为隐芽。但刺梨枝上芽的异质性明显，一般枝的顶端和基部的芽由于条件差而相对瘦小，抽生成相对较弱的枝条，甚至不抽枝；枝的中部芽因发育条件好而饱满充实，较肥大，容易抽生强枝。刺梨的花芽为混合芽，萌芽后，先抽生结果枝，然后开花结果。春季刺梨萌芽抽梢后，随新梢生长，花芽陆续分化，甚至在当年的二、三次梢上也能陆续分化花芽。莫勤卿等观察，在贵州中部地区，刺梨花芽的形态分化始于2月下旬，3月上旬进入分化高峰，分化早的花芽在4月上旬进入雌蕊分化期，4月中旬开始形成胚珠，5月上旬为开花盛期。

三、枝

刺梨枝树皮灰褐色，成片状剥落。小枝圆柱形，斜向上升，枝上有基部稍扁而成对的皮刺。刺梨的枝具有自剪现象，枝梢多斜生或平展，少有直立生长，故刺梨枝梢生长的顶端优势和垂直优势都弱。由于分枝级数的迅速增长，树冠形成也快，进入结果期也较早。枝上分生的侧枝及中部枝的长势较强，树冠中下部的枝梢较密集。

刺梨的枝可分为生长枝、结果母枝和结果枝3类，其中生长枝又可分为普通生长枝和徒长枝。生长枝有明显的季节性和生长停止期，结果枝开花后即停止生长。普通生长枝一般长度在35cm以下，徒长枝长度一般大于35cm，最长的可达到

1.5m 以上。枝条上着生花芽或直接着生果实的枝条称为结果枝，结果枝有单花果枝和花序果枝两种，在植株营养条件好时，花序果枝增多。直径达到 0.4cm 以上且生长健壮的生长枝容易分化花芽，转化为优良的结果母枝。徒长枝一般都从树冠的基部大枝上或根颈处抽生，长势强旺的徒长枝当年可抽生二、三次梢，此类徒长枝容易在一、二次枝上分化花芽形成优良的结果母枝。刺梨的 1 年生枝和多年生枝都可以形成结果母枝，以 1 年生枝形成的为多，在生长充实健壮的一、二次枝，甚至三次枝上，都能长出花芽而发育成为结果母枝。结果母枝长短不一，短者不到 5cm，长者可达 1m 以上。这种结果母枝所生结果枝多而长，其中有花序的果枝比例大、坐果多。生长势较弱的结果母枝上着生的果枝少而短，结果能力较差。刺梨树冠上的结果枝长度一般 0.5～25cm，以长度 15cm 左右的居多，坐果率也高。刺梨结果枝具有连续结果的能力，当年结果后，又可形成结果母枝，翌年抽生结果枝结果。

在良好栽培管理条件下，不论是无性繁殖的 1 年生苗木还是实生繁殖苗，都会有一部分植株能形成花芽并开花结实。刺梨树冠的自然更新复壮能力较强，故十多年生的植株仍能正常结实；刺梨枝梢也容易衰老，结果 2～3 年后长势明显减弱，以后小枝逐渐枯死。刺梨的大枝衰老或受损时，在植株根颈附近的隐芽可萌发抽生强旺的徒长枝，年生长量最大可超过 2m 以上，这种徒长枝上也易分生二、三次梢，因此刺梨树冠的更新能力较强，成形较快。

刺梨枝条从枝横切面的形态解剖可以看到表皮外有较厚的角质层，外韧无限维管束呈束状排列，髓射线由 1～4 列薄壁细胞组成；初生韧皮部外有一堆韧皮纤维，髓部发达，由薄壁细胞组成。

四、叶

刺梨叶为奇数一回羽状复叶，互生，叶柄长 1.3～1.5cm。叶柄和叶轴疏生小皮刺，托叶大部分与叶柄基部贴生，离生部分展开；小叶片椭圆形或长圆形，长 1～2cm，宽 0.5～1cm，先端急尖或钝，基部宽楔形，边缘有细锐锯齿，两面无毛，阳面绿色，阴面浅绿色。

叶片显微结构表明，其主脉只有一条外韧维管束，束内形成层不明显，维管束周围有一至几层厚壁细胞组成的维管束鞘。叶肉的栅栏组织通常由三层柱状细胞组成，在侧脉穿过的地方通常只有两层柱状细胞。

五、花

刺梨花为完全两性花，有单花和花序，着生于果枝顶端。大多数结果枝都只着生单花，由生长健壮的结果母枝抽生的结果枝可着生不规则的伞房花序；花序中有花 3~4 朵，多的达 7 朵以上。刺梨的花为完全花，能自花授粉结实，但异花授粉坐果率高。在贵州中部地区，2 月下旬刺梨花芽开始分化，3~4 月现蕾，4 月下旬至 5 月上旬开始开花，花期长达 1 个月左右，盛花期 15 天，个别枝梢在 6 月以后仍有花朵零星开放。刺梨花直径 5~6cm，重瓣或半重瓣，外轮花瓣大，内轮较小，淡红色或粉红色，微芳香；花托托附杯呈浅碗状，顶端向外展开，托附杯外密被针刺；花萼由 5 枚萼片组成，萼片具羽状裂片，其外被针刺；雄蕊多数，离生，着生于托附杯边缘；雌蕊由离生心皮组成，着生于花托底部，花柱周围被毛，柱头略扩展，柱头黏合伸出托附杯口外；花药黄色，形态多样，花粉囊内有花粉粒但多数败育。受刺梨花芽分化特性的影响，刺梨开花期不集中，导致果实的成熟期不一致，不利于果实的统一采收。开花期如果遇到 13℃ 以下的低温则不能正常受精，种胚不能正常发育，果实容易脱落。

六、果实

刺梨的果实是一种假果，也称蔷薇果。通常所说的果实即肉质食用部分，由花托和花筒发育而成。形状有圆球形、扁球形、纺锤形、倒锥形或圆锥形等，表面着生皮刺，有的刺软，有的刺硬，有的刺多，有的刺少甚至近于无刺。成熟果果面橙黄色，果肉金黄色，风味酸甜可口，香味浓。成熟果实在果树上可保持 30~40 天不掉落不变质，具有较强的观赏性。宿存的萼裂片直立，直径 3~4cm，一级果平均单果质量 8g 以上，8 月底至 9 月初成熟。据观察，刺梨果实的生长发育曲线为"双 S"型，从幼果发育到成熟需要 90~110 天。在贵州中部地区，刺梨果实在 5 月下旬至 6 月中旬迎来第 1 个生长高峰期，以后生长缓慢，到 7 月中上旬出现第 2 次生长高峰。果实中可溶性总糖含量和维生素 C 含量随着第 2 次生长高峰的出现迅速增加。果实在 8 月中旬后逐渐发育成熟，此时果实中可溶性总糖含量不再增加，充分成熟的果实中维生素 C 含量有所下降。

内源激素会影响刺梨果实的发育（Fan 等，2004）。刺梨果实的发育对种子的依赖性较大，在不能正常受精的情况下，果实的部分种子败育，由于赤霉素和细胞分裂素含量降低，果实中没有种子的一侧幼果的细胞停止分裂，花托组织不能正常发育而形成畸形果。刺梨是早果性强的果树，萌芽力与成枝力均较强，1 年内能多次萌芽抽梢，故形成树冠快，投入结果期也早。

七、种子

刺梨的种子由子房发育而来，是刺梨真正的果实，也称"骨质瘦果"。刺梨的每个真果中只有一粒种子，由子房室中着生的一个倒生胚珠发育而来，胎座顶生，胚珠倒悬。种子椭圆形，但子叶端较圆，胚根端较尖，长约 3mm，宽约 2mm，由种皮、外胚乳和胚三部分组成。每个刺梨假果内有种子数枚，少的仅 3～5 粒，多的 30～50 粒。

（一）种皮

覆于种子周围的皮即为种皮，刺梨种皮只有一层，膜质结构，淡棕黄色，由 2～3 层稍栓质化的细胞组成。在种皮的一侧有一条深褐色的种脊，是种皮上维管束分布的地方。

（二）外胚乳

外胚乳由珠心发育而成，是具胚乳作用的组织，呈乳白色，紧紧包围在胚的外面，由 2～4 层贮藏脂肪和蛋白质的细胞构成。在外胚乳的上下两端各有一个红褐色近圆形的部分，靠子叶端的部分较大，是合点端的珠心细胞壁增厚并木化或栓化后形成的承珠盘。靠胚根端的部分较小，是由珠孔端的珠心细胞壁增厚并木化或栓化后形成的，称为顶珠盘或珠心冠原。

（三）胚

胚是一个处于幼态的植物体，是由卵细胞受精后发育而成。位于外胚乳之内，由胚芽、胚轴、胚根和子叶四部分组成。胚芽呈一小的锥形凸起，尚无幼叶分化；胚根位于胚轴的下端，长约 0.5mm，与胚轴无明显分界；子叶着生之处即为胚轴；子叶两片，肉质肥厚，贮藏物质为脂肪和蛋白质。

刺梨种子无明显的休眠期，发芽率、出苗率均高，经盐水选种的种子发芽率可达 90％。种子贮藏的时间越长发芽率越低，贮藏一年后几乎完全丧失发芽能力。

第二节　刺梨生长发育对环境条件的要求

一、温度

刺梨原产于亚热带，喜温和的气候环境，不耐严寒和酷暑。一般年均温为 12～17℃，1 月均温 2～8℃，7 月均温 20～23℃，无霜期 230～280 天，适宜刺梨生长。适应性栽培试验结果表明，温度过高或者过低都不利于刺梨的生长。在年平均气温 11～16.15℃，≥10℃ 的年有效积温为 3100～5500℃ 的地区，刺梨生长发育均良好；在年均温度超过 17.5℃ 的地区，刺梨生长衰弱、结果小而少、果实质量差；当气温低于 -13.8℃ 或高于 40℃，刺梨难以生存。刺梨的枝条可以忍耐 -10℃ 左右的低温，而已经萌动的芽和初展开的嫩叶对低温的忍耐力弱，当气温降到 3～5℃时，则会出现寒害。由于刺梨芽的萌动期较早，海拔在 1600～1900m 区域的刺梨容易受到倒春寒或晚霜危害，而成年植株则较抗寒，在 −8℃ 左右也不易受冻。刺梨能抗高温，即使在 38～42℃ 的高温季节也能生长，但高温干旱对植株和果实发育有影响，刺梨开花至成熟期（5～8 月）均温和 3～10 月≥10℃活动积温过高或过低都不利于水溶性总糖和还原糖的合成。另外，土温达到 25℃ 左右时，刺梨根系生长最为旺盛。

贵州理工学院韩会庆等（2017）对贵州省 1961～2010 年气候变化及刺梨种植气候适宜性进行了研究，表明 5～8 月均温、7 月均温和 3～10 月≥10℃积温变化对贵州省刺梨种植适宜性影响较大。在贵州省内，年平均气温大部分介于 10.4～16.0℃ 之间。1 月平均温度大部分介于 2.0～7.0℃ 之间。7 月平均气温除东部大部和南部边缘地区为 26～28℃ 以及西部边缘地区为 17.5～20.0℃ 外，大部分介于20.1～25.9℃ 之间。贵州省内大部分地区≥10℃积温达 4000～5000℃，南北部边缘地区可达 5500～6300℃，西北部高寒地带为 3000～4000℃。因此，贵州大部分地区都适宜刺梨的生长发育，野生刺梨分布居多。贵州中部、黔西北、黔西南地区的部分县市、北部遵义大部分县市海拔在 800～1600m 之间，5～8 月均温为18.0～21.0℃，7 月均温为 19.5～23.0℃，10℃ 以上活动积温为 3500～4400℃，该区域热量条件和湿度条件较好，为刺梨最适生长区。在贵州部分高海拔地区 5～8 月均温小于 16.5℃，7 月均温小于 18℃，10℃ 以上活动积温小于 3000℃，这些区域热量不足以满足刺梨的生长发育。黔西南州的册亨、望谟、赤水河谷一带 5～8 月均温大于 23.5℃，7 月均温大于 25.5℃，10℃ 以上的活动积温大于 5000℃，温度过高不利于刺梨的生长发育。

另外，温度会影响刺梨果实中 SOD、水溶性总糖和还原糖的合成。黄桔梅等（2003）对刺梨果实中 SOD 含量与生态气候研究表明，温度对野生刺梨 SOD 含量的影响程度最大，在刺梨成熟期，温度低的地区刺梨果实中 SOD 含量较高，反之则较低，究其原因可能是温度低有利于 SOD 的生物合成及积累。

二、水分

刺梨原产于我国南方多雨湿润地区，属喜湿植物，具有较强的耐湿性，畏干热，缺水常限制刺梨的生长发育。据调查，刺梨在年降雨量 1000mm 以上地区均可种植。在贵州，刺梨分布区的年降雨量为 800～1500mm，其中以 1000～1300mm 地区的野生刺梨分布较多。我国陕西南部也有少量的野生刺梨分布，由于当地雨量较少，野生刺梨的生长发育状况远不如西南多雨湿润地区。野生刺梨分布的多少又主要和夏、秋季降雨的多少有关。如黎平县年降雨量达 1337.2mm，但刺梨极少，主要原因是夏、秋季干旱严重，不利于种子的萌发生长。

水分还影响刺梨的产量及品质，在水分充足、气候潮湿的环境中，刺梨植株生长健壮、枝多叶茂、果实肥大、产量高、品质好。研究表明：刺梨耐旱力弱，主要表现为刺梨在土壤含水量为 22.67% 时，就开始萎蔫，而其他大部分植物在土壤含水量为 5%～12% 时（如桃子 7%、葡萄 5%、柿子 12%、梨 9%），才会枯萎。在空气干燥或土壤干旱的条件下，刺梨植株长势不好、株丛矮小、叶片容易枯黄脱落、结果量少，且果小涩味重，干热情况下更为严重。

贵州大学王永志等（2009）对干旱和紫外线辐射对刺梨叶片光合生理进行了研究，发现干旱和紫外线辐射增强的条件下刺梨叶片总叶绿素、叶绿素 a 和叶绿素 b 含量下降，而叶绿素 a 与叶绿素 b 含量的比值增大，光合作用效率显著降低，干旱和紫外线增强导致刺梨叶片气孔受损、叶绿体嗜锇颗粒增多、基粒类囊体膨大、叶绿体膜系统被破坏。干旱还加剧了紫外线辐射对刺梨叶片的胁迫作用。刺梨的耐湿力、抗涝性较强，在潮湿的土壤中也能正常生长结实，在地面积水高度为 15～20cm，积水 2～3 天，杏、桃、刺槐等都涝死的状态下，刺梨仅有部分叶片发黄，耐涝能力略低于杨柳。相关研究表明，3～8 月降水量增加，刺梨单果均重和单果平均直径也随之增加。刺梨中维生素 C 和 SOD 的合成需要一定的水分，但降水过多或过低都不利于维生素 C 和 SOD 的合成。维生素 C 和 SOD 的活性先随着降水量的增加而上升，当降水量过高时维生素 C 和 SOD 活性随即呈下降趋势。

三、光照

刺梨分布多见于向阳环境，开敞林缘较多，林中极少。刺梨为喜光果树，但以散射光最有利于其生长发育，不耐强烈的直射光，最适光强 35～45klx。散射光充足时，树冠分枝多、生长强壮、花芽形成多、产量高、品质好；光照不足则分枝少而纤细、内膛枝易枯死、果实产量低。刺梨在水肥管理较好的果园，在郁闭度为 0.3～0.4 之间的林地上开花结果和生长发育均较好，三年生刺梨树平均高 2.1m，平均冠幅 1.6m×1.3m，平均结果 126 枚，平均单果重 14.5g，单株平均产量 1840g；在郁闭度达 0.7 的树荫下刺梨平均树高 2m，平均冠幅 1.11m×1m，平均结果 28 枚，平均单果重 10.8g，平均单株产量 300g，产量大幅度降低。贵州大学罗丽华等（2018）采用果实套袋的方法对刺梨果实生长发育过程进行遮光及梯度恢复光照处理，研究了光照强度对刺梨果实维生素 C 积累的影响，结果表明完全遮光处理果实内维生素 C 的含量较自然光照显著降低，恢复光照后维生素 C 积累量有所上升，但无法恢复至自然光照水平。

文晓鹏等（1992）对刺梨光合生理的研究结果表明，刺梨的光合补偿点为 1～1.5klx，饱和点为 38～40klx，属 C_3 植物。光合速率在 12～20mg $CO_2 \cdot dm^{-2} \cdot h^{-1}$，属阳性植物。刺梨不喜强烈的光照，在强烈的直射光照下，刺梨植株矮小，结果虽多，但果实小、果肉水分少、纤维发达、品质低劣。刺梨具有光合"午休"现象，在晴天的中午，刺梨的光合速率只有上午的 $49\%\sim60\%$。樊卫国等（2006）对贵农 1 号、贵农 2 号、贵农 5 号、贵农 6 号、贵农 7 号 5 个重要刺梨品种的光合特性和耐荫蔽能力进行研究，结果表明：贵农 2 号的光补偿点要比其他品种低 $3\sim5$ 倍，耐荫蔽能力最强，其次为贵农 7 号，贵农 6 号耐荫蔽能力最弱。在生产中，贵农 2 号和贵农 7 号都是丰产性较好的品种，贵农 6 号的丰产性较差。5 个刺梨品种的光饱和点在 $630\sim900\mu mol/(m^2 \cdot s)$ 范围之内，高于葡萄、柑橘、砂梨，因此刺梨属于喜光植物。

四、土壤

刺梨对土壤要求不高、适应性强，在 pH 值为 $5.5\sim7.0$ 的微酸性沙壤土、红壤土、紫土、黄壤土上都能生长。不论什么类型的土壤，也不论土壤肥沃与否，都有刺梨的分布，而且生长发育均正常，都能现蕾、开花、结实，完成其生活史。但刺梨耐贫瘠力弱，在保水保肥力差或贫瘠的土壤中，刺梨植株生长弱、产量低、品质差；在土层深厚湿润的地方生长良好，果实产量高、品质好，经济效益显著。因此，栽培时要求种植地土壤的土层要深厚、肥沃，保水保肥力强，以保证刺梨生长所需营养。

五、海拔

刺梨生长还受海拔的影响。据研究，贵州山地在海拔 $300\sim1800m$ 都有刺梨分布，以 $800\sim1600m$ 的地带分布最多，贵州处中亚热带和北亚热带，刺梨的生态最适带也随地区平均海拔的升高而相应增高。如铜仁地区一般海拔较低，刺梨多分布在 $800\sim1000m$ 的地带，且生长结果好。黔西北地区，刺梨主要分布在海拔为 $1200\sim1600m$ 的地带。而黔中地区刺梨多分布在海拔为 $1000\sim1300m$ 的地带。调查发现，随着海拔的升高，刺梨的物候期会相应延迟，通常海拔每升高 $100m$，其物候期延迟 $2\sim4$ 天。

另外，海拔会影响刺梨中维生素 C 等活性成分的含量，在 $657\sim850m$ 和 $1501\sim1700m$ 时刺梨维生素 C 含量达到较高水平。

第三章

刺梨品种改良与繁殖技术

第一节　刺梨品种改良及研究进展

　　刺梨因其果实营养丰富、维生素 C 含量极高、保健与医药功能兼具等优点，受到国内外的广泛关注，其种植面积正在逐年扩大。但因现有的刺梨栽培品种结构太过单一，且存在着种子多、果小肉薄、纤维含量高、出汁率低、味酸涩、果皮上密生小刺、熟期不一、病虫害严重等系列问题，对刺梨加工制品的产量和品质影响很大，不利于鲜销，更不利于加工产品的多样化，远远不能满足市场及加工企业对刺梨品种多元化的需求，在一定程度上制约了刺梨产业的发展。因此，在开发利用丰富自然资源的同时，必须对刺梨资源进行遗传改良，选育抗病、优质、无核、少核等优良性状的刺梨新品种，以提高单株单果的重量、结果数，减少种子数，增加可食用部分果肉的厚度，改良食味品质，增强对病虫害的抵抗能力。作为药食两用植物，刺梨的价值逐渐受到人们的重视，对刺梨种质资源的改良以及选育具有优良性状的刺梨新品种（系）成为一个新的研究方向。

　　自 20 世纪 80 年代以来，全国各科研机构以及高校先后开展了刺梨种质资源的调查和选种工作，并制订了刺梨的选育标准。目前通常采用两种标准：一是选优株、优枝，要求性状标准高，中选单株在育种园为 0.1%～0.5%；要求每亩群体产量在 1500kg 以上，单果平均重以中选株为单位，在 20g 以上，良种在育种园中选率为 1%～2%。二是群体每亩产量 750kg 以上，单果平均重 15g 以上。同时也制订出用百分法进行选择的各项评分标准。

　　据调查，在自然界中已发现一些不同的刺梨种和变种，如白花刺梨（*Rosa roxburghii* Tratt f. candida S. D. Shi）、无刺刺梨（*Rosa roxburghii* Tratt f. inermis S. D. Shi）等，它们的产量、形态特征、单宁、维生素 C、酸和糖等含量有明显差异，这是进行刺梨遗传改良可供利用的种质资源。科研工作者在全国各地选出优良的株系，剪其枝条、根扦插或挖取植株定植于选种圃内，采用无性、实生及试管繁殖等方法，经过多年多代的人工驯化，以期选育出经济及农艺性状良好的栽培种。

目前，刺梨的品种改良主要通过选择优良枝条进行扦插繁殖，在单株基础上培养株系而后慢慢形成新的品种、品系；或者将野生实生苗驯化为经济、农艺性状良好的栽培种；或者通过组织培养定向选育新品种。如在刺梨育种中，高相福等（1991）利用优良植株进行连续多代的实生繁殖和系统选择培育出"贵农12号"，在以其茎尖为外植体进行组织培养的过程中，发现试管继代苗容易黄化，且黄化现象随着繁殖代数的增多而加重，通过连续多代定向筛选，1991年选育出抗黄化的"绿色1号"刺梨试管苗，该株系叶片较厚、芽较壮实、芽丛叶色翠绿，其芽丛系繁殖的成株具有与原类型极其相似的性状表现，只是果实略偏大、单株产量略高（绿色1号单果平均重16g，原类型单果平均重15g）。向显衡和樊卫国等（1988）对在资源调查中发现的刺梨优良单株进行扦插等无性繁殖，然后经过多年多代人工驯化栽培，系统地选育出了"贵农1号""贵农2号""贵农3号""贵农4号""贵农5号""贵农6号""贵农7号""贵农8号"等优良株系。2007年，"贵农1号"（黔审果2007002号）、"贵农2号"（黔审果2007003号）、"贵农5号"（黔审果2007004号）、"贵农7号"（黔审果2007005号）通过了贵州省农作物品种审定委员会的审定。高相福等对刺梨单株的实生繁殖后代中的优异植株进行离体快繁，选育出了"贵农9号"优良株系。2015年，经国家林业局植物新品种保护办公室审查，安顺市林业科学研究所、安顺市林业局培育的刺梨变种"安富一号"金刺梨品种主要特征符合植物新品种权申请授权条件，获国家林业局（2015第18号公告）授予植物新品种权，并颁发《植物新品种权证书》。近年来各高校及科研院所正在积极探索辐射育种和诱变育种。目前，我国刺梨良种选育途径主要有引种、杂交、组织培养、诱变等方式。

一、引种

贵州农学院高相福等人研究了刺梨主要农艺性状及经济性状的遗传规律，提出果实大小、果实糖和酸含量、维生素C含量及单宁含量等性状均属于数量性状遗传，杂种后代出现趋中变异倾向。维生素C含量越高，果实酸味越重；单宁含量越高，果实涩味越重，优化栽培环境、改善栽培条件可以提高刺梨的食味品质。研究表明刺梨果实表皮的针刺是嵌合体，其变异具有可逆性。1987~1988年，张文越等将江苏植物研究所一年生刺梨实生苗及种子引入山东泰安地区，结果表明刺梨在泰安地区性状良好，植株表现出结果早、丰产性强、生长健壮等特点，而且营养成分明显高于贵州地区，因而在山东地区提倡较大面积栽培。1990年，赵艳丽等将贵州省贵阳市8个刺梨加工用品种引入河南省开封市，经过6年引种栽培试验，观察发现刺梨在河南适应性强、生长良好、产量较高，且表现出极强的耐寒和抗旱性，认为刺梨可以在河南开封等地推广应用。王光明和刘传伦先后从贵州、湖南将刺梨优良单株的种子和绿枝引入山东，经过扦插繁殖及驯化栽培，植株各方面生长健壮，表现良好，且维生素 C、多糖等活性成分得到保持，引种获得成功。

二、杂交育种

刺梨也可通过将不同地域或不同品种的株系进行杂交，从后代中选择优良株系。文晓鹏（2005）研究了刺梨"贵农 5 号"（感）×"贵农 6 号"（抗）正反交获得的 F1 代群体对刺梨白粉病抗性的遗传倾向。结果发现，F1 代杂交种的抗病性呈正态分布，正反交群体病情指数的遗传传递力（T_a）明显高于亲中值。

三、组织培养育种

组织培养与育种相结合能有效提高育种的效率，研究刺梨不同外植体的组织培养快繁技术体系，可以为刺梨新型育种途径提供依据，奠定技术基础。在利用组织培养技术进行刺梨育种时，采用具有优良性状的器官作外植体，可培育出有相同性状的优良植株，也可对组织培养材料进行改良，使组培苗的基因发生突变，从而改变刺梨遗传性状，从中筛选出具有优良性状的株系，逐渐培育形成新品种。高相福等在建立了刺梨离体快繁体系的同时，发现刺梨组织培养过程中，组培苗极易出现黄化现象，为了淘汰黄化株丛，降低黄化率，提出用黄化指数区分不同芽丛系的黄化程度差异，从中选择黄化比较轻的芽丛系。即把试管苗芽丛按黄化程度分为 5 个等级，每个等级与该级芽丛数的乘积之和与芽丛数之比即为黄化指数。通过连续多代定向筛选，选育出抗黄化刺梨试管苗"绿色 1 号"，为进一步选育刺梨新品种提供参考、奠定了研究基础。雷基祥等（1997）研究发现，刺梨实生苗容易发生白粉病，而用试管苗移植的刺梨，随着试管苗继代次数的增加其白粉病发病率明显减少。为了使具有优良性状的刺梨种质资源得以长期稳定保存，以便繁育刺梨新品种，陈红等以刺梨茎尖为外植体，通过逐步筛选适合于刺梨茎尖超低温保存的蔗糖浓度与预培养时间、玻璃化液处理时间、预处理时间等条件建立了刺梨茎尖超低温保存技术体系，为刺梨无病毒苗木的繁育以及种质资源的保存做出了重大贡献。

四、倍性育种

倍性育种是通过改变染色体数量，产生不同变异个体，进而选择优良变异个体培育新品种的育种方法。倍性育种不仅能显著地缩短育种年限，提高育种效率，而且能显著增强苗木抗逆性，提高苗木的产量及质量，具有广阔的发展前景。现有刺梨栽培种存在刺多、果肉薄、种子多而硬、可食率低等不良性状，鲜食涩味重、口感差，又不利于生产和加工。因此，有必要进行少核或无核、无刺等具有优良性状刺梨新品种的选育与开发。采用常规方法较难培育出无核、无刺等优良性状刺梨新品种，但倍性育种则比较容易实现。倍性育种包含单倍体育种与多倍体育种。

（一）单倍体育种

单倍体育种，即利用花药或未受精胚珠离体培养等植物组织培养技术诱导产生单倍体植株，再通过秋水仙素处理等手段使染色体数目加倍，从而得到纯合的二倍体植株的办法。目前，人工获得单倍体的途径有未受精子房及胚珠培养、花药及花粉培养、半配受精、染色体消除法四种。其中以花药及花粉离体培养研究技术最为成熟，也最容易大批量地获得单倍体植株，经诱发染色体加倍或自发形成纯合二倍体，是近年来发展起来应用现代生物技术进行植物新品种选育的新方法。对果树来说，单倍体育种可缩短育种年限、提高育种效率，并为基因高度杂合的果树遗传特性研究提供纯系材料，从而促进果树遗传理论的研究，有较高的利用价值。同时，花药和未受精胚珠离体培养能克服远缘杂交的不亲和性，获得具备双亲优良特性的可育远缘杂种，还可以应用于远缘杂交 F1 代的花药培养中出现的丰富的染色体变异材料和混倍体，而有利于新抗原的不断发现。因此，利用花药和未受精胚珠离体培养技术对开展刺梨新品种选育及研究其遗传学和细胞学均具有重要意义。

陈红和张绿萍（2008）建立了刺梨花药愈伤组织诱导技术体系，研究中对影响刺梨花药愈伤组织诱导的关键因子进行了初步探索，表明刺梨花药培养的最佳诱导时期为单核期，并在花药离体培养的愈伤组织及其分化的根中检测到单倍体细胞，为刺梨单倍体植株的获得奠定技术支持和理论基础。为了获得刺梨育种新材料或单倍体植株，接下来还应建立完整的刺梨花药或未受精胚的离体快繁技术体系，并对愈伤组织的起源及倍性检测以及愈伤组织及其增殖分化培养过程中的生理生化特性变化等进行研究，同时研究其染色体加倍方法，确保得到纯合的二倍体刺梨植株。

（二）多倍体育种

多倍体育种是指利用自然变异或人工诱变等，通过细胞染色体数目加倍获得多倍体育种材料，用以选育符合人们需要的优良品种，是目前林木、果树中常用的育种方法。

研究表明，刺梨四倍体材料可以通过秋水仙素诱变与组织培养技术相结合诱导出，再经过一系列育种技术可能获得具有果大、无籽等具有优良性状的刺梨品种。王小平（2009）将化学诱变育种与组织培养技术相结合，以刺梨"贵农 2 号""贵农 5 号""贵农 7 号"为试验材料，建立二倍体快繁技术体系，同时利用不同浓度的秋水仙素溶液浸泡处理三个刺梨品种组培苗的茎尖以诱导四倍体，诱导后产生的多倍体植株经显微观察及染色体鉴定，其染色体数目为 $2n = 4x = 28$，属于四倍体，四倍体植株移栽成活率可达60%。其中，以0.2%的秋水仙素溶液浸泡处理48h诱导率最好，得到的刺梨四倍体纯合体也比较多，纯合体诱导率为20.8%。得到的四倍体植株叶片增厚、变宽、变长，叶厚为二倍体的150.1%，叶宽为二倍体的157.2%，平均叶长是二倍体的138.7%；叶脉明显、颜色加深，根系比二倍体肥大，整个植株比二倍体粗壮；保卫细胞中叶绿体数目明显增多，长度明显大于二倍体，长度为二倍体的165.2%，平均宽度为二倍体的116.7%；气孔长度为二倍体的163.2%，显著大于二倍体，而气孔密度下降，为二倍体的65.8%；四倍体植株的叶绿素含量是二倍体的168.5%，平均含量为3.302mg/g；同样的低温下，四倍体的耐寒能力、抗旱性更强，三个刺梨品种四倍体植株的叶片持水率比二倍体高，细胞膜损伤率和电解质外渗率均比二倍体植株低，且差异显著。邱芬等以无籽刺梨组培苗为试验材料，采用混培法，利用秋水仙素作为诱导剂，对二倍体组培苗进行诱导，比较不同浓度的秋水仙素和不同预培养天数对诱导效果的影响。结果表明，无籽刺梨茎段在分化培养基上预处理1天后，再接入含100mg/L秋水仙素的培养基中能得到较好的诱导效果，诱变率为7.8%。与对照相比，变异植株其叶形指数明显减小、叶柄变粗、叶色变深、气孔和保卫细胞明显增大。经显微观察及根尖染色体制片计数后发现部分根尖细胞染色体为$2n=4x=28$，为四倍体。李斌等采用浸泡法研究秋水仙素溶液对无籽刺梨多倍体的诱导情况，发现其诱变率为25.6%。

五、基因工程育种

转基因技术也是获得刺梨无刺、无核等优良性状的另一种途径。由于刺梨离体再生技术体系尚未完善，因此采用以农杆菌介导的转基因育种方法选育刺梨新品种受到一定的限制。王唯薇等对刺梨花粉管通道的形成过程进行观察，发现花蕾露红期为刺梨人工授粉的最佳时期，人工授粉10h左右其花粉管通道开始萌发，到18h左右完成萌发，花粉管萌发完成后的2～9h是利用花粉管通道法介导刺梨遗传转化的最佳时期，此研究为建立花粉管通道法介导刺梨遗传转化技术体系提供了参考和理论基础。

研究人员还结合RACE技术与同源克隆得到了无籽刺梨AGL基因的cDNA全长，这有助于其无籽调控的分子生物学机理研究。刘明等采用改良CTAB法提取刺梨基因组DNA，利用多次抽提去除多糖、蛋白，使用PVP和β-巯基乙醇防止多酚的影响，建立总RNA提取方法，在RNA提取过程中加入亚精胺抑制RNA酶，保证了RNA酶的产率，提取的RNA可用于RT-PCR反应，为刺梨的基因工程育种奠定基础。

六、诱变育种

诱变育种是指人工利用化学诱变剂诱发其产生遗传变异，再通过多世代对突变体进行选择和鉴定，培育成具有较高利用价值果树新品种（系）的技术。诱变育种可以克服常规育种进程慢、周期长的缺点，可在创造植物新种质、新材料以及解决育种工作中某些特殊问题等方面取得快速发展和突破。诱变育种因特异性强、产生的变异稳定较快、易操作、成本低、点突变比例和突变频率高等特有优势，被国内外广泛应用于果树的诱变育种。

利用常规育种方法想要获得优良性状比较困难，而通过诱变技术处理，可产生一些符合育种需要的可遗传突变体，进而通过选择和鉴定，直接或间接地培育成满足栽培生产的新品种。因此，诱变育种被当作一条创造刺梨新种质、新材料的快速通道。至今，国内外有关刺梨辐射诱变育种的研究报道非常少，仅廖安红等（2016）研究过^{60}Co-γ射线对刺梨枝条的影响。在他的研究中，刺梨对^{60}Co-γ射线较为敏感，仅能承受0～30Gy范围内的剂量，植株物候期经辐射处理后明显推迟。综合^{60}Co-γ射线对刺梨幼苗的生理特性、半致死剂量以及生长的影响，刺梨适宜辐照剂量在15～20Gy之间。用不同浓度的秋水仙素处理刺梨单芽茎段和已萌发种子，发现0.2%的秋水仙素浸泡48h最有利于刺梨茎段诱变，0.1%的秋水仙素浸渍24h或48h为刺梨种子诱变的适宜浓度及时间。秋水仙素使部分刺梨组培苗的生理状态和形态发生变异，主要表现为叶面积、茎粗、气孔长度、保卫细胞长度与宽度变大，气孔密度降低，复叶形指数、节间距、株高变小，同时类胡萝卜素和叶片总叶绿素含量升高等，为刺梨的诱变育种奠定基础。

第二节 刺梨良种简介

我国学者对刺梨开展了大量的研究，也选育出大量株系，目前优良刺梨资源有普通刺梨、金刺梨、刺梨1号、刺梨2号、光枝无籽刺梨、贵农1号、贵农2号、贵农3号、贵农4号、贵农5号、贵农6号、贵农7号、贵农8号、贵农62号、贵农95号等。

一、普通刺梨

普通刺梨（*R.roxburghii* Tratt）是刺梨的主体，也是开发的主要对象。其为落叶小灌木，多丛生，株高1.5～2.5m，分枝多，小枝圆柱形，遍体具短刺，刺成对生于叶的基部，树皮灰褐色，成片状剥落。奇数羽状复叶，互生，着生于两刺之间；叶柄具条纹，长1.5～2.5cm；托叶线形，大部连于叶柄上，边缘具缘毛及长尖齿；小叶对生，通常7～11枚，椭圆形至长倒卵形，边缘有细锯齿，先端尖或圆形，基部阔楔形，两面无毛，无柄。花两性，有香气，单生或2～3朵着生于短枝顶端，花瓣倒卵形，有红色、白色、粉红色、深红色、淡红色等，其中以粉红色、红色居多；花径5～7cm；花萼5，基部连合成筒状，围包雌蕊，表面密被细长刺针，上端膨大而形成花盘；花瓣5，广倒卵形，顶端凹入；雄蕊多数，有毛，着生于花盆外围，长出于萼筒口；雌蕊多数，着生于萼筒基部，头状柱头；花期5～7月。果实扁球形、圆形、纺锤形、圆锥形，表皮密生小针刺，成熟时为黄色，内含多数骨质瘦果（习惯上称为种子）5～70粒，果径2～4cm，单果一般重5～20g，目前发现的最大果重50g；果肉含纤维量较高，生食不易"化渣"，果期7～10月。100g鲜果果实的维生素C含量为2000mg以上，最高达到3500mg。

普通刺梨目前发现两个变种，即重瓣花刺梨（*Rosa roxburghii* var. *plena*）与光皮刺梨（*Rosa roxburghii* var. *espina*）。重瓣花刺梨主要用于观赏，重瓣数多的不结果，重瓣数少的虽能结果，但果实太小，没有食用价值。光皮刺梨与普通刺梨的主要区别是光皮刺梨的果实表皮无针刺或有极松软的刺，果实多数、偏小。

二、金刺梨

金刺梨（*Rosa kweichonensis* var. *Sterilis*）也称安顺金刺梨，因其果实少刺无籽、易化渣、酸甜可口，民间又称其为中药"蜂糖罐"。1991年安顺金刺梨"野果"在西秀区旧州镇老落坡林场首次被发现，后经林业部门多次采本育苗、广泛培育繁殖而来，2014年安顺金刺梨获国家植物新品种保护授权。金刺梨是普通刺梨的近缘种，与贵州缫丝花形态较一致，遗传亲缘关系也更近，为多年生落叶攀援状灌木，树高可达4～6m，多分枝，冠幅达4～5m。小枝和叶柄紫红色，具灰白色茸毛，小叶倒卵状椭圆形或椭圆形。3～4月现蕾，4月下旬～5月上旬开始开花，盛花期在5月中旬，花期长达一个月，个别枝梢在6月以后仍有花朵零星开放；开花时花蕾为淡粉色，花瓣呈雪白色，花3～5朵组成伞房花序，叶片较小，呈长圆形。芽早熟，每年的2月份开始萌发，种植当年即可萌发生长，芽苞较普通刺梨大，瓣形较明显，成熟时为黄褐色。果实在每年的9～11月逐渐成熟，果实近椭圆形或扁球形；成熟时果皮呈黄褐色，疏被刺，小刺极易脱落；果肉呈艳丽的橙黄色，肥厚脆嫩；大小稍小于普通刺梨，平均单果重4～7g，最大单果重11g。雄蕊高度败育，花药干瘪，无花粉，偶尔出现1～2粒瘦果种子，果实可食率远高于普通刺梨。野生资源较少，继代培养需通过无性繁殖进行。果实中含有丰富的营养成分，总糖含量为10.23%，高于普通刺梨（5.09%）；含酸1.38%～2.71%，糖酸比6.48～24.59；蛋白质含量为18.15mg/100g；单宁含量1.53%，低于普通刺梨；果实酸甜适宜、极少涩味，口感比普通刺梨好，市场前景广。

三、刺梨1号

刺梨1号树冠开张，枝粗壮，果实短锥状或高扁圆形，基部宽平，萼部较高突或微突，刺较稀粗，果实成熟时为橙黄色。平均单果重 18.5g，最大可达 27g，肉质肥厚、纤维少、汁较多、易化渣，肉质较脆，品质中上等。果肉含维生素 C 2185.4～2253.5mg/100g、还原糖 2.04%～3.27%、总糖量 4.03%～6.17%、单宁 0.19%～0.22%、总酸度 1.20%～1.32%，于 8 月中下旬成熟。

特点：品质优，丰产性好，果大、果肉厚、汁多，适宜加工制汁、制作罐头等。

四、刺梨 2 号

刺梨 2 号树势较强，较开张。果肉淡黄色，果实亚球形，刺稀短而软。较丰产，平均单果重 15.5g，最大可达 20g。肉质肥厚，果腔内花托顶部高突，腔的空隙小，肉质较细脆，汁多，纤维少，易化渣，微香，无涩味，味甜而微酸，品质优。果肉含维生素 C 2125.68～2209.5mg/100g、还原糖 2.87%～3.33%、总糖 5.9%～7.25%、单宁 0.21%～0.29%，总酸度 1.25%～1.59%，早熟，在 8 月上、中旬成熟。

特点：较丰产，早熟，品质优，鲜食、加工均适宜。

五、光枝无籽刺梨

光枝无籽刺梨（*Rosa sterilis* S. D. Shi var. *leioclada* M. T. An，Y. Z. Cheng et M. Zhong）为安顺缫丝花新变种。攀援灌木；叶柄和小枝光滑无毛，浅绿色；小叶 7～9 枚，卵状椭圆形或椭圆形；伞房花序，花 2～6（10）朵，花瓣浅粉红色；果实卵球形，密被小刺。果直径约 2cm，瘦果不育。与近几十年来颇受国内外关注，誉称"维生素 C 之王"的刺梨（缫丝花）近缘。鲜果维生素含量与普通刺梨接近，其含糖量是普通刺梨的 6 倍以上，具有极高的开发应用前景，因其营养丰富被誉为"贵州山珍"。

2001 年，陈恩长等人观察了安顺市西秀区老落坡国有林场的 6 株原始母株，并采集穗条于双堡镇大坝村开展扦插繁殖试验研究，历经四年掌握了光枝无籽刺梨的繁殖和栽培管理技术，2006 年选择扦插扩繁的优良苗木布置了 6 个无性系试验林，2007 年在西秀区双堡镇和龙宫镇等、普定县、镇宁县、平坝县夏云镇开展引种栽培试验，通过 10 年的不断选育，筛选出黔安无籽刺梨（1♯无性系）。光枝无籽刺梨无性系 6 年的单株高度 1.83cm，冠幅 3.27m，地径 5.50cm；营养枝 86 枝，最短枝 0.32m，最长枝 2.5m，最短枝直径 0.36cm，最长枝直径 0.56cm；结果枝 4423 枝，最短枝 4.4cm，最长枝 27cm；果实 2357 个，平均单果重 8.11g，单果平均纵径 2.66cm，单果平均直径 2.5cm，单株平均产量 19.10kg。光枝无籽刺梨的果实可生食，口感较好，营养丰富，味甜于普通刺梨。安顺市林业科学研究所通过

3年的引种驯化和繁殖试验表明，该新变种适应能力较强，易繁殖，速生，路旁、林缘、农地、石山皆能种植。果实主要成分检测结果表明，黔安无籽刺梨的维生素含量较高，维生素 C 含量为 1012.6mg/100g，与普通刺梨接近；其糖分含量是普通刺梨的 6 倍；SOD 总活性 39.12U/g，可溶性总糖 16.84％，可溶性固形物 22.5％，单宁 1.17％，总酸度 2.35％。

六、贵农 1 号

母株原产于兴义市鲁屯镇，于 1981 年被樊卫国、杨胜学等在资源调查中发现，系剪枝扦插繁殖的后代，树高 1.5m 左右，冠径 2.5m 左右，树冠极开张，树势强、枝粗长、披垂，徒长性结果母枝长 1.5m 左右。较丰产，平均株产 5kg 左右。果实长纺锤形，皮刺较软，基部狭长高突，顶部较小，果实外观美，颜色鲜黄艳丽。果较大，最大果重 23.2g（原产地 29.1g），平均单果重 18g 左右。果肉厚 0.65cm，肉质较脆，纤维少，汁较多，味甜而微酸，单宁含量低，品质上等。果肉含维生素 C 2125.68～2666.76mg/100g、还原糖 2.82％～3.33％、总糖 6.47％～7.25％、单宁 0.21％～0.31％，总酸度 1.25％～1.32％，早熟，在贵阳花溪 8 月中旬成熟（向显衡等，1988）。

主要特点：熟期早，树势强健，品质佳，外观美，鲜食、加工均适宜。

七、贵农 2 号

母株原产于贵阳市花溪区青岩镇，于 1982 年挖植株定植，系枝条扦插的无性繁殖后代。树高 1.5m 左右，树冠开张，冠径 2m 左右，树势中庸，徒长性结果母枝长 1.5m 左右，中粗。较丰产，株产 4kg 左右。果实短纺锤形，基部高突，顶部较小，果面黄色，刺稀、软、短。果实较小，最大果重 16.6g，单果平均重 12g 左右。果肉厚 0.55cm，肉质较脆，汁多，味甜微酸，单宁和纤维含量均少，品质上等。果肉含维生素 C 2162.4～2343.7mg/100g、还原糖 2.71％～3.51％、总糖 5.02％～6.67％、单宁 0.15％～0.30％，总酸度 1.14％～1.52％，早熟，在贵阳市花溪区 8 月中旬成熟（向显衡等，1988）。

主要特点：熟期早，品质好，鲜食、加工均适宜。

八、贵农 3 号

母株原产于贵阳市花溪区，于 1982 年挖植株定植，系剪枝扦插繁殖的后代。树高 2m 左右，树冠较开张，冠径 2.5m 左右，树势强，枝粗健。丰产，株产 5kg 以上。果实球形，果面鲜黄色，刺较软。果实中大，最大单果重 18.2g，单果平均重 13.8g。果肉厚 0.65cm，肉质较脆，汁多，单宁和纤维含量较少，品质中上等。果肉含维生素 C 1810.39～1900.54mg/100g、还原糖 2.64％～2.96％、总糖 3.65％～5.09％、单宁 0.14％～0.25％，总酸度 0.96％～1.08％，中熟，在贵阳市花溪区 8 月下旬至 9 月上旬成熟（向显衡等，1988）。

主要特点：丰产性好，树势强，品质较好，适宜加工或鲜食。

九、贵农 4 号

母株原产于贵阳市花溪区，于 1982 年挖植株定植，系枝条扦插繁殖的后代。树高 2m 左右，树冠较开张，树势强，冠径 2.5m 左右。丰产，株产 5kg 以上。果实近圆形或亚球形，果面淡黄色，蒂部较高突。果实中大，最大单果重 17.7g，单果平均重 14.52g。果肉厚 0.55cm，肉质较脆，纤维较多，汁多，味甜酸，品质中上等。果肉含维生素 C 2193.5mg/100g、还原糖 2.46％、总糖 4.77％、单宁 0.34％，总酸度 1.32％。中熟，在贵阳市花溪区 8 月下旬至 9 月上旬成熟（向显衡等，1988）。

主要特点：树势强，丰产性好，品质优，适宜加工制汁。

十、贵农 5 号

母株原产于德江县，于 1981 年在资源调查中发现，系贵州野生刺梨优良单株无性系选育出的新品种，2007 年 12 月通过贵州省农作物品种审定委员会审定。树高 2m 左右，枝粗健，树冠较开张，有皮刺。奇数羽状复叶，长宽约 10cm×5cm；小叶椭圆形，7～15 枚；总叶柄和小叶柄基部两侧着生成对硬刺。花瓣粉红色，花单生或 2～4 朵聚生，花梗短，不到 1cm；花冠直径 6～8cm，萼片与花瓣均 5 枚；萼片宿存，较高突或微突。成熟果实金黄色、扁圆形，果皮上皮刺较粗、稀；果实较大，最大果重 25g，平均单果重 18.5g；种子 20～35 粒，种皮骨质化；果肉厚 0.55cm，肉质脆，纤维较少，汁较多，清香，味酸甜，涩味少，品质佳，适宜鲜食，也可加工果汁和罐头。果实可食率 87％、出汁率 68％，果实含维生素 C 21.85～22.54mg/g、可溶性固形物 13％、还原糖 2.04％～3.27％、总糖 4.03％～6.17％、单宁 0.19％～0.22％，总酸 1.20％～1.32％。在贵州中部地区 2 月萌芽，3 月初抽梢，4 月上旬现蕾，5 月初初花，5 月中旬盛花，8 月中下旬果实成熟，11 月下旬开始落叶。盛果期株产 5～10kg，丰产性好（向显衡等，1988）。

主要特点：树势强，丰产性好，果较大，适宜加工制汁，也可鲜食。

十一、贵农 6 号

母株原产于兴仁县屯脚镇，系 1982 年向显衡、朱维藩在资源调查中剪取枝条及根扦插繁殖的后代。树高 2m 左右，树冠较开张，冠径 2.5m 左右，树势中庸，叶片较小。较丰产，株产 5kg 左右。果实扁圆形，淡黄色，基部宽平。果实较大，最大单果重 24.6g，单果平均重 19.6g。果肉厚 0.5cm，汁多，纤维较少，味甜酸，品质中等。果肉含维生素 C 1981～2019.6mg/100g、还原糖 2.77%、总糖 6.25%、单宁 0.3%，总酸度 1.43%，中熟，在贵阳市花溪区 8 月下旬至 9 月上旬成熟（向显衡等，1988）。

主要特点：较丰产，果实大、扁圆形，适宜加工制汁。

十二、贵农 7 号

母株原产于贵阳市花溪区桐木岭村，系 1982 年挖植株定植，剪枝扦插繁殖的后代。树高 2m 左右，树冠较开张，冠径 2m 左右。较丰产，株产 5kg 以上。果实亚球形，刺稀短而软，果面淡黄色。果实中大，最大单果重 19.2g，单果平均重 15.5g。果肉厚 0.65cm，肉质较细脆，味甜而微酸，汁多，微香，无涩味，品质优。果肉含维生素 C 2125.68～2209.5mg/100g、还原糖 2.87%～3.33%、总糖 5.9%～7.25%、单宁 0.21%～0.29%、总酸度 1.25%～1.59%，早熟，在贵阳市花溪区 8 月中下旬成熟（向显衡等，1988）。

主要特点：品质优，早熟，果肉厚，风味好，鲜食、加工均适宜。

十三、贵农 8 号

母株原产于贵阳市花溪区青岩镇，于 1982 年挖植株定植，系剪枝扦插繁殖的后代。树高 2m 左右，枝粗健，树冠较开张，冠径 2m 左右，树势较强。较丰产，株产 5kg 左右。果实较小，最大单果重 16.3g，单果平均重 12.5g。果肉厚 0.5cm，肉质脆，纤维少，汁多，无涩味，有香气，品质上等。果肉含维生素 C 1990.68～2453.5mg/100g、还原糖 3.03%～3.07%、总糖 5.64%～7.24%、单宁 0.21%、总酸度 1.26%～1.82%，早熟，在贵阳市花溪区 8 月中下旬成熟（向显衡等，1988）。

主要特点：早熟，品质优，风味好，鲜食、加工均适宜。

十四、贵农 62 号

原产于贵州省铜仁市松桃县。果实圆球形，黄色，平均单果重 15.3g，维生素 C 含量为 1978.97mg/100g。味甜，无涩味，单宁含量为 138mg/100g。果实 8～9 月成熟。

主要特点：单宁含量极低，果肉无涩味，是发展无涩味刺梨鲜果的良好材料。

十五、贵农 95 号

原产于贵州省铜仁市石阡县。果实扁球形，8～9 月成熟，成熟果黄色，平均单果重 11.9g，最大单果重 17.4g，果实维生素 C 含量为 3499.84mg/100g。

主要特点：维生素 C 含量特别高，比一般刺梨高出 70％以上，是加工高维生素 C 含量刺梨汁的良好原料。

十六、其他

贵州大学农学院从调查的野生资源中，还选育出贵农 31 号（果实大，最大单果重达 39.7g）、贵农 49 号（果实无籽，质细嫩而甜，无涩味，丰产）、贵农 54 号（果皮光滑无刺，但果实较小）、贵农 57 号（极丰产，单株产约 18kg，果实个大，单果重 18.4g，维生素 C 含量高达 2508mg/100g）、贵农 78 号（果实内籽少，平均为 4 粒/果）、贵农 90 号（胡萝卜素含量最高，为 1.18mg/100g，与一般水果相比也较高）、贵农 206 号（果皮上小刺成茸毛状，易脱落，籽少）等多个优良单株。

第三节 刺梨良种繁殖技术

刺梨的品质高低决定其作用大小，高品质的刺梨产品将快速推动刺梨产业不断壮大。刺梨产业的壮大，有利于改善生态环境、增加农民收入、提高人民生活水平，成为脱贫攻坚与乡村振兴中不可或缺的重要支柱产业。保证高品质刺梨种苗的正常供应是刺梨产业发展的基础，不断改良刺梨品种是刺梨产业发展的保障，因此，做好刺梨繁殖与品种改良工作是刺梨产业发展的重中之重。

从 20 世纪 80 年代规模化地驯化栽培刺梨开始，我国学者就在不断地研究刺梨的繁殖技术，经过大量的试验及研究总结出了一套成熟的刺梨良种繁殖方法，在提高刺梨成活率、增加刺梨经济收入的同时，为刺梨产业的可持续发展提供了保障。刺梨的繁殖方法分为有性繁殖和无性繁殖（即扦插、压条、组织培养等）。

一、有性繁殖

刺梨的有性繁殖主要为实生繁殖。刺梨为自花授粉植物，结实能力较强，这是实生繁殖的依据。刺梨的种子易得、数量大，且萌发率高，而且有性繁殖的方法简单易行，有利于刺梨苗木的大量繁殖。具体的繁育过程如下：

（一）采集种子，适当贮藏

刺梨种胚一般在刺梨植株开花后 120 天左右充分成熟，此时即可采收刺梨种子。由于刺梨种子具有无休眠期且又极不耐干的特性，因此采种后须马上进行秋播。种子保存须防止种子受干，否则种子的发芽能力将会受到严重影响，甚至会丧失萌发能力。若采收的种子不能及时播种，则需进行沙藏，以保持种子活力。刺梨种子沙藏时，先将种子用 4% 氯化钠 10～30 倍液浸泡 30min，然后用清水洗净，拣出坏种子，滤干；沙子用 0.5% 的高锰酸钾或多菌灵 5～8g/m² 消毒，湿度以手握成团而不滴水、松开时不散开为宜，种子与沙子的比例为 1：3，混合均匀后即可沙藏，定期检查湿度。

（二）选择苗圃，科学整地

刺梨喜湿润的气候环境，对土壤的肥沃程度也有一定的要求，因此应选择土层深厚、肥沃以及保水保肥能力强、易于排水、交通便利的地块作为种苗繁育苗圃。播种前将土深翻耙细、细碎整平，结合翻土每亩施腐熟的农家肥 1000～1500kg 或总养分≥45%（N：P：K＝15：15：15）复合肥 100～150kg，使土、肥混拌均匀，以保证刺梨的幼苗能够强健生长，形成更多的分枝，以便于取苗、间苗移栽，更有利于结果与丰产。整好地块后按 1.0～1.2m 宽、20～25cm 高、步道宽 30～40cm 做床，长度可依地形和生产实际而定。

（三）科学播种，适当间苗

刺梨种子可春播，也可秋播，以秋播效果最好。9 月上、中旬果实成熟后采种立即播入苗床，10 月中下旬出苗，出苗率可达 90% 以上，第二年 3 月移栽苗圃，年底可出圃，但在冬季严寒地区需要覆盖塑料薄膜防冻；春播以 2 月下旬至 3 月上旬为宜，4 月上旬出苗，5 月下旬至 6 月上旬移栽到苗圃。播种前 1 天将种子放入 50～60℃ 的温水中浸种 12～24h，取出后洗净播种，可提早 5 天左右发芽，还可提高种子发芽率。

播种时采用条播，种沟与苗床长边垂直，间距 20～30cm，播种沟深 10cm，播种量为 Ⅰ 级种子（净度＞98%，发芽率＞85%，千粒重＞21g，含水量 15%～20%）3.0～3.5g/m²，Ⅱ 级种子（净度为 95%～98%，发芽率 70%～85%，千粒重 18～21g，含水量 15%～20%）3.5～4.5g/m²，将种子均匀撒在播种沟中后覆盖一层细土，以不见种子为度。然后再与播种沟垂直盖上一层茅草或农作物秸秆以保持土壤湿润，避免雨水直接冲击土面，板结土壤。播种后 1 个月左右幼苗长出后便可去掉覆盖物，当苗高 10～12cm 时间苗，苗间距 6～8cm。

（四）加强管理，合理定植

刺梨的生长期一般在春末与夏末，这段时间要适时除草、浅松土，并追施速效肥料，以保证充足的养分促进刺梨苗快速生长。秋季气温降低，幼苗生长停滞，此时应控制浇水施肥。在幼苗生长出 4～5 片真叶后移植，这段时间是移植的最佳时期并且移植的幼苗也容易成活。移植前应整好地，施上有机肥料并把地整成 1.5m 宽的厢，然后将幼苗移栽在厢上，每平方米定植 80～100 株。移苗时要充分松土，保持根系完整；移栽时保持根系舒展，促使幼苗早成活。

二、无性繁殖

刺梨的无性繁殖可分为扦插繁殖、分株繁殖、压条繁殖、嫁接育苗、组织培养等。

（一）扦插繁殖

扦插繁殖即取植株营养器官的一部分，浸泡在水中或插入疏松润湿的土壤、细沙中，利用其再生能力使之抽枝生根，最终长成独立的新植株。扦插繁殖是植物的常用繁殖方式之一，属于无性繁殖，按取用器官的不同可分为枝插、叶插和根插三类。

刺梨的枝容易发生不定根，根上易形成不定芽，因此生产上多采用扦插繁殖生产刺梨苗木。枝插和根插是目前刺梨生产上应用最广、最简单的育苗技术。刺梨扦插在春、夏、秋三季均可进行，但夏季温度高，露地扦插插条生理机能旺盛，水分散失快，易枯枝，发根率低；秋季扦插，气温较低，土温和湿度较稳定，发根率高。因此，为了提高扦插枝条的成活率及发根率，最好于秋季扦插。

1. 穗条选择

绿枝、硬枝均可用于刺梨扦插。选用优良刺梨果园的健壮母株作为穗条供给，采用直径 0.6cm 以上的 1～3 年生生长健壮、无病虫害的枝条，剪掉尖端过嫩的部分，剪成长 15～20cm 带有 2～4 个芽点的插条，插条下端在芽下方斜剪成马耳形的斜茬，上端在有芽的上方 3～8mm 处平剪，制作过程保护好插条上的芽点。根插一般选择长约 15cm、粗 0.5～1.2cm 的根段作为插条进行扦插，以培育出新的幼苗。插条要求皮部无损伤，切口平滑、无劈裂。

2. 插条处理

将插条以 100 根扎成 1 小捆，捆时不要颠倒混捆，使形态学下端整齐一致。捆好后可在预先准备好的 150～200mg/L 的萘乙酸（NAA）溶液中或 0.05mg/L 的赤霉素（GA$_3$）溶液中浸泡 30min，取出插条自然晾干后再用多菌灵 800～1000 倍溶液浸泡 5～10min。如果剪下的插条不能及时扦插，可放入温度为 2～5℃的冰箱或冷库中暂存，或将插条放在湿沙中贮藏，一般贮藏时间不宜超过 3 天。

3. 插床准备

选择向阳、土壤肥沃、排水良好的地块，扦插前把土块打细，施以沤熟的农家肥和磷肥后充分混匀，在地块四周挖出排水沟，将地块整成宽 1m、床高 20～25cm、步道宽 20～25cm 的苗床，长度可根据用地大小确定。

4. 扦插方法

刺梨扦插可采用平床落水法、直插法、开沟斜埋法。平床落水法即在有条件的苗圃把整理好的插床灌透水，待水落后即进行扦插，深度为插条的 2/3 为宜。直插法即在整理好的苗床面上用干树枝或铁丝等插孔后，再插入插条，插孔深度稍深于插条 1～2cm，株距 8～10cm，行距为 10～12cm，硬枝露出 1 个芽，绿枝扦插深度为插条长度的 1/2，插后踏实，浇透水。开沟斜埋法即按行距 12～15cm 开沟，插条按 45°斜摆在沟壁上，株距 8～10cm 排成排，然后覆土埋条，露出 1～2 个芽，插条上端覆盖 0.5～1.0cm 厚的土，扦插完后浇透水。

扦插结束可用竹竿等作支架，搭拱形的塑料棚以保温、保湿，有利于插条的生长发育。也可用玉米秸秆、豆秸秆、稻草等覆盖遮阴，待插条生根后逐渐去掉遮阴物。

5. 插后管理

土壤湿度不够时应及时进行灌溉，但生根后适当的干旱处理有利于根的生长。在有塑料棚的插床内湿度较稳定，空气湿度不够时可用细孔喷壶洒水增湿。夏季扦插日照强、温度高，应注意遮阴，当塑料棚内温度高于 25℃、湿度过大时需及时通风、散热。秋季育苗寒流来时要密闭塑料棚通风口，并盖草保温。插条出芽后一个月可追施浓度为 0.5%～1% 的尿素，2～5 个月可按 55kg/亩淋施磷肥，施肥与灌溉可相结合同步进行，每隔 15～20 天淋施一次，浇水后及时松土避免土壤板结。当嫩枝条长出 10～20cm 以后停止追施高氮肥料，以促进苗木木质化。根据杂草生长情况及时除草，每月除草 1～2 次，当苗木生长到 50cm 左右便可移栽。

（二）分株繁殖

刺梨再生力强、分蘖率高，可采用分株繁殖，成活率可达 95% 以上。春天刺梨应在苗木未萌芽前进行分株，以母株高度达到 30～40cm 为宜；晚秋应在落叶以后进行分株。分株栽植的株行距为 1.0m×1.5m，一般每穴栽植 2 株，每亩需栽苗木 800～1000 株。如果管理及时，早移栽定植，次年便可开花挂果，比种子繁殖提前 2 年投产，但材料用量大，繁殖系数较播种、扦插繁殖低。

（三）压条繁殖

压条繁殖是指在枝条不与母体分离的状态下，将枝条压入湿润的基质中，促使压入部分发根,待其生根后,再剪离母体成独立植株的繁殖方法。刺梨压条一般在12月初至翌年2月初萌芽前进行,这样苗木可以获得1年的生长期,从而实现充分木质化。选取直径0.5cm以上的1~2年生枝条(最好为2年生以上的枝条,枝条越健壮,养分贮藏越充足,长出的苗木就越健壮),向四方压弯曲,于下方刻伤后用生根剂对伤口进行处理,然后压入土中,用钩固定后培土压实,使枝稍垂直向上露出地面。压条后若天气持续干旱要适时进行浇水抗旱。雨季注意清理排水,避免压条处长时间积水发生根腐病烂根,雨季可每隔20天左右交替使用500~800倍敌克松溶液、1%波尔多液、600倍多菌灵溶液喷洒。刺梨的地上部分是由多骨干枝组成的株丛,枝条多披垂,适宜于地面压条,地面压条用直立压条法和普通压条法均可。具体操作如下:

1. 直立压条法

直立压条法也称壅土压条或垂直压条。在刺梨休眠期间按1.5m的行距、0.5m的株距,挖定植沟,沟宽、沟深40cm左右,施足底肥,然后栽植优良母株,灌足水。在离骨干枝基部15cm处进行剪切,促使根颈部位多抽枝,剪下的枝条用于扦插。经剪切处理后,芽长至30cm时进行第一次培土,培土高度以没过剪口为度,当枝长到40~45cm时再进行第二次培土,培土宽约40cm、高约30cm,培土前浇水,培土后注意保湿,入冬即可起苗分株。

2. 普通压条法

普通压条法也称水平压条法。利用刺梨树冠外围开张枝披垂的特性可用水平压条繁殖。水平压条法的株行距比直立压条法的株行距大,株距为1m,行距为2~2.5m。加强水肥管理可促生壮枝,当年定植的优良母株在夏秋季可压条,定植一年的母株在早春压条。压条时,首先剪除树冠内的枯枝、病虫枝、弱枝等,然后将树冠下的泥土扒成约10cm深的盆状,接着压埋四周的枝条,露出先端,留树冠中部的较直立的枝条结果,可保持一定的产量。

另外,也可以将水平压条和直立压条相结合,增加压条苗数量。即春天将株丛中心枝剪切培土,埋其基部,外围枝条平压于四周,新抽生枝条和压土的枝条都可长根,秋天即可将苗切离种植。春季压条有如下优点:有利于保持其品种的优良特性;当年秋季或第二年春季即可切离起苗,能保证苗木有一个完整的生长季,苗木质量高;技术简单容易掌握;易于大量繁育,一株母株一年可获得20株左右的苗,成苗率可达90%以上。

(四)嫁接育苗

刺梨苗的嫁接在春、夏、秋季均可,但春季、秋季嫁接成活率较高。当砧木粗至0.3~0.5cm后便可进行嫁接。嫁接时,取未完全木质化的绿枝,采用芽接、枝接、皮接等方法,将接口用尼龙薄膜捆好,成活后及时揭掉薄膜,同时松土、施肥。

（五）组织培养

目前，刺梨栽培仍然以传统的种子繁殖、营养袋扦插、大田扦插、压条等传统育苗方法获得幼苗，但容易受季节、天气、插穗材料等因素的限制，不能满足高速发展的刺梨产业对苗木的需要。而组织培养技术能快速获得大量高品质的刺梨种苗，是满足优良品种幼苗正常供应的有效保障措施。

刺梨组织培养

植物组织培养又叫离体培养，指从植物体分离出符合需要的组织、器官、细胞或原生质体等，通过无菌操作，在营养物质、激素、温度及光照等人工控制条件下进行培养以获得再生的完整植株的技术。细胞全能性是植物组织培养的理论基础，即植物体的每一个细胞都携带有一套完整的基因，并具有发育成完整植株的潜在能力。

第一节 刺梨组织培养研究概况

刺梨作为中国特有的新兴果树，国外对于刺梨组织培养未见报道，至今国内有关刺梨组织培养的研究报道也相对较少，且主要集中于无籽刺梨。由于刺梨含有丰富的维生素 C 和大量的酚类物质，在培养中很容易褐变，属于再生困难的植物。刺梨是多年生木本植物，其再生体系的建立并不成熟，尤其是花药、未受精胚珠的离体培养，目前还未成功得到再生植株。

我国自 20 世纪 80 年代开始着手研究刺梨组织的培养技术。1982 年，高相福等开始进行刺梨组织培养快速繁殖技术的研究，于 1984 年 12 月成功获得了第一批试管苗，1986 年利用组织培养技术对刺梨的优良株系进行了批量生产。1986 年，谢静萱以刺梨茎段为外植体，研究其快繁技术，并成功获得完整植株。1994 年高相福总结出刺梨茎尖离体培养快繁技术体系。韦景枫等对无籽刺梨的腋芽进行离体培养，探索了无籽刺梨腋芽诱导、分化、快速繁殖及生根的最佳条件，筛选出最佳的芽诱导的培养基为 MS+1.0mg/L 6-BA+0.1mg/L NAA；芽增殖效果最佳的培养基为 MS+0.5mg/L 6-BA+0.1mg/L NAA；最有利于无籽刺梨茎段生根的培养基为 1/2MS+0.2mg/L IBA，生根率达到 98%，移栽成活率高达 90% 以上。王小平等（2009）基于前人的研究，对刺梨腋芽诱导、增殖、生根等培养基进行了改良，完善了刺梨带腋芽茎段的快繁技术体系。另外，研究发现刺梨下胚轴接种到改良培养基 MS＋1.0mg/L GA$_3$＋0.5mg/L 6-BA＋0.1mg/L NAA＋3.0％蔗糖＋0.7％琼脂上，能分化出不定芽，且不定芽的平均分化数量为3.9个。2008年，陈红等以刺梨未受精胚珠和花药为外植体，筛选影响未受精胚珠和花药离体培养的关键因素，并开展了愈伤组织再分化研究。结果在刺梨花药愈伤组织及其分化的根中检测到单倍体细胞，而未受精胚珠愈伤组织及其分化的根中则未发现单倍体细胞；黑暗培养以及添加100mg/L维生素C或50mg/L AgNO$_3$均能显著提高愈伤组织的诱导率；花药离体培养的最佳的取蕾时期为花期的2～6周，愈伤组织诱导的最佳培养基为MS＋3.0mg/L NAA＋0.5mg/L 6-BA＋3％蔗糖；未受精胚珠愈伤组织诱导的最佳培养基为 MS＋1.0mg/L＋1.0mg/L 6-BA＋5％蔗糖。房洪舟等（2019）以"贵农5号"成熟叶片为外植体，研究刺梨愈伤组织培养体系，发现1/2MS培养基、12h/天光照时间和25℃的培养温度有利于愈伤组织中活性物质的积累；愈伤组织中总三萜、总黄酮、总酚等的积累量最高，并接近新鲜叶片的含量；TDZ（噻苯隆）的添加量会影响愈伤组织的增殖以及其中刺梨总酚、总黄酮、总三萜、维生素C等活性物质的含量，高浓度的TDZ会抑制愈伤组织的生长及黄酮、三萜、酚类等活性物质的积累，TDZ浓度为4.0mg/L时，总三萜、总黄酮、总酚含量最高，且愈伤组织增殖最好。另外，不同基因型及外植体的愈伤组织诱导效果存在差异。在刺梨及刺梨近缘种的组织培养中，无籽刺梨形成愈伤组织的能力最强，外植体则是下胚轴形成愈伤组织的能力最强，而以幼胚诱导的愈伤组织质量最好。

褐化现象是由外植体中的酚类物质被氧化成醌类物质而产生的，普遍存在于木本植物组织培养中，会导致愈伤组织变为褐色并阻碍细胞的生长发育与代谢。刺梨也存在褐化现象，由于刺梨含有丰富的酚类物质和维生素，在培养中很容易褐变，再生困难。房洪舟等研究发现，1/2MS培养基以及适宜的激素配比下愈伤组织褐化程度轻、生长速度适中，推测在刺梨愈伤组织培养中，低浓度盐以及保持愈伤组织适宜的生长量能有效减轻或抑制褐化。文晓鹏等（2003）较为系统地研究了刺梨的组织培养，并建立了刺梨组织培养及再生体系，发现添加活性炭和一定量的BA对抑制刺梨试管苗褐化有重要作用。

刺梨继代繁殖可增加组培苗的数量，降低白粉病等病菌发病率。同时，在继代培养的过程中也容易发现突变植株，但同时也需要控制继代增殖代数。研究发现，刺梨组培苗的继代增殖以不超过30代为宜，用于资源保存的愈伤组织继代增殖应控制在10代以内。1994年，高相福等建立刺梨茎尖组织培养快繁技术体系，并且创新性地发现刺梨试管苗继代繁殖代数越多，株高和单株平均果重等性状变异越大，继代繁殖5～30代的平均株高的变异系数值为0.56％～0.94％，单株平均果重的变异系数值为0.59％～0.98％，未出现单株平均果重低于13g的劣变株。继代繁殖 40 代的结果株单株平均果重和株高变异明显增大，其中株高变异系数值为 3.1%，单株平均果重的变异系数值为 3.5%。在实际生产中，继代繁殖 40 代的结果株出现严重变异，不但单果平均重明显不整齐，果重偏小株明显增加，出现了 1 株单株平均果重只有 12.4g，并有 10g 左右的小果出现。继代繁殖 45 代的结果株性状的变异更加显著，出现了 2 株平均单株果重低于 13g 的劣变株，1 株为 11.9g，1 株为 12.2g，最小果只有 9g，明显小于母株（贵农 12 号）的最小果 13g 的质量。刺梨果实越大，果汁也越多，其果肉越厚，加工品质也越好，果实变小是劣变的表现。因此，以防劣株混杂，降低优系的纯度，刺梨组织培养继代繁殖的代数不宜超过 40 代。1997 年，雷基祥等研究了不同继代刺梨植株间种子的百粒重、果实重量、可滴定酸的含量和可溶性固形物等性状，发现刺梨组培苗继代繁殖代数越多，单株平均果重的变异系数越大，继代 20 代、30 代、40 代的变异系数值分别为 0.85%、0.90%、3.5%，变异系数值越大，单株平均果重的整齐度越低；继代繁殖数超过 30 代，除果实大小的整齐度明显降低外，其他果实性状在观测的各继代植株间都具有很高的整齐度；继代 40 代，果实偏小的植株数量增加，单株平均果重大小出现了明显不整齐。同时也发现随着继代次数的增加，白粉病的发病率呈降低趋势。种子繁殖的刺梨，1～2 年生植株每年 4～6 月间，有 70%～80% 植株都不同程度地发生了白粉病，发病高峰期病情指数达 3，而同一刺梨园内栽植的组培苗，第 5 代继代繁殖 1～2 年生植株发病率为 28%，病情指数为 1.1。继代 20 代、30 代、40 代的 1～2 年生植株没有发现白粉病。组培繁殖刺梨的 1～2 年生植株白粉病发病率明显降低，发病程度也显著减轻，究其原因可能是由于定向选择不发病的植株进行继代繁殖提高了植株的抗病性。文晓鹏等（2003）以发育 25～30 天的幼胚诱导的愈伤组织为试验材料，采用 AFLP、RAPD 标记和染色体计数检测白花刺梨及 "贵农 5 号" 不同继代次数愈伤组织的遗传稳定性。结果发现，刺梨染色体非整倍性现象较为普遍，建议用于种质资源离体保存时，刺梨愈伤组织的继代数应不超过 10 代。

刺梨组织培养快繁技术体系的完善，为刺梨的大规模工厂化生产提供了技术支持，也为刺梨的基因工程育种提供了理论基础及参考依据。

第二节　组培室设计

组培室应建在交通便利、水电供应稳定的地方，设计应遵守保证绝对清洁的原则，实验室内的地面、墙壁和顶棚要采用产生灰尘最小的建筑材料。避免建立在繁忙交通线附近，避免与温室、微生物实验室相邻，以免空气流通对组培过程造成污染。组培过程需要光照和控温，为节省能源，应充分利用自然光向南建设，同时房间设计要便于控温。室内安装的洗手池、下水道的位置要适宜，不得给培养带来污染。组培室应有灭火器、消防火栓、报警装置等安全设施。

完整的植物组织培养室通常包括洗涤室、化学实验室、灭菌室、无菌操作室、培养室等部分，可以根据实际需要和条件进行设计。但从功能上至少包括准备室（化学实验室）、无菌操作室及培养室三部分，并且按顺序排列。在化学实验室与接种室之间应留有缓冲空间。

洗涤室的大小根据工作量大小来确定，一般面积为 $15\sim50m^2$，地面应耐湿并排水良好。洗涤室的一侧应设置 $1\sim2$ 个专用水槽用于清洗玻璃器皿。此外还应配置落水架、干燥箱、柜子、超声波清洗器等。如果工作量大，可购置安装洗瓶机。

化学实验室面积一般为 $20\sim60m^2$，配备的主要仪器设备有冰箱、电子天平、分析天平、微波炉、磁力搅拌器、pH 计、培养基分装器、药品柜、器械柜、电炉、各种规格的培养瓶、培养皿、移液管、烧杯、量筒、容量瓶、储存瓶等。冰箱体积以 $180\sim220L$ 为宜，用于贮存培养基母液、植物生长调节剂、维生素等贵重药品及保存植物材料。

灭菌室用于对培养基、玻璃器皿及接种工具的灭菌，应配备实验台、高压灭菌锅、细菌过滤设备、干热消毒柜、电炉等。灭菌锅的选择应根据不同的实验、生产要求选择不同型号的灭菌锅，一般小微型组培室可选用小型医用手提式高压灭菌锅，较大的组培室可选用立式自动控制压力和温度的灭菌锅，生产性的组培室可选用大型的卧式灭菌锅。

接种室主要用于实验材料的接种操作，又叫无菌操作室。接种室要求保持洁净，与化学实验室之间应设置缓冲室，通常由里外两间组成，外间是缓冲间，用于准备工作，还有防止污染的作用。缓冲间的门应该与接种室的门错开，两个门也不要同时开启，以保证无菌室不因开门和人的进出带进杂菌。缓冲间内应该设有水槽、实验台、鞋帽架、柜子、紫外灯等。无菌操作室的内壁应当用塑钢板或瓷砖装修，工作人员进入操作间前要穿上消过毒的工作服和拖鞋，室内应配有超净工作台、紫外灯、小推车、搁架、各种接种工具（各种镊子、解剖刀、手术剪、接种针、酒精灯、手持喷雾器、细菌过滤器等）。

培养室主要用于植物材料的培养，室内要求洁净并能保持一定的温度、光照以及湿度，以促进植物材料的生长和分化。天花板和内墙宜用塑钢板装修，地面用水磨石或瓷砖铺设。培养室一般分为两间，一间为光照培养室，一间为暗培养室，培养室外应有一预备间或走廊。室内应配备空调、培养架、灯管、自动定时器、加湿器及除湿器等。为了便于控制培养室的温度、光照时间及其强度，培养室的房间墙不宜设置窗户或将窗户遮实，但应当留一个通气窗并安上排气扇。室内温度由空调控制，光照时间由自动定时器控制，光照强度由日光灯开启数量控制。日光灯一般用 40W 的灯管，固定在培养架的侧面或搁板的下面，每层由两支灯管排列，距离20cm 左右，光照强度为 $2000\sim3000lx$。

第三节 培养基的组成

培养基是植物组织培养的重要材料，是外植体生长的营养物质，只有配制出适宜的培养基，组织培养才能获得成功。目前已选择出 MS、B5、SH 等多种植物组织培养配方，刺梨组织培养主要使用 MS 培养基。通常培养基包括六大类成分，即矿质营养、有机成分、植物生长调节剂、碳源、培养体支持材料以及其他附加物等。

一、矿质营养

矿质营养又称无机营养，是指植物生长发育所需要的各种化学元素。矿质元素具有组成各种化合物、组成结构物质、构成特殊物质、参与代谢、维持离子平衡等作用，影响植物形态发生和组织、器官的建成等，如枝叶生长需要氮素，缺氮老叶先发黄，氮过量时枝叶过度茂盛；植物缺磷生长缓慢，老叶呈暗紫色；钾可增强植物抗性，促进植物生长健壮、茎秆挺拔，缺钾时叶缘枯焦、老叶发黄，叶片呈皱曲状或火烧状。根据植物对元素的吸收量的多少可把植物必需元素分为大量元素和微量元素。

大量元素：国际植物生理学会将植物所需浓度大于 0.5mmol/L 的元素称为大量元素，包括碳（C）、氢（H）、氧（O）、氮（N）、磷（P）、钾（K）、钙（Ca）、镁（Mg）、硫（S）。MS 培养基中 6 种矿质元素分别由硝酸钾（KNO_3）、硝酸铵（NH_4NO_3）、磷酸二氢钾（KH_2PO_4）、七水硫酸镁（$MgSO_4 \cdot 7H_2O$）、二水氯化钙（$CaCl_2 \cdot 2H_2O$）提供。

微量元素：国际植物生理学会建议将植物所需浓度低于 0.5mmol/L 的元素称为微量元素。各种微量元素均具有特定的生理功能，如硼与蛋白质的合成及糖类的运输有关，铜能促进离体根的形成，锰参与植物的光合作用和呼吸作用，钼为氮素代谢的重要元素。但植物组织对微量元素的需要量极少，微量元素过多会产生毒害，如造成酶失活、蛋白质变性、代谢障碍等。微量元素中铁对叶绿素的合成起重要作用，用量相对较大，在 pH 较高时 $FeCl_3$ 极易形成 $Fe(OH)_3$ 沉淀，难以被吸收。因此，配制母液时，乙二胺四乙酸二钠盐与硫酸亚铁通常单独配制。

二、有机成分

主要包括各种维生素和氨基酸，如 MS 培养基中有机成分主要为甘氨酸、盐酸吡哆醇、盐酸硫铵素、烟酸。肌醇又叫环己六醇，是另外一种重要的有机成分，其参与磷脂代谢、维持离子平衡，在糖类的转化中起重要作用。

三、碳源

碳源主要为细胞提供合成新化合物的骨架，为细胞的呼吸代谢提供底物与能源，此外还能维持一定的渗透压。果糖、蔗糖、葡萄糖、麦芽糖、山梨糖、甘露糖等常用于植物组织培养，蔗糖是常用的碳源，使用浓度为 $2\%\sim5\%$，糖浓度高低直接影响植物形态建成。

四、植物生长调节剂

植物生长调节剂是人工合成的（或从微生物中提取的天然的），具有和天然植物激素相似生长发育调节作用的有机化合物，能以极微小的用量直接影响植物细胞的分裂、分化及发育，影响植物的开花、结实、成熟、衰老、脱落、休眠、萌发等生理活动。不同植物或不同品种甚至同一植物的不同位置对激素的要求有很大的变化。组培上常用的植物生长调节剂主要为生长素、细胞分裂素和赤霉素。生长素主要促进细胞伸长生长和细胞分裂，诱导形成愈伤组织，促进生根，常用的有萘乙酸（NAA）、吲哚-3-乙酸（IAA）、吲哚丁酸（IBA）等；细胞分裂素能促进细胞分裂和扩大、促进茎增粗、诱导芽的分化、促进侧芽萌发、延缓衰老等，常用细胞分裂素有 6-苄氨基腺嘌呤（6-BA）、6-糠基氨基嘌呤（KT）、玉米素（ZT）等；赤霉素类主要有诱导茎的细胞伸长、打破休眠等功能，常用 GA_3、GA_4 等。细胞分裂素与生长素的比例是控制芽和根形成的一个重要条件，比例高时有利于芽的分化，比例低有利于根的形成。

五、培养体支持材料

琼脂、卡拉胶、玻璃纤维、滤纸桥、海绵等可作为培养体支持材料，刺梨组织培养主要使用琼脂粉或卡拉胶。琼脂为海藻中提取的一种高分子化合物，作为固化剂用于组织培养中，不提供营养，起支持植物的作用。琼脂、卡拉胶的用量通常为 $5\sim10g/L$，若浓度过高，培养基很硬，营养物质难于扩散到培养的组织中。

六、其他附加物

植物组织培养中有时根据特殊需求会加入活性炭、维生素、椰子汁、香蕉汁、抗生素等附加物。如在培养基中添加 $5\%\sim10\%$ 的青霉素、链霉素、庆大霉素等用于防止由外植体内生菌造成的污染；在培养基中加入 0.5～10g/L 的活性炭，可防止茎尖初代培养褐化以及组培苗玻璃化、促进新梢增殖、促进生根、利于胚胎培养等；椰子汁用量为 100～200g/L，香蕉泥使用量为 150～200g/L；木本植物培养中添加维生素 C 和 $AgNO_3$ 可促进组培苗生根。

第四节 组培基本操作

一、洗涤

新购买的玻璃仪器表面附有游离的碱性物质，可先用 0.5％的去污剂洗刷，再用自来水洗净，然后浸泡在 1％～2％盐酸溶液中不少于 4h，再用自来水冲洗，然后用去离子水冲洗两次，最后在 100～120℃烘箱内烘干备用。使用过的玻璃器皿应先用自来水洗刷至无污物，再用合适的毛刷蘸去污剂（粉）洗刷，然后用自来水彻底洗净去污剂，再用去离子水润洗两次烘干备用。烧杯、量筒、量杯、锥形瓶等普通器皿可用毛刷蘸取去污粉或洗涤剂刷洗，用自来水冲洗干净，再用蒸馏水润洗 3 次；移液管、容量瓶等有精确刻度的器皿应先用合成洗涤液或铬酸洗液浸泡几分钟，用自来水冲洗干净，再用蒸馏水润洗 3 次。清洗后器皿内外不可挂有水珠，否则重洗，若重洗后仍挂有水珠则需用洗液浸泡数小时（或用去污粉擦洗）后重新清洗。

二、灭菌

灭菌是指用物理和化学方法杀死物体表面和内部的所有微生物（包括芽孢），使之呈无菌状态，经过灭菌的物品称"无菌物品"。污染是植物组织培养的大敌，灭菌工作是组培成功与否的关键之一，灭菌可分为湿热灭菌、干热灭菌、灼烧灭菌。

湿热灭菌（高压蒸汽灭菌）即将玻璃器皿包扎好后置入高压蒸汽灭菌器中进行高温高压灭菌。在 0.1MPa 的压力下，锅内温度达 121℃，维持 20～30min，各种细菌及其高度耐热的芽孢很快被杀灭。一般玻璃培养容器常常与培养基一起灭菌。工作服、口罩、帽子等布质品均用湿热灭菌法，即将洗净晾干的布质品用牛皮纸包好，放入高压灭菌器中灭菌。

干热灭菌即在烘箱内对器皿进行杀菌处理，150℃下持续灭菌 40min 或 120℃下持续灭菌 120min，若发现有芽孢杆菌等难以杀灭的微生物，则应在 160℃温度下持续灭菌 90～120min。

火焰灭菌也叫灼烧灭菌，即在无菌操作过程中，把镊子、解剖刀等金属器械放在 95% 的乙醇中浸泡一下，然后放在火焰上灼烧灭菌，待冷却后再使用的灭菌方法。火焰灭菌法在无菌操作过程中需反复进行，以免交叉污染。

外植体表面灭菌：从自然界取得的植物材料表面带有细菌和真菌，如消毒不彻底，细菌和真菌会在培养基中迅速生长繁殖，消耗营养物质、分泌毒素使植物材料死亡。因此，在接种前必须对植物材料进行表面灭菌，从而获得无菌材料进行组织培养，这也是取得组培成功最基本的前提和保证。外植体消毒原则为最大限度杀死细菌和真菌，对外植体的毒害要尽可能小。组培中常用的外植体灭菌药剂主要有次氯酸钠、次氯酸钙、漂白粉、乙醇、升汞、过氧化氢等。其中乙醇和升汞是植物组织培养中最常用的外植体消毒剂。乙醇是一种很强的脱水剂，当用其浸泡外植体时，如果浸泡时间过长则容易使外植体脱水死亡。升汞的消毒效果极佳，但对外植体的伤害很大，且容易在外植体上残留，大大降低了诱导率。乙醇和升汞的浓度和停留时间对外植体芽的萌动率、成活率和灭菌效果影响很大，消毒时间过短达不到灭菌效果，外植体易被污染；消毒时间过长对外植体组织细胞具有很强的杀伤作用，萌动率降低。

三、无菌操作

接种室要定期打扫，定期用甲醛熏蒸或喷雾处理，保持接种室处于无污染状态。接种前要打开紫外灯对超净工作台进行杀菌，时间为 20～30min，然后打开风机，吹风 20～30min，接种室气体散完后才能开始接种。接种前用 75% 乙醇擦拭台面或用喷壶喷雾，密闭 5min 左右；接种前将手和手臂用 75% 乙醇消毒，凡是带入超净工作台内的培养基、瓶子等均要用 75% 乙醇擦拭瓶子外表面；镊子和剪刀等金属器械从头至尾用火灼烧一遍，每一次接种后均要灼烧，避免交叉污染；接种过程要靠近酒精灯火焰，动作要轻揉、准确，不能乱碰；接种时操作人员双手不能离开工作台，不能说话、咳嗽、走动；接种完毕后要及时将工作台清理干净并打开紫外灯灭菌 30min。

第五节 培养基母液配制

在培养基的配制中，对各组分首先要按照用量扩大一定的倍数，先配制成一系列母液置于 4℃ 冰箱中保存，使用时按比例稀释。为便于保存，一般将 MS 培养基母液分成 3 大系列，即大量元素、微量元素、有机物。

一、大量元素母液配制

按照使用时 10 倍的数值称取，分别将各种化合物称量后，除 $CaCl_2 \cdot 2H_2O$ 单独配制外，其余化合物混合在 500mL 烧杯中加适量蒸馏水溶解，用玻璃棒搅拌促溶，倒入 1000mL 容量瓶中用蒸馏水定容至刻度，置棕色试剂瓶中保存，贴上标签注明化合物名称（或编号）、浓缩倍数、配制日期和配制者姓名，$CaCl_2 \cdot 2H_2O$ 配制同上。大量元素母液配制详情见表 4-1。

表 4-1　大量元素母液配制表

成分	原配方量 /mg	扩大倍数	称取量 /mg	母液体积 /mL	每升培养基吸取量/mL
KNO_3	1900	10	19000		
NH_4NO_3	1650	10	16500		
$MgSO_4 \cdot 7H_2O$	370	10	3700	1000	100
KH_2PO_4	170	10	1700		
$CaCl_2 \cdot 2H_2O$	440	10	4400		

二、微量元素母液配制

按实际使用浓缩 100 倍的数值分别称取各种化合物，除铁盐单独配制外，其余化合物可混合置于烧杯内加少量蒸馏水溶解，然后定容在 1000mL 容量瓶中，置棕色试剂瓶中保存，贴上标签；将 $FeSO_4 \cdot 7H_2O$ 和 $Na_2\text{-}EDTA \cdot 2H_2O$ 分别溶于蒸馏水中，加热并不断搅拌，溶解后，混匀，调 pH 值至 5.5，然后加水定容至 1000mL，置于棕色试剂瓶中并贴上标签保存。微量元素母液配制详情见表 4-2。

表 4-2　微量元素母液配制表

成分	原配方量 /mg	浓缩倍数	称取量 /mg	母液体积 /mL	每升培养基吸取量/mL
$MnSO_4 \cdot 4H_2O$	22.3	100	2230		
$ZnSO_4 \cdot 7H_2O$	8.6	100	860		
H_3BO_3	6.2	100	620		
KI	0.83	100	83		
$Na_2MoO_4 \cdot 7H_2O$	0.25	100	25		
$CuSO_4 \cdot 5H_2O$	0.025	100	2.5	1000	10
$CoCl_2 \cdot 6H_2O$	0.025	100	2.5		
$Na_2\text{-}EDTA \cdot 2H_2O$	37.3	100	3730		
$FeSO_4 \cdot 7H_2O$	27.8	100	2780		

三、有机物母液配制

按要求浓缩 50 倍，分别称量后溶解，于 500mL 容量瓶中定容，倒入棕色试剂瓶中贴上标签保存。有机物母液配制详情见表 4-3。

表 4-3 有机物母液配制表

成分	原配方量/mg	浓缩倍数	称取量/mg	母液体积/mL	每升培养基吸取量/mL
甘氨酸	2.0	50	100		
盐酸吡哆醇	0.5	50	25		
盐酸硫铵素	0.1	50	5	500	10
烟酸	0.5	50	25		
肌醇	100	50	5000		

注：制备母液和培养基时，所用蒸馏水或去离子水必须符合标准要求，化学药品必须是分析纯，称量药物采用高灵敏度的天平，每种药品、药匙专用。母液配制好后放在 2～4℃ 的冰箱中贮存，特别是有机类物质贮存时间不宜过长，无机盐母液最好在一个月内用完，如发现瓶中有沉淀、悬浮物或微生物污染，应立即淘汰并重新配制。

四、植物生长调节剂母液配制

为便于生产操作，植物生长调节剂也可如同配制母液一样先配成原液，需要时按量添加即可。萘乙酸（NAA）、吲哚乙酸（IAA）易溶于热水、乙醇、乙醚、丙酮，促进细胞的延伸生长和细胞壁结构的松弛，也可用于诱导生根；吲哚丁酸（IBA）易溶于醇、丙酮、醚、稀碱、稀酸溶液，为生根刺激剂；2,4-二氯苯氧乙酸（2,4-D）易溶于醇、丙酮、乙醇、稀碱溶液，促进愈伤组织形成；赤霉素（GA$_3$）易溶于醇、乙酸乙酯、碳酸氢钠和醋酸钠的水溶液，具有促进茎、叶伸长生长，打破休眠的作用。

配制母液前应根据培养基组成和配制体积计算母液试剂用量，然后称取药品。大量元素可以用百分之一或千分之一天平称量，有机物、微量元素、铁盐和各种激素用万分之一天平称量。

第六节　培养基配制与灭菌

培养基配制按计量、移母液、称取蔗糖和琼脂、培养基熬制、调 pH 值、分装、扎口、灭菌的步骤进行。以配制 1L MS 培养基为例介绍培养基配制与灭菌过程。

一、计量

根据配制培养基的量和母液的浓度计算需要吸取母液的量，计算公式：吸取量（mL）＝培养基中物质的含量（mg/L）×1000mL/母液浓度（mg/L）。

二、移母液

用量筒或移液管量取培养基母液之前，必须用所量取的母液将量筒或移液管润洗 2 次。分别用移液管一次性吸取大量元素母液 100mL、微量元素母液 10mL、铁盐母液 10mL、有机物母液 10mL 和所需的植物生长调节剂母液，盛装到大小合适的容器中。量取母液时移液管不能混用。蔗糖和琼脂用百分之一电子天平称取备用。

添加植物生长调节剂母液时应充分了解其理化性质，如 IAA、ZT、ABA 等激素以及某些维生素在高温高压时容易分解或失活，不能和其他的培养基一起高压灭菌，而要进行过滤灭菌。

三、培养基熬制

用烧杯或不锈钢锅量取 500mL 蒸馏水放在电炉上加热，加入 5～7g 琼脂，边加热边用玻璃棒搅拌直到琼脂全部溶化，加入适量蔗糖搅拌，使蔗糖全部溶化。将溶化的琼脂和母液充分混合，用蒸馏水定容到 1000mL，充分混匀。

四、调 pH 值

用浓度为 1mol/L NaOH 或 HCl 调节培养基的 pH，检测 pH 可用 pH 试纸（pH 值范围为 5.4～7.0），也可用 pH 计，一般调节 pH 值为 5.8～6.0。

五、分装

将调好 pH 的培养基趁热分装到培养瓶中，每个培养瓶分装约 30mL，分装时不要让培养基沾到组培瓶瓶口和外壁。

六、灭菌

将分装后的培养瓶盖上瓶盖或包扎好瓶口，放入灭菌锅盖上锅盖灭菌。灭菌结束应尽快转移培养瓶，使培养基自然冷却凝固备用。一般灭菌条件为121℃、25min。

第七节 刺梨组织培养实例

一、外植体选择与消毒

选择生长健壮、无病虫害的"贵农5号"刺梨枝条的茎梢和带腋芽的嫩茎为外植体，去除叶片，洗掉外植体表面上的污渍，然后用剪刀剪成2～4cm长的小段，保证每一小段有1～2个可萌发的腋芽。将小茎段用洗涤剂溶液浸泡10min，然后用自来水冲洗30min，再用吸水纸把茎上的水分吸干后置于超净工作台进行消毒灭菌。消毒方法：用75%乙醇浸泡并轻轻搅拌30s，用无菌纯净水冲洗3遍，在0.1%升汞中浸泡并轻轻搅拌10min，用无菌纯净水冲洗5遍后备用。此消毒方法外植体污染率为10%，诱导率为88.2%。

二、芽的诱导与培养

在超净工作台中切去药液接触过的伤口后，将刺梨茎段平放在培养基上，用镊子轻轻将其中一端稍微压入培养基中，3～5天后腋芽开始萌动，7～10天新茎开始伸长，生长良好的芽60天后可长达10cm并出现丛生芽，平均每个丛生芽中含5～10个芽。经试验，诱导芽增殖的培养基为，在每升MS培养基中添加6-BA 0.5mg、NAA 0.02～0.05mg、蔗糖2.5%和卡拉胶5%～7%。培养室温度24℃±1℃，每天日光灯辅助照12h，光照强度为1200～2000lx。

三、继代增殖培养

当刺梨初代培养成功之后，采用初代组培苗作为继代培养的材料来源，将无菌苗在超净工作台中取出，用手术刀剔除部分叶片以减少营养消耗，然后切成2～4cm的茎段，每段含2个腋芽，将茎段平放在培养基中，用镊子轻轻将其中一端稍微压入培养基中进行继代培养，或将丛生芽切割成带2～3个芽的小块移到新的培养瓶中培养，用此法不断进行丛生芽增殖。培养基配方：在MS培养基中添加1.0mg/L的6-BA、0.2mg/L的IAA、蔗糖2%和卡拉胶5%～7%。

四、诱导生根

把丛生芽抽生出的茎切割成 1.5～2cm 的茎段，每段至少带一个节接种到生根培养基中诱导生根。10～20 天每株苗可长出 3～5 条乳白色须根。生根培养基配方：于 1/2MS 培养基中，每升添加 0.2～0.5mg IBA、2.0％蔗糖和 5％～7％卡拉胶。

五、试管苗移栽

挑选生长状况良好、生根相对一致、叶色浅绿至墨绿、苗高 3～5cm 的瓶装刺梨组培苗移至室外大棚或温室中进行炼苗，逐渐打开瓶盖在自然环境中培养7～10天。炼苗最适合的昼夜温度为 15～25℃，遮阴度为 60％左右。经过 7～10 天的过渡培养，刺梨组培苗出现叶色变深、叶缘小刺逐渐明显时移出刺梨组培苗至清洗池，将苗根部的培养基全部清洗干净，清洗时尽量避免损伤，然后放在 800 倍多菌灵消毒液中浸泡 30min，捞出沥干表面水分后移栽到育苗床。

移栽时用竹签在苗盘基质上打孔，将小苗栽入并轻轻覆盖、压实，然后用喷壶浇透水。刺梨组培苗根系是须根系，比较适合生长在疏松多孔、富含有机质的基质中，以经消毒处理后的蛭石、珍珠岩、腐殖土、有机肥按一定比例混合制备移栽基质，具体体积配比为蛭石（20％）+珍珠岩（20％）+腐殖土（40％～50％）+颗粒或粉状有机肥（5％～10％）。

移栽后的小苗应避免太阳光直射，以免灼伤叶片。生产上一般采用双层遮阴网遮光，外层用 50％的固定遮阴网，内层用 75％的活动遮阴网，这样便于调控光照强度。夏季炼苗要控制好湿度，高温高湿容易滋生杂菌造成烂根。

刺梨栽培技术

随着社会对刺梨的应用研究与产品开发的不断深入，人们对刺梨的需求量日渐增长，野生的刺梨资源无法满足社会发展的需求，因此刺梨的人工栽培显得尤为重要。近年来，各地将刺梨产业发展与扶贫相结合，建设了一批刺梨生产基地，培育了一批刺梨加工龙头企业，刺梨产业得到快速发展，获得了良好的经济和社会效益。为了保障刺梨产业的可持续发展，也为了更高效更深入地研究并开发利用刺梨资源，开展刺梨栽培技术的研究必不可少且至关重要。

第一节 栽培模式

一、单作栽培

刺梨单作指在同一块田地上只种植刺梨一种作物的种植方式，也称为纯种、清种、净种。由于刺梨适应性强、生命力旺盛，因此贵州地区刺梨单作主要发生在向阳山坡、荒山、空地等地块。另外，也可在房前屋后、田边隙地、河边、沟谷空地栽培刺梨，不仅有助于保护生态环境，而且还能提高农民经济收入。

二、间套作栽培

从刺梨的生长周期看，刺梨在种植三年后才能产生经济效益，封林前土地闲置不仅会造成土地资源的浪费，而且不利于农户创收。因此，可充分利用未成林刺梨植株形成的大量空地，研究其间套作技术，通过"林果""林药""林苗""林菜"

"林牧"等模式大力发展林下经济，既能节约施肥、遮阴、除草等生产成本，还能改善田间小气候、改良土壤，促进刺梨更好更快生长，形成良好的生态发展格局，同时还能增加农户及果园的经济效益。即便刺梨挂果后，也可以套种豆科植物，起到肥田作用。

（一）刺梨田套种经济作物

刺梨植株一般栽培三年后方才挂果，在此之前，由于刺梨植株矮小，植株间距比较大，阳光比较充足，且具有一定的荫蔽度，因此适合套种经济效益较高的小杂粮等矮秆作物，或者牡丹、玫瑰、丹参、桔梗等经济效益较高的矮秆中药材，或者土豆、茄子、辣椒、牛心菜、洋葱等喜光蔬菜，也可以套种烤烟。套种后不仅不会影响刺梨的生长环境，而且能在管理上节约成本、实现互补，增加刺梨未挂果前农户的经济收入，节约耕地，实现土地资源的最大化利用。烤烟等作物与刺梨的套种增加了耕地复种指数，可提高经济收入，并且可以大大降低烟草的病虫害发生概率，在一定程度上提高了烟草质量与产量，并降低生产成本；烟草在种植过程中需要经常施肥、除草，同时也免除了刺梨的中耕除草、施肥等环节，减少了人力、物力资源的浪费，既节约了成本，又有利于刺梨的增收，对于经济发展有较好的促进作用。

1. 刺梨间作大豆

于4月中旬至5月上旬在刺梨行间采取条播或穴播方法间作大豆。大豆的播种可采用条播法和等穴距播法，其中条播法的行距为40~50cm，株距为20cm；在保证刺梨中耕除草、追肥的前提下，采取等穴距方法播种，穴距为30~50cm，每穴播种3~5粒。

2. 刺梨间作辣椒、玉米

辣椒的定植以土温15℃以上为宜，定植方法为早熟品种行距40~50cm，株距26~33cm，每穴1~2株；晚熟品种行距66~73cm，株距50~60cm，每穴1株。刺梨园行间种植玉米的行距为40cm，株距为30cm。

王华等（2019）研究发现，与清耕单作相比，间作玉米、辣椒的刺梨园土壤≥0.25mm的水稳性团聚体含量（$WR_{0.25}$）增加27.31%~121.82%，不稳定团粒指数（E_{LT}）降低5.91%~17.30%，平均质量直径（MWD）增加14.10%~68.97%，平均几何直径（GMD）增加13.95%~61.11%，分形维数（D）降低1.75%~7.24%，团聚体有机碳含量增加48.74%~108.17%，表明刺梨园间作玉米、辣椒有助于改善土壤物理结构，增加土壤有机碳含量，为刺梨生长提供了良好的土壤环境。因此，在科学的经营管理条件下，幼龄刺梨园间作玉米和辣椒值得推广。

3. 刺梨间作小蒜

刺梨间作小蒜主要发生在贵州省毕节市七星关区及大方县。于8月中旬至9月下旬在刺梨行间采取穴播方法间作小蒜，株行距为25cm×30cm，每穴播种1～2粒蒜种。小蒜生长期需要勤除草、勤施肥，可有效免去刺梨的中耕除草、施肥等环节，减少了人力、物力资源的浪费。同时刺梨可为小蒜提供一定的遮阴度，既节约了成本，又提高了土地资源的利用率，能有效地促进经济发展。

（二）刺梨田套种耐阴作物

刺梨挂果后，林间荫蔽度增大，影响作物采光，此时可以套种耐阴植物，如白三叶、苜蓿等豆科作物，既能固氮肥田，又能产生牧草，有利于立体养殖的开发。达到了光、水、肥、热等气候资源的综合利用，也能实现病虫、杂草防治的互补和优化。套种耐阴作物既有利于刺梨园的保水保肥，又能抑制刺梨林中杂草的生长，在提高复种指数及土地利用率的同时，实现单位面积产量、产值的提高，有效地增加农民收入。

另外，刺梨园间作牧草，还能有效改良土壤。向仰州等（2018）采用间作黑麦草、自然生草和清耕3种方式对刺梨园进行地表管理，研究了不同地表管理方式对刺梨园0～40cm土壤养分、微生物和酶活性的影响，以及三者之间的相关性。结果发现，与清耕相比，生草栽培可以调节土壤pH，增加土壤养分含量；间作黑麦草较自然生草显著提高了土壤有机质、全磷、全钾、有效氮含量（$P<0.05$），自然生草较间作黑麦草显著增加了土壤有效钾含量（$P<0.05$）；与清耕相比，2种生草方式均显著提高了土壤细菌、真菌、放线菌数量以及微生物总数（$P<0.05$）；与清耕相比，生草可以显著提高土壤酶活性，并且间作黑麦草对脲酶、蔗糖酶、过氧化氢酶活性的增加作用大于自然生草；土壤微生物数量与有机质、全氮、全钾、有效氮含量存在极显著正相关（$P<0.01$）或显著正相关（$P<0.05$）；土壤酶活性与有机质、全氮、全磷、有效氮含量之间存在极显著正相关（$P<0.01$）或显著正相关（$P<0.05$）；土壤酶与土壤微生物数量之间极显著正相关（$P<0.01$）或显著正相关（$P<0.05$）。这说明2种生草栽培均可以改善刺梨园土壤肥力。

（三）刺梨林下种养殖

刺梨林下套种豆科牧草的同时，还能与林下养鸡进行有机的结合，形成生态种养殖模式。该模式不仅增加森林覆盖率、美化环境，还能防止水土流失、提高农民经济收入。刺梨林下套种豆科牧草，草虫和草料可以作为鸡的纯天然副饲料，鸡粪又能滋养刺梨树，既环保又有效。刺梨林下养鸡，其粪便可以解决豆科牧草及刺梨的施肥问题，节省肥料开支，而且林下散养鸡，营养价值高，需求量大，价格比普通饲料圈养的要高出很多，市场前景广阔。该模式为农业转型升级和生态农业建设提供了思路和可能。

第二节　刺梨栽培技术流程

一、园地选择

种植前应合理选择种植区及种植品种，种植区域与品种的合理选择直接影响植物后期的生长、结果及经济效益等。刺梨是一种喜温喜湿的果树，种植区平均温度须保持在 16℃ 左右，园地应选择光照良好，有灌溉条件，土层深厚，土壤肥沃，保水、保肥能力强的 pH 值为 5.5～7.5 的黄壤或黄沙壤土，确保土壤的厚度和养分能够满足刺梨生长的需要。也可利用沟边、塘边、田间地角、路边等处的零星土地种植。选择刺梨种植品种时，需要选择兼具强适应能力与抗病虫害能力的优良品种。

二、科学整地

选择好刺梨的种植区域后应及时做好整地工作。每年的 11 月至次年的 2 月为刺梨种植的最佳时期，种植前 1～2 个月将种植区内的杂草灌木全部清理干净。挖穴时要将心土和表土分开，将土层中的石头、树根等清理干净，回填时用表土和肥料混合物填下，穴施腐熟有机肥或生物肥 5～10kg、钙镁磷肥 0.5～1kg，为刺梨的顺利生长、营养吸收奠定基础。为充分利用地上和地下营养空间，有效防止水土流失，整地时栽植穴呈"品"字形分布，挖穴完毕后经技术人员验收合格再下土填穴。对于贵州山区或以山地、丘陵地为主的园地，挖穴前需对土地进行整平处理。因山地土壤耕层薄、肥力低、有机质少，为提高产量、提前结果，定植前需对土壤进行深翻熟化和改良，一般要挖深 40cm、宽或直径 60cm 的沟或穴，将表土与农家肥等充分混合回填并用水沉实或边填边踏实，回填至原地面处筑 5～10cm 高的树盘，保证栽苗时根系不直接接触到肥料，准备定植。对于栽植密度较大的区域应使用挖壕沟栽植的方式完成整地工作。

三、合理定植

在刺梨植株休眠期内早栽比晚栽更有利于翌年的生长和结果，植苗时间最好选择在 12 月至翌年 2 月上旬，这时水分挥发较少，有助于幼苗的生长。因刺梨喜湿不耐旱，保护组织又不发达，在我国西南地区以 12 月定植最为适宜，贵州地区一般于 11 月下旬到翌年 2 月上旬刺梨落叶后的休眠期内定植，其他地区可依实际情况酌情而定。目前生产上常用的株行距以(1.5～2)m×(2～3)m 为宜，即每亩栽 111～222 株。对种植普通刺梨品种、立地条件差或管理粗放的地块，适当密植，可采用 2m×1m 或 2m×1.5m 的行株距；对种植披散型刺梨品种和土壤肥沃、雨水充足的地块，适当稀植，行株距可适当大些，以 2.5m×1.5m 或 2.0m×1.5m 较适宜。

植苗时先将苗木的根系和枝叶进行适度修剪，剪去伤根残枝，定干高度 50cm 左右，保留 3～5 个分枝。将苗放入穴中央，舒展根系并均匀分布，扶正苗木逐层填土踏实，填土至苗木根颈上方 1～2cm，覆土高出地平面 5～10cm，呈馒头形，浇足定根水，使根系与土壤紧密接触，最后覆草或地膜保湿，防止水分过度蒸发和土壤板结。对于成活率在 90% 以下的地块，应在造林当年的秋冬季节内及时进行补植补种，以提高造林成活率。

四、水肥管理

当刺梨苗木成活后要及时除草、施肥以及灌溉，造林当年即幼苗生长的第一个夏季，除做好除草等基本工作外，还需结合施肥一起进行扩穴工作，扩穴规格为 60cm×60cm，扩穴时深挖 20cm；第二个夏季即 7～8 月进行一次刀抚，秋季需做好刀抚和培土工作，还需要按照其生长速度做好扩穴工作，规格不断扩宽，然后每年都需要按照此操作来管理。为提高土地利用率，1～3 年的园地可间作黄豆、辣椒、绿肥等矮秆植物，禁用除草剂。

刺梨是早果性强的果树，在良好的栽培管理条件下，一年生苗木会有一部分开花结实。为保证刺梨植株健康生长，获得高产，通常情况下需要在园地内按照每年施基肥 1 次、追肥 2～3 次的频率进行施肥管理。通常在 11 月后施基肥，1～3 年幼树每株施有机肥 5～10kg 或复合肥 0.25～0.5kg；抽梢前施 1 次以铵态氮为主的氮肥作为追肥，每株施尿素或碳酸氢铵 0.1～0.2kg，以保证刺梨花芽以及叶芽正常生长和发育；6 月和 7 月各追施 1 次氮磷钾复合肥，每株施复合肥 0.3～0.5kg，保证刺梨养分充足，使得幼果能够正常生长发育，促使果实膨大，进而提高刺梨果实的产量以及品质；3 年以上成年树每年施基肥一次，追肥 1～2 次，在秋冬季每株施有机肥 10～15kg，6～7 月份每株追施复合肥 0.3～0.5kg。施肥方法是在树冠滴水线位置挖深 20cm 左右一锄宽的沟，将肥料施入沟中然后覆土，结合施肥不断扩大定植穴外缘，以此来改善土壤条件，为提高刺梨的产量以及品质奠定基础。

由于刺梨的根系分布较浅，故刺梨抗旱能力不强，因此在干旱季节还应及时浇灌，保证刺梨的健康生长。李芸等（2011）报道，刺梨的灌溉水可以分为催芽水、花后水、壮果水。其中，发芽抽梢期浇灌催芽水，能促进新梢的生长以及花芽的形成及分化；谢花后浇灌花后水，能增强叶片同化机能，促进幼果膨大，有助于幼果的生长发育；在果实膨大期浇壮果水，能促进果实的生长发育和维生素 C 的合成及积累。

五、修枝整形

适时、适当的整形修剪是刺梨高产的基础。为保持刺梨植株的美观，要在树冠形成之后对过密的枝条进行一定修剪，以避免多余的枝叶争抢刺梨生长所需要的养分，保证内部的透风透光良好、生长空间合理，提高果枝数量，提高植株产量。刺梨整形修剪应保持接近自然生长的圆头形，并将枝梢控制在自下而上倾斜生长的状态，将植株高度保持在 1.5～2.0m，冠幅 1.5m 左右，全丛 5～8 个主枝，上下交错分布结果母枝，使其充分布满空间，确保内部通风透光。刺梨以冬剪为主，辅以夏季生长期的适量疏剪。夏季对刺梨进行修剪时应对枯萎花朵或者多余的花蕾进行修剪，适当地剪掉多余的枝叶；冬剪应在 11～12 月刺梨落叶后进行修剪，剪除衰老枝、枯枝、病虫枝、纤细枝和过密枝，尽量多留健壮的 1～2 年生枝作为结果母枝。

刺梨自然生长的情况下，结果 4～5 年后树冠开始衰老，产量、品质迅速下降。大型结果枝结果 1～2 年后结果能力迅速减弱，枝条逐渐枯死。但刺梨有抽生徒长枝形成大型结果母枝在次年结果的习性，因此需回缩更新修剪使刺梨抽生徒长枝的数量增多，对更新树冠和促进徒长性结果母枝形成的作用明显，使修剪后第一年树冠就得以恢复，第二年就能丰产。采用回缩树冠 1/3 或回缩树冠 1/2 的修剪方法进行衰老树冠的更新，每间隔 3 年左右更新修剪一次，可以保持刺梨园具有较高、较稳定的产量。

衰老的多年生枝进行重短截，促使其基部萌发抽生强枝并成为新结果母枝。对于产量极低、严重衰老的刺梨园可进行台刈（把树头全部割去彻底改造树冠的方法）更新，即从地面 20cm 处将枝干全部剪除，只留 20cm 左右高的丛桩。结合刺梨园的深翻，重施基肥，加强肥水管理，春季丛桩上的隐芽大量萌发新梢后选留 10～15 个左右强旺新梢培养成为新的树冠，第二年可以恢复正常产量。以后进行常规的修剪，在 3～4 年内能够维持高产稳产。

六、病虫害防治

刺梨常见病虫害有白粉病、烟煤病、蚜虫、黄刺蛾、黑刺粉虱及食心虫等。白粉病春秋季皆有发生，应于 6 月上旬发病初期及时喷粉锈宁，防效可达 74%～88%。蚜虫主要为害新梢，宜用 80% 敌敌畏 2000 倍液喷洒，防效较好，且对叶蝉、刺蛾、卷叶蛾、小猿叶虫等也有效。黑刺粉虱寄生于叶背面，在 5～8 月发生虫害时，可用水胺硫磷 2000 倍液防治。用 2.5％敌杀死 6000 倍液喷洒，在 7 月上旬至 8 月连喷 2 次可防治食心虫。

七、采收加工

自 8～9 月底均有果实陆续成熟，应以果实深黄色，并有果香味散发时分批采摘为好。采摘时应轻放防压，采后立即出售。干果加工简便，将果实晒干、烘干即可。干制品存放时间约为 1 年，应在入库前将每吨干制品用硫黄粉 2kg 熏 2h，然后用麻袋包装，外套薄膜袋贮藏，1 年后维生素 C 仅损失 2.85％。如不经过熏硫处理，1 年后维生素 C 损失会高达 80％。

刺梨病虫害防治

刺梨在生长的过程中由于受多种因素的影响，经常会发生病害与虫害，病虫害严重影响刺梨的正常生长发育，降低刺梨的产量和品质，因此必须采取有效措施对刺梨病虫害进行有效的预防和治理。刺梨病虫害防治要贯彻执行"预防为主、科学治理"的防治工作方针，以栽培管理措施和物理防治为基础，生物防治为核心，根据刺梨病虫害的发生与发展规律科学使用化学防治手段，选择安全、低毒、无污染、无残留、高效的无公害农药，达到经济、安全、有效地控制刺梨病虫害的目的。

许多病虫害是在刺梨引种驯化过程中被带来的，因此刺梨苗木引进时要严格执行《植物检疫条例》《森林植物检疫技术规程》，从源头禁止检疫性、危险性林业有害生物入侵。日常开展有害生物调查，发现刺梨生长异常时加强病虫害情况监察，提前做好防治准备工作。

刺梨病虫害防治宜采用农业防治、物理防治、化学防治相结合的方法达到综合防治的目的，主要采用农业防治技术措施，如慎重选择造林地，防止丛莽，避免与桃、李等蔷薇科植物混栽，阻断病虫在寄主间相互转移的途径；及时松土除草，减少病虫源；加强水肥管理，及时修枝整形，增强树势，提高植株抗病虫能力；选育抗虫抗病新品系等。这既是防治病虫害的需要，也是实现刺梨增产增收、保证刺梨品质的需要。如需用药，需慎重选择药物制剂，尽可能地选用生物制剂，这是形成绿色健康生态产业的需要。同时，还要保护病虫天敌，达到生态防治的目的。刺梨病虫害的防治首选无毒无害无残留的物理防治方法，即利用害虫的驱光、驱化等特性诱杀害虫，如在果园内安装频振式杀虫灯或黑光灯诱杀鳞翅目、鞘翅目成虫，利用色板、糖醋液、信息素等诱杀害虫。生物防治需在不影响天敌活动的情况下进行，即错开天敌活动时间，使用微生物源农药（BT制剂、白僵菌等）、植物源农药（茼蒿素、苦参碱等）、矿物源农药（如石硫合剂、波尔多液等）和昆虫生长调节剂（灭幼脲等）等中等毒性以下的生物农药进行防治。化学防治需按照《农药安全使用标准》《农药合理使用准则》的规定科学用药。使用哒螨灵、氟虫脲、苯丁锡、吡螨胺等低毒低残留农药，每年每种农药最多使用 2 次，以防害虫产生抗药性，使用农药总的不能超过 6 次，最后一次施药距采果的天数（安全间隔期）不少于 30 天。限制使用苄螨醚、双甲脒、毒死蜱、氯氟氰菊酯、抗蚜威、灭多威等中等及中等以下毒性农药，每年每种农药最多使用 1 次，总的使用次数不超过 3 次，最后一次施药距采果的天数（安全间隔期）不少于 30 天。禁止使用甲胺磷、甲基异柳磷、对硫磷、久效磷等高毒、高残留以及国家规定禁止使用的其他化学农药和未登记的农药。

刺梨与山楂、猕猴桃并称第三代果树，由于第三代果树最早均为野生生长，因而适应性较强，抗病虫能力也较强。为害刺梨的病虫害较少，病害主要有白粉病、烟霉病、褐斑病等，虫害主要有蚜虫、白粉虱及梨小食心虫等。

第一节　主要病害及防治

一、白粉病

（一）白粉病概况

白粉病是一种专性寄生菌，不能离体培养，亚种繁多，能侵染超过 1500 个属的植物。刺梨所属的蔷薇科除了刺梨外，玫瑰也受白粉病感染严重，黄瓜、西瓜等葫芦科的瓜类，禾本科小麦属的小麦，葡萄科的葡萄，忍冬科的金银花，茄科的番茄等也经常受到白粉病侵害。

刺梨白粉病的发生较普遍，是刺梨主要病害之一，主要为害嫩梢和嫩叶，嫩叶发病普遍严重，老叶发病相对较轻，白粉病也为害花蕾、花及幼果等。刺梨白粉病对刺梨生长、开花、结果有很大的影响，严重影响刺梨产量、品质及刺梨产业的健康发展。

经病原学检测，刺梨白粉病致病菌为毡毛单囊壳菌，属子囊菌亚门真菌，病部后期出现的小黑点即病菌的闭囊壳，闭囊壳球形至梨形，直径 85～120μm。附属丝菌丝状，少而短，暗棕色，有隔膜。含 1 个子囊，子囊宽椭圆形到球形，大小为（88～115）μm×（69～75）μm。子囊孢子 8 个，大小为（20～27）μm×（12～15）μm，宽椭圆形。无性世代为白尘粉孢菌，菌丝体表生；分生孢子梗直立，顶部产生菌丝型的分生节孢子（粉孢子）。分生孢子串生，单胞，无色，大小为（39～82）μm×（9～11）μm。

（二）刺梨白粉病症状

白粉病是刺梨的主要真菌性病害之一，嫩叶侵染病原菌后4～5天开始表现出症状，其病菌侵染绿色组织引起刺梨叶片呈现灰白色斑块，妨碍光合产物的形成和积累，导致果实果粒不膨大或者萎缩，直接影响果实的产量和品质。刺梨感染白粉病后，叶面产生一层灰白色粉质状病菌，逐渐侵染整个叶片，发病后期病叶出现卷缩枯萎。新生枝叶更容易受到白粉病菌的侵害，最初呈现灰白色斑点，后扩展蔓延，病斑由灰白色变成暗灰色，最后产生黑色的孢子。

（三）白粉病传播途径

病菌主要为害刺梨幼嫩器官的花蕾和嫩叶，入冬以后刺梨叶基本干枯掉落，但近地面的叶芽仍在不断萌发新叶，病菌以菌丝体和分生孢子分别在休眠芽和新鲜幼叶上越冬，成为次年的初侵染菌源，未发现有性世代。另外，病原菌孢子也可以在泥土或者枝叶中过冬。刺梨植株一旦染上白粉病就会年复一年地发病，发病期病原菌以分生孢子借风力传播，白天散布量占全天散布量的90%以上，且散布量最多的是白天10:00以后，夜间散布量较少。

（四）病原菌生长条件

白粉病潜育期为4～5天，温度15～25℃，相对湿度80%以上，pH值5～6的环境条件最适宜刺梨白粉病病原菌的生长。刺梨白粉病病菌分生孢子在−3℃时不萌发，在0～5℃之间可以萌发，但萌发率较低，随着温度的升高萌发率增高，但在25℃以后，孢子萌发率又随温度的增高而降低。刺梨白粉病菌分生孢子萌发的适宜温度在19～25℃之间（严凯等，2017）。相对湿度在80%以上最适宜病菌孢子萌发，相对湿度为0的情况下病菌孢子干瘪变形，丧失萌发能力，在水面上的分生孢子萌发率为22.6%。

（五）发病时期与规律

白粉病病情的发生发展与刺梨的生育期密切相关。4月以前平均气温较低，不利于孢子的萌发；4月上中旬平均温度开始升高，刺梨开始现蕾，同时分生孢子开始萌发并散播，白粉病开始发病，4月中旬为白粉病的初发期；5月下旬夏梢开始抽生，新生嫩叶数量猛增；5月中旬至6月中旬是花蕾、幼果和嫩叶的增长期，为病原菌萌发侵染提供了有利的环境条件，是刺梨花蕾（果）的发病高峰期；5月下旬达到顶峰，之后随果龄的增加病情逐渐下降；7～8月气温和相对湿度都较高，此时属于刺梨白粉病发病的高峰期，但此时也属于刺梨成果期和叶片老化期，随着叶龄的增加，病情下降，发病情况反而较轻；9月以后叶片老化脱落，病情逐渐下降，病菌随叶片一起掉落。随着植株的多年生长，树冠逐年增大，病原菌量逐年积累，越冬休眠芽增多，易被侵害的嫩叶增多，发病率和严重程度均有所增加。另外，白粉病病害发生有逐年累积的趋势。据报道，1986年病梢率为5%左右，1987年为10%，1988年为30%，1989年高达50%。

（六）白粉病防治

目前刺梨白粉病的生物防治方法还在研究阶段，冉继平等研究发现解淀粉芽孢杆菌（*Bacillus amyloliquefaciens*）和空气芽孢杆菌（*Bacillus aerius*）对刺梨白粉病孢子萌发有抑制作用，同时对菌丝有畸变效果；其发酵原液对白粉病的防治效果分别为60%和57%。当前刺梨白粉病防治主要以加强田间管理为主，再辅以化学防治的措施。在温暖潮湿的天气环境下刺梨白粉病传播速度快，加上在病菌侵染初期很难被发现，易错过防治的最佳时期。根据刺梨发病时期及规律，果农应加强田间管理，发病区域于每年4月初的晴天开始施药预防，未发病区域要做到早发现、早防治，当邻近区域出现发病时应对该种植区域的未发病刺梨进行喷药预防，能有效控制病害的发生。

白粉病应进行综合防治。首先应选择阳光充足的坡地为主要种植区域，加强水肥管理，增强树势，提高植株的抗病能力，相关研究表明肥水管理较好的植株由于长势强，抵抗能力强，发病的概率小，发病相对轻；肥水管理差的刺梨植株枝叶弱小，抗病能力差，发病较重。其次，应科学修枝整形，以增加植株的通透性，注重培育营养枝及结果枝，增强抗病能力；及时剪除感病枝条，焚烧带病菌的残枝落叶，防止病原微生物积累，降低发病率。再次，要做好药物防治工作，可采用25%粉锈宁2000倍液、70%代森锰锌800倍液或者抗霉菌素120、抗生素Bo-10 200倍液等制剂进行防治，保梢效果分别为92.14%～98.77%、85.98%～91.73%；也可用苯醚菌酯防治，苯醚菌酯属于新型甲氧基丙烯酸酯类杀菌剂，其高效、低毒、低残留，具有杀菌谱广、活性高、见效快、持效期长、耐雨水冲刷等特点，10%苯醚菌酯悬浮剂各质量浓度处理对刺梨白粉病菌孢子萌发具有显著的抑制作用，且对刺梨白粉病具有良好的防治效果。用25%乙嘧酚磺酸酯微乳剂在发病初期开始喷药，间隔7天喷第2次，可有效控制白粉病的为害。另外，还可以用25%腈菌唑、25%嘧菌酯、25%己唑醇或者生物制剂哈茨木霉防治刺梨白粉病，或者用6%抗坏血酸水剂诱导刺梨植株产生系统抗性，有效抑制白粉病的发生。

二、褐斑病

褐斑病是一种真菌性病害，主要为害刺梨的叶片，老叶受害最为严重。一般发病期为5～10月，以7～8月份为发病高峰期，为害最为严重。发病时叶片出现褐色的病斑，干旱时病斑干枯穿孔，潮湿时会导致腐烂，严重时造成大量叶片枯死脱落，影响植株正常的光合作用。

防治方法：对于褐斑病宜采取综合防治措施，加强水肥管理，增强树势，提高植株的抗病能力。在发病初期可喷施70％代森锰锌600倍液、50％多菌灵800倍液或50％甲基托布津800倍液，每半月喷施一次，连续喷施3～4次，防治效果可达85％以上。

三、烟煤病

烟煤病多发生在植株茂密和阴湿地段，一般不直接寄生在刺梨植株上，而是寄生在蚜虫和白粉虱的蜜露（粪便）上，与蚜虫和白粉虱的关系密切。该病主要发生在叶片和枝条上为害叶片和枝条，初期为黑褐色霉点，然后逐渐扩展蔓延汇集成一块黑色烟煤状物，是刺梨的常见病害之一。田间6月份发病重，病叶率20％左右。

防治方法：从烟煤病的发生原理可以看出，防治烟煤病的关键是防治蚜虫和白粉虱，用40％氧化乐果1500倍液与蚜虫、白粉虱防治结合起来效果更好。

四、刺梨茎腐病

刺梨茎腐病主要在育苗期为害插茎及新生枝条。枝条染病后干瘪，茎部有黑褐色病斑，严重者呈现黑褐色下陷腐烂斑；茎发病后，地上部枝叶初期萎黄，严重者枯死，一般5～6月为刺梨茎腐病多发期。经病原学检测，刺梨茎腐病病原菌为镰孢菌属半知菌亚门真菌。病菌分生孢子有2种类型：小型分生孢子单胞至双胞，单生或串生，卵圆形至椭圆形；大型分生孢子多细胞，镰刀形至椭圆形，有明显突起的足胞。有时形成厚垣孢子。

防治方法：刺梨茎腐病的防治主要在苗圃期，其防治措施主要为田间管理的加强和完善。具体为：宜选择土壤肥沃、疏松、灌溉及排水条件好的地块育苗，不宜选择重茬苗圃地以及长期种植豆类、瓜类、马铃薯、蔬菜等的地块；应加强田间管理，及时松土，注意排水，提高植株抗病能力；在发病期，应勤勘查，一旦发现病株需及时清除，一般不必施药防治。

五、炭疽病

刺梨炭疽病是一种真菌性病害，病斑产生在叶缘，呈半圆形，病斑边缘深褐色，中间浅褐色至褐色，病斑后期发展成黑色小粒点。炭疽病通常零星发生，可以在防治黑斑病及叶斑病时得到兼治。病菌在落叶上越冬，温暖、潮湿环境下，孢子萌发侵害叶片。株丛过密、湿气过大时，更容易发病。

防治方法：秋末冬初及时清理果园，收集发病落叶集中烧毁；加强养护管理，适当修枝整形，疏除过密枝条，使树冠内部通风透光良好；必要时喷施20％噻菌铜（龙克菌）悬浮剂 500 倍液、78％波·锰锌可湿性粉剂 600 倍液、75％百菌清可湿性粉剂 600 倍液、50％咪鲜胺可湿性粉剂 1000 倍液或 25％溴菌腈（炭特灵）可湿性粉剂 500 倍液防治。

六、其他病害

在刺梨的生长发育过程中还存在着灰霉病及刺梨病毒病。其中灰霉病主要为开花期病害，果实发病则密生灰霉，严重时可减产；防治时可喷洒 10％多氯霉素100g，兑水 100～110kg 后喷洒多次。刺梨病毒病由病毒感染所引起，蚜虫、叶蝉等是该病毒病的传播媒介，发病时病叶扭曲畸变并向下卷曲，叶片皱缩，叶面凹凸不平，叶组织增厚或呈淡绿色不均匀的斑驳花斑。

第二节 主要虫害及防治

虫害是威胁刺梨正常生长的重要因素，一旦发生虫害将严重影响刺梨的生长和发育。要想全面防治刺梨虫害，首先需全面了解各种主要虫害的生活习性，针对不同的害虫采取不同的防治措施才能有效降低虫害对刺梨生长的影响。李子忠、汪廉敏等对刺梨病虫害进行了调查研究，发现刺梨虫害多达 98 种，主要有蛀食性的梨小食心虫，食叶害虫蔷薇叶蜂、黄刺蛾、黄尾毒蛾、大造桥虫、苹枯叶蛾，以及集中为害嫩梢和花蕾的月季长管蚜，为害枝条和叶片的白粉虱等，其中为害最严重的为白粉虱、黄刺蛾和梨小食心虫。

一、白粉虱

白粉虱又名小白蛾子，属半翅目粉虱科，该虫分布广泛，是一种世界性害虫，且为害严重、寄主范围广，蔬菜中的白菜、芹菜、黄瓜、冬瓜、豆类、大葱、茄子、辣椒、番茄等都深受其害，还为害药材、牧草、花卉、果树、烟草等 112 个科653 种植物。

（一）形态特征

白粉虱体小纤弱，一生共经历卵、若虫、蛹、成虫四种形态。

卵：虫卵主要产于叶片背面，呈长椭圆形，长 0.22～0.26mm，初产时呈淡绿色，基部有 0.02mm 长的卵柄，有薄蜡粉，孵化前变黑色并微有光泽。

若虫：若虫共 4 龄，呈长椭圆形，体形扁平，虫体呈淡黄色或黄绿色，半透明，在体表上长有长短不齐的蜡丝，体侧有刺。一龄若虫体长约0.29mm，身体为细长椭圆形，有发达的胸足，能就近爬行，触角发达，腹部末端有一对长约体长1/3的尾须；二龄若虫体长约0.34mm，胸足显著变短，无爬行能力，此时定居下来，身体显著加宽、椭圆形，尾须显著缩短；三龄体长约0.47mm，体形与二龄若虫相似，足与触角残存，体背面的蜡腺开始向背面分泌蜡丝，能明显看到胸部两侧的胸褶及腹部末端瓶形孔的三个白点。

蛹：早期身体显著比三龄加长加宽但尚未显著加厚，背面蜡丝发达四射，体色为半透明的淡绿色，跗肢残存，尾须缩短。中期身体显著加长加厚，体色逐渐变为淡黄色，背面有蜡丝，侧面有刺。末期比中期更长更厚，成匣状，复眼显著变红，体色变为黄色，成虫在蛹壳内逐渐发育起来。

成虫：成虫身上覆盖一层白色蜡状物，雌虫个体比雄虫大，雌成虫体长约0.71mm，雄成虫体长约0.64mm，经常雌雄成对在一起。雌虫腹部末端有背瓣、腹瓣、内瓣三对产卵瓣，初羽化时向上折，随后展开。腹侧下方有两个弯曲的黄褐色曲纹，是蜡板边缘的一部分，两对蜡板位于第二、第三腹节两侧；雄虫腹部末端有一对钳状的阳茎侧突，中央有弯曲的阳茎，腹部侧下方有四个弯曲的黄褐色曲纹，是蜡板边缘的一部分，四对蜡板分别位于第二、第三、第四、第五腹节上。

（二）繁殖特性

环境温度为25～30℃时最合适白粉虱的生长繁殖，冬季在室外不能越冬，但在温室内世代重叠，以各种虫态越冬或继续为害作物。在室外4～10月均可见到白粉虱成虫，6月是白粉虱的爆发期。白粉虱在我国南方一年可发生10代，每代发育时间随温度升高而缩短。成虫羽化后2～7天可交配产卵，卵经5～10天孵化成若虫，若虫经2周发育成蛹，再经过7天羽化成成虫。平均每条雌虫产卵150多粒，多的达300～400粒，1代后种群数量可增长150倍，繁殖数量呈指数增长，这在农业害虫中是罕见的。白粉虱也可孤雌生殖，其后代雄性。

（三）生活习性

白粉虱具有很强的趋嫩性、趋黄性。成虫不善飞翔，但可以短距离飞行，在有风的条件下能随风作长距离迁飞。成虫常成群聚集在植株上部嫩叶背面，利用其锉吸式口器吸食植物汁液，并在嫩叶上产卵。随着植株生长，成虫不断地向上部叶片转移，最上部的嫩叶以成虫和初产的淡黄色卵为最多，稍下部的叶片多为黑色卵，再下部多为初龄若虫，再下为中老龄若虫，最下部则以蛹为多。幼虫孵化后，寻找适宜的部位刺吸为害。由于各种虫态自上而下交错分布，这给防治带来一定的困难。

发生虫害时，若虫、成虫大量吸食植物汁液导致叶片褪色、卷曲、萎缩，若虫的分泌物经常诱发烟煤病而使叶片表面蒙上一层黑色霉状物，严重影响植物的光合作用和呼吸作用，最终导致植物衰弱、枯死。白粉虱也是病毒病的传播媒介。

（四）防治方法

黄色对白粉虱成虫有强烈诱集作用，因此可在刺梨树旁悬挂黄板诱集白粉虱成虫，此方法诱杀成虫效果显著；也可以在田间安装波长为 365nm 的紫外线灯或波长为 586nm 的黄光多功能灭虫灯，能有效杀灭蚜虫、白粉虱、苍蝇、蚊子、蓟马、斑潜蝇、鞘翅目害虫、鳞翅目害虫等多种害虫；适当修枝，改善树冠内部通风透光性，可减轻为害；在成虫发生盛期或幼虫大量孵化时可喷施 40％氧乐果乳油、2.5％敌杀死乳油 5000 倍液防治，喷 2～3 次，防治效果最好。根据白粉虱的繁殖规律，化学防治需遵循及早用药、连续施药、统一施药、全面施药、细致施药的防治原则，在第一次喷药后的第四天、第十天再各喷药一次，达到彻底防治的目的。另外，使用小型吸尘器（如汽车专用吸尘器）在成虫期连续吸几次也可以控制其为害。

二、月季长管蚜

蚜虫又称腻虫、蜜虫，是一类植食性昆虫，包括蚜总科下的所有成员。目前已经发现的蚜虫总共有 10 个科约 4400 种，其中多数属于蚜科。为害刺梨的主要是月季长管蚜，属同翅目蚜科，其分布很广，几乎遍布全国，为为害严重的杂食性害虫之一，玫瑰、百鹃梅、月季、野蔷薇、梅花、七里香等多种植物均受其为害。月季长管蚜在春、秋两季群居为害刺梨新梢、嫩叶和花蕾，以刺吸式口器吸取汁液，使刺梨枝梢生长缓慢，花蕾和幼叶不能正常伸展，花朵变小。同时，由于蚜虫分泌蜜露，容易诱发烟煤病，并招来蚂蚁为害，造成植株死亡。

（一）繁殖特性与形态特征

蚜虫可以进行两性生殖和孤雌生殖，一般都是两性生殖和孤雌生殖交替进行。两性生殖是蚜虫度过寒冬的一种方式，许多蚜虫在冬季来临之前进行雌雄交配，受精卵呈休眠状态越冬。孤雌生殖是蚜虫最重要的生殖方式，对其迁飞、扩散、大量繁殖起着重要的作用。所谓孤雌生殖，即蚜虫本身属雌性，不需要与雄性蚜交配受精就可产生后代，故也称为处女生殖或单性生殖。常见的月季长管蚜分为无翅孤雌蚜和有翅孤雌蚜。

无翅孤雌蚜：体长 4.2mm，宽 1.4mm，长椭圆形。头部浅绿色至土黄色，胸、腹部草绿色，有时橘红色。触角比体稍短，长 3.9mm，淡色，各节间处灰黑色；中额微隆，额瘤明显隆起外倾，呈浅"W"形。腹管长圆筒形，第 7、第 8 腹节背面及腹面有明显的"W"纹。尾片长圆锥形，表面有小圆形突起构成的横纹，有曲毛 7～9 根，尾板末端圆形，有 14～20 根毛。

有翅孤雌蚜：体长 3.5mm，宽 1.3mm，体绿色，中胸淡黄色或暗红色。触角、腹管黑色至深褐色，尾片灰褐色。触角长 2.8mm，第三节有圆形感觉圈 40～45 个，分布全节排列重叠。腹部各节有中斑、侧斑、缘斑，第 8 节有一大宽横带斑。翅脉正常，腹管长圆筒形，端部 1/5～1/4 有网纹。尾片长圆锥形，中部收缩，端部稍内凹，有长毛 9～11 根。尾板馒头形，有毛 14～16 根。

（二）发生规律

月季长管蚜 1 年可繁殖 10～20 代，不同地区发生代数差异较大，在冬季以成蚜、若蚜形态在寄主、草丛、落叶层中越冬，第二年春季蔷薇属植物开始萌芽后即可发现月季长管蚜在芽上为害。在气温 20℃ 左右、干旱少雨的条件下最有利于其发生与繁殖，每年以 5～6 月、9～10 月为害最为严重。盛夏季暴风雨过后植株上的蚜虫大量掉落，对其生长繁殖有一定的抑制作用。

（三）防治方法

秋后剪除有虫枝条，并在第一时间清除园内杂草和落叶，以减少虫源；充分保护和利用好寄生性的蜂类以及捕食性的瓢虫类有益生物；因蚜虫繁殖快、世代多，用药易产生抗性，选药时应用复配药剂或轮换用药，可用 40％氧化乐果 1500 倍液、50％啶虫脒水分散粒剂 3000 倍液、50％辟蚜雾 1500 倍液、10％吡虫啉可湿性粉剂 1000 倍液、25％灭蚜威（乙硫苯威）1000 倍液、40％啶虫·毒乳油 1500～2000 倍液或啶虫脒水分散粒剂 3000 倍液＋5.7％甲维盐乳油 2000 倍混合液进行喷施防治。

三、梨小食心虫

梨小食心虫属鳞翅目卷蛾科小食心虫属的一种昆虫，又名东方果蛀蛾、桃折心虫，俗称蛀虫、黑膏药，简称梨小，是世界性的主要蛀果害虫之一。该虫分布广、寄主多，除为害刺梨外，还为害梨、桃、李、梅、花红和苹果等果树。梨小食心虫为蛀食性害虫，主要为害果树新梢、果实、枝干。为害新梢时，幼虫从新梢顶端叶片的叶柄基部蛀入髓部，由上向下蛀食至木质部，被害嫩梢的叶和枝条则萎蔫下垂最后枯死，果农称之为折梢虫，严重影响树冠的扩大和成形；为害果时幼虫多从果实萼、梗洼处蛀入，早期蛀孔外有虫粪排出，孔口周围有流胶和虫粪，高湿情况下蛀孔周围易被病原菌侵染变黑、腐烂、凹陷，俗称"黑膏药"。后期为害的果孔很小，孔口周围仍呈绿色，幼虫直向果心蛀食果肉和种子，果面不凹陷变形，严重影响果质和产量。梨小食心虫对刺梨的为害表现为早期引起落花落果，中期蛀食果实影响刺梨的产量和品质。

（一）形态特征

成虫体长 5.2～6.8mm，翅展 10.6～15.0mm，体暗黑褐色，无光泽。头部有灰色鳞片，触角丝状，下唇须灰褐色向上翘。前翅深灰褐色，密被灰白色鳞片，翅基部黑褐色，在翅中室端部附近有一明显小白点。后翅暗褐色，基部色浅，缘毛黄褐色。前翅静止时两翅合拢形成钝角。肛上纹不明显，有 2 条竖带、4 条黑褐色横纹。各足跗节末端灰白色，腹部灰褐色。

卵：卵为椭圆形，直径 0.5mm 左右，两头稍平，中央凸起，乳白色，孵化前变黑褐色。

幼虫：初孵幼虫体呈白色，数日后非骨化部分淡黄色或粉红色，头部黄褐色，前胸背板浅黄白色或黄褐色，臀板浅黄褐色或粉红色，上有深褐色斑点。腹部末端具臀栉 4～7 刺，用以弹去粪粒，背面每节无桃红色横纹。腹足趾钩单序环式，30～40 根。臀足单序缺环，20 余根。老熟幼虫体长 10～12mm。

蛹：体长 6～7mm，长纺锤形，体色为黄褐色，复眼黑色。第 3 至第 7 腹节背面前后缘各有 1 行刺突，第 8 至第 10 腹节各有一行稍大的刺突，腹部末端有 8 根钩刺。蛹外被有长约 10mm 的扁平椭圆形灰白色丝茧。

茧：长 10～14mm，扁椭圆形，丝质白色，底面扁平。

（二）发生规律

梨小食心虫成虫羽化、产卵和卵孵化均需要一定的温湿度，全世代发育起点温度和有效积温分别为 7.81℃和 587.10℃·d。温度对梨小食心虫的生长发育、存活和繁殖有很大的影响，在 20～32℃范围内，梨小食心虫各虫态的发育速度均随温度的升高而加快，但生存的最适温度为 25.1℃。梨小食心虫的发生因各地气候、果园种植管理情况等表现不一。华北和东北地区 1 年多为 3～4 代，河南、安徽、陕西关中地区、四川 4～5 代，新疆 3～5 代，华南地区 6～7 代。每只雌成虫产卵量为 50～120 粒，卵多产于背面近主脉处。

梨小食心虫以老熟幼虫在树干基部、果树粗翘皮缝、土缝等处作茧越冬，在梨小食心虫 1 年发生 3～4 代的地区，越冬代幼虫于第二年 3 月中、下旬开始化蛹，4月上、中旬开始羽化，第一代幼虫于 5 月开始为害嫩叶和新梢，羽化成虫交尾产卵于新梢顶端叶背，卵孵化后从叶柄处蛀入梢内，向下蛀食，被害枝梢则萎蔫下垂枯死，随后幼虫在地表等处作茧化蛹；第二代幼虫于 6 月下旬开始出现，幼虫继续为害新梢、果实；第三代幼虫盛发于 8 月上旬，第四代幼虫于 9 月上旬达到为害高峰，第三、第四代幼虫主要钻蛀果实为害。9 月下旬开始，老熟幼虫吐丝下垂入树皮裂缝处越冬。第一、第二代发生得比较整齐，三代以后有世代重叠现象（罗亚红，2009）。

（三）防治方法

梨小食心虫世代重叠比较严重，防治梨小食心虫需采用农业防治、物理防治、生物防治和药剂防治等综合防治方法，才能达到有效的防控效果。

1. 农业防治

梨小食心虫具有转移寄主为害的特性，刺梨园尽量避免与桃、李、杏、苹果等果树混栽。秋冬季及时对刺梨园进行修剪，集中深埋或烧毁果园枯枝落叶，消灭越冬代幼虫，能减少食心虫越冬虫源86%以上；在幼虫发生初期及时剪除被害梢，摘除虫果集中销毁。果实采收后要及时进行清园，消灭梨小食心虫虫源。

2. 物理防治

因成虫具趋光性、趋化性以及色觉效应，可于3月中旬至10月中旬以在果园中挂频振式杀虫灯、糖醋液诱捕器、黄色粘虫板和黑光灯等方式诱杀成虫。频振式杀虫灯是利用梨小食心虫具有较强的趋光和趋波特性，近距离用光、远距离用波引诱梨小食心虫成虫扑灯，灯外设置频振高压电网，使成虫碰触电网掉入灯下专用接虫袋中达到杀灭害虫的目的；黑光灯悬挂应高于果树，灯周围没有阻碍物，功率为20W或40W，开灯时间为每天傍晚7时到第二天凌晨6时；梨小食心虫成虫对糖醋液有较强的趋性，尤其对交尾后的雌成虫趋性更强，因此还可以在诱捕器中添加糖醋液及少量杀虫剂防治梨小食心虫。糖醋液成分及比例为红糖∶醋∶白酒∶水＝1∶4∶1∶16，杀成虫，每亩等距离悬挂糖醋液诱捕器30～50个，定期更换糖醋液确保效果。糖醋液诱杀梨小食心虫成本低、时效长、省工省时又无农药残留，是防治梨小食心虫的重要方法。

3. 生物防治

梨小食心虫的天敌主要有白茧蜂、赤眼蜂、白僵菌、黑青金小蜂、姬蜂和寄生蜂等。其中，最常用的是赤眼蜂，在无药剂干扰的条件下赤眼蜂对梨小卵的寄生率可达40%～60%。1988年冯建国等经大面积试验示范表明，在梨小食心虫第3代卵盛期放蜂4～5次，每次每株放有效蜂2000头，寄生率可达90%；秋冬季在果园喷施白僵菌粉防治越冬幼虫，越冬幼虫被寄生率达20%～40%，在湿度大的果园根茎土中越冬幼虫被寄生率高达80%以上；昆虫性信息素防治害虫具有特异性强、高效、使用简便、不污染环境、低毒和不杀伤天敌等优点，逐渐成为生物防治的一个重要选择。梨小食心虫性信息素由George等在1965年从雌虫腹部分离获得，随后化学家及昆虫学家相继进行了生物活性、化学合成及田间药效试验研究。信息素的主要作用有引诱和干扰交配两种。引诱就是用性信息素作为诱芯，设置诱捕器引诱雄蛾将其直接杀死。干扰交配是在田间大量放置性诱剂，致使雄虫丧失定向寻找雌虫的能力，降低交配率从而降低下一代虫口密度。2002年李小燕开展了梨小食心虫性信息素诱蛾试验，使梨小的虫口减退率达82.7%，有效降低了幼虫蛀果率。

4. 药剂防治

防治梨小食心虫的药剂较多，如高效氯氟氰菊酯、甲维盐、毒死蜱等均是目前生产上常用的高效杀虫剂。试验表明 4.5％高效氯氰菊酯乳油 1500 倍液、2.5％高效氯氟氰菊酯乳油 4000 倍液、2.5％溴氰菊酯乳油 2500 倍液对梨小食心虫的防效均在 90％以上。施药时最好选择在全天阴天或晴天的傍晚时进行。撒施毒土防治梨小食心虫效果也较好，4 月左右温度回升成虫开始羽化前用呋喃丹 1kg＋细土 15kg 或者 50％辛硫磷乳油 500g＋细土 25kg 拌成毒土撒施，对梨小食心虫的防治效果较好，好果率可达 92.5％以上。但辛硫磷、呋喃丹等农药毒性较强，应当限制使用，在无公害农产品生产中禁止使用。

四、黄刺蛾

黄刺蛾属鳞翅目、刺蛾科，是为害刺梨最严重的虫害，南方部分地区 1 年可发生 2 代。黄刺蛾幼虫食性很杂，食害多种林木、果树，但喜食的程度因地区、世代的差异而不同。

（一）形态特征

成虫：雌虫体长 15～17mm，翅展 35～39mm；雄虫稍小，体长 13～15mm，翅展 30～32mm。成虫体短粗肥大，橙黄色。头胸及腹前后端背面黄色，喙退化。头小，复眼黑色圆球形。雄虫触角双栉齿状，雌虫触角丝状，皆为灰褐色。前翅内部黄色，外部灰褐色，从顶角向后缘有两条暗褐色斜纹，呈倒"V"形，沿翅外缘有棕褐色细线，翅中部有两个褐色斑点。后翅浅黄色，边缘色较深。翅的黄色部分有 2 个深褐色斑，雌虫尤为明显。后翅灰黄色，边缘色较深。

卵：椭圆形，一端略尖，卵面有龟背状刻纹，长 1.5mm 左右，宽 0.9mm 左右。卵数 10 粒薄层排列成块，初产时为黄白色，后变为黑褐色。

幼虫：老熟幼虫体长 19～25mm，体粗短肥大，呈长方形黄绿色，背面有一个边缘发蓝的紫褐色哑铃状斑；头黄褐色，常缩于前胸下；胸部黄绿色，自第 2 体节起，各节背线两侧有 1 对枝刺，以第 3、第 4、第 10 对较大，上长黑色刺毛；体被有黄褐色大斑纹，前后宽大、中间收细，形似哑铃；末节背面有 4 个褐色小斑；体侧各有 9 个枝刺；体侧中部并纵贯 2 条蓝色纹。胸足极小，腹足退化呈吸盘，扁圆形。

蛹：椭圆形，粗肥，长 11～14mm，黄褐色，外被椭圆形硬质茧，上有灰白与深褐色相间的条纹，极似雀卵。

（二）生物学特性及发生规律

黄刺蛾是刺梨最严峻的虫灾，在西南地区一年发作两代。以老熟幼虫在枝条上结茧越冬，5月中、下旬羽化成成虫，随后成虫交尾产卵，卵多产于叶背，卵期7～10天。6月中旬至7月中旬林间幼虫数量大，为害严重。初孵幼虫先咬开卵壳，然后取食叶片的下表皮和叶肉，留下上表皮形成圆形透明的小斑，随着为害的发展，小斑连接成块仅留下叶脉。幼虫枝刺的毛有毒，接触人的皮肤能引起疼痛奇痒。幼虫经22～30天老熟后吐丝缠绕于树枝上作茧，然后在茧内活动吐丝并分泌黏液，茧开始呈透明状，可看见幼虫在茧内的活动情况，后即凝成硬茧。部分温度较高的地区9月份2代幼虫开始为害，但此代幼虫量少，为害较轻，10月幼虫在树枝分叉处、树干上结茧越冬。第一代幼虫结的茧小而薄，第二代茧大而厚。

（三）防治方法

1. 农业防治

苗木出圃前进行检疫，禁止虫源输出；黄刺蛾以茧越冬历时很长，可于秋冬季结合抚育、修剪、松土等摘除或敲碎树干上的虫茧，以减少下一代虫口密度；初孵幼虫有群集性，被害叶片成透明枯斑，容易识别，可组织人力摘除虫叶；利用成虫的趋光性，用黑光灯诱杀成虫。

2. 化学防治

在幼虫盛发期可喷施50％辛硫磷乳液1500～2000倍液、80％敌敌畏乳油1000倍液、菊酯类农药5000倍液喷施等，其中2.5％氯氰菊酯乳油2000～3000倍液防治效果好于其他药剂，防治效果达85％以上，但氯氰菊酯的毒性比较大，在实际应用中应当注意安全。

3. 生物防治

黄刺蛾的天敌较多，如黑小蜂、上海青蜂等，上海青蜂可将卵产于黄刺蛾幼虫上寄生，其寄生率可达58％。此外，黑小蜂、步甲、赤眼蜂等天敌对黄刺蛾的发生量可起到一定的抑制作用；用每克含孢子100亿以上的青虫菌600倍液喷施使幼虫感病而死能达到较好的防治效果。

五、金龟子

金龟子是鞘翅目金龟总科的通称，其种类繁多、形态多样，是鞘翅目中大类群之一，全世界已记录有2万余种，我国目前已记录约1800种。其幼虫（蛴螬）是主要地下害虫之一，常将植物的幼苗咬断导致枯黄死亡。金龟子主要为害刺梨根、叶、花蕾等部位。

防治方法：可利用白僵菌消灭幼虫；保护步行虫、青蛙、蟾蜍和鸟类等天敌控制虫口密度上升；利用其趋光性用灯光诱杀。该虫有假死性，可振落杀死。幼虫期灌水，使幼虫窒息而死；在果树吐蕾、开花前用3％高效氯氢菊酯或2％噻虫啉微囊 500~600 倍液防治；或用竹签插孔，再用 75%辛硫磷乳油、90%敌百虫兑水 1000 倍灌注，直达到幼虫潜伏深度，防治效果良好。

六、黄尾毒蛾

黄尾毒蛾属鳞翅目毒蛾科，别名盗毒蛾、金毛虫、桑毒蛾。黄尾毒蛾初孵幼虫群集于叶背取食叶肉，叶面出现透明斑，3 龄后分散为害形成大缺刻，严重的仅剩叶脉。黄尾毒蛾 1 年发生 2 代，6 月上旬出现成虫，6 月中下旬幼虫为害严重，9 月为 2 代幼虫为害期，10 月越冬。幼虫体上毒毛触及人体可引起红肿疼痛、淋巴发炎。主要为害樱桃、茶、桑、梨、梅、苹果、杏、枣以及其他多种蔷薇科的花木。

防治方法：此虫发生量不多时不必单独防治，发生较重的果园可采取杀虫灯诱杀成虫；冬季果园刮净老树皮，消灭越冬幼虫；低龄幼虫盛时可喷施 90%晶体敌百虫 1000 倍液、40%毒死蜱乳油 1500 倍液或 40%万灵可溶性粉剂 2000 倍液等药剂进行防治。

七、大蓑蛾

大蓑蛾隶属于鳞翅目蓑蛾科，又名大袋鹅、口袋虫。大蓑蛾食性杂，为害刺梨特别严重，另外还为害榆树、重阳木、枫杨、刺槐、法国梧桐、柳树、茶树、茅莓等，取食盛期能将叶片及枝梗全部吃光，严重影响产量。

（一）生活史及其形态特征

大蓑蛾在贵州一年发生一代，五个龄期，以老熟幼虫在护囊内越冬。第二年早春（贵州 3 月份）开始活动，但很少为害。4 月下旬开始化蛹，化蛹前幼虫尽量向树上端移动。5 月上旬到 5 月下旬羽化产卵，6 月初开始大量孵化，6 月中旬孵化结束。8 月下旬到 10 月上旬为害最盛。11 月初基本停止取食，以老熟幼虫转入越冬。

护囊：成长幼虫的护囊平均长度为 5.4cm，纺锤形，囊外紧贴有较大的碎叶片和少数排列零乱的枝梗。

卵：卵为椭圆形，呈淡黄色，要孵化时为黑色，直径约为 1mm，表面较光滑，用放大镜看有细小轮纹。

幼虫：成长幼虫平均长度为 3.6cm；初孵幼虫长 1.8mm 左右；老熟幼虫赤褐色，中央有"人"字形纹，体灰褐色或褐色，每侧有褐色纵带两条，整个身体较肥大且皱纹多。

成虫：雄成虫平均体长 1.6cm，翅展 2.5~3.4cm。体暗褐色，前翅前缘有褐色带，翅脉边缘多黑纹，近外缘有 4～5 个透明斑点；雌成虫无翅，羽化后在蛹壳内产卵，雌成虫平均体长 2.3cm，头部黄褐色，体浅黄色，胸部及腹部末端多绒毛。

（二）生物学特性及发生规律

平均每丛刺梨有 5～6 头大蓑蛾，盛发期虫口数多的可达 65 头/丛。1984 年，何彬调查发现六月初大蓑蛾在刺梨上孵化取食嫩头和上部叶片，取食盛期能将枝梗和叶片全部吃光，影响来年产量。幼虫为害刺梨叶时，仅头和胸部伸出护囊，初龄时腹部竖立起走，二龄以后腹部开始下垂，将护囊悬于枝梢上，周围的叶片食完后再移动护囊。幼虫大多数在早上和黄昏取食，阴天取食较多。蜕皮前后、雨天和晴天中午很少取食或者不取食。大蓑蛾初龄取食少，只啃食叶肉，留下一层表皮。三龄后则咬食成缺刻或孔洞，四龄以后取食量增大，有的一天能为害 15 片刺梨叶，相当于初龄时的 15 倍。幼虫在蜕皮前有身体倒侧现象，老熟后，护囊随之加厚，老熟幼虫会尽量爬到树梢顶端。大蓑蛾一般在离树梢尖端 3～5cm 处，把护囊固定越冬，被大蓑蛾固定越冬的枝条，长成瘤状结，生长受阻，容易折断。

（三）防治方法

1. 人工捕捉

大蓑蛾为害比较明显，结合田间管理进行人工捕捉效果较好。一般在开春后进行一次清园非常有必要。

2. 生物防治

益鸟、天敌昆虫（蓑蛾瘤姬蜂）及病原微生物（包含体病毒）防治效果也较好。一般用每克含有青虫菌、杀螟菌孢子 50 亿～100 亿加水 100 倍喷雾。

3. 药剂防治

适时检查虫情，掌握在幼龄时期进行防治。①50％辛硫磷 1000 倍液喷雾，防治效果为 72.97％；②90％敌百虫 1000 倍液喷雾，防治效果 98.6％；③80％敌敌畏 1000～1500 倍液，50％马拉松、90％巴丹等 1000 倍液，防治效果也较好。喷雾时以使护囊湿润为宜。鉴于幼虫黄昏时活动比较频繁，故在下午喷药效果更好，同时对刺梨园周围的树木也要喷药，以杜绝虫源。

八、蔷薇白轮蚧

蔷薇白轮蚧属同翅目盾蚧科，广泛分布于贵州、广东、江苏、山西、陕西等省，主要为害月季、玫瑰、刺梨等蔷薇科植物，是刺梨的重要刺吸性害虫，贵州省内各产区刺梨均受其害。

（一）形态特征

李子忠等（1986）调查发现，蔷薇白轮蚧雌性介壳圆形，直径 2～2.5mm，白色，边缘有两个蜕皮壳，其中一个蜕皮壳黄色，另一个黄褐色或橙黄色。雄虫介壳白色，狭长形，蜡质，两侧平行，前端有长 1～1.5mm、黄色或黄褐色的蜕皮壳，背面有 3 条纵脊，其中中脊线最显著。

雌成虫体长 1.4mm，体色暗红，头、胸膨大，约为 0.8mm，前胸气门围有大约 20 个盘状腺孔，后胸和臀部较窄，体侧缘和额区有细毛，两侧呈瓣状突出，臀前腹节的侧瓣上各有腺刺 4～5 个。触角圆瘤形，长有弯而粗的毛。臀板三角形，长小于宽，末端有深缺刻，中臀叶发达，深缩入臀板内，内缘有细齿，第二和第三臀叶发达，双分叉，端部圆，同形同大。背腺管四列，群集于第三至第六腹节。卵半透明，浅红色至深红色。若虫 2 龄，第一龄若虫体红色至深红色，扁平，长卵形，体缘有少数小毛；第二龄若虫橙红色，阔卵形。雄虫长卵形，体粗壮，橘红色或橙黄色，眼黑色，翅透明白色，触角及足色淡。

（二）发生规律及生活习性

蔷薇白轮蚧的若虫和成虫群集固着在刺梨果及枝干上吸取养分，尤以下部枝干群集最多、受害最严重，虫口密度高时枝干被虫体覆盖，远看像一层白色的絮花。刺梨盛果期，第二代若虫盛发，此时不仅集中为害基部，而且还为害刺梨植株上部以及刺梨果，被害处颜色变褐下凹，轻则影响树势，刺梨味淡、果小；重则导致刺梨提早落叶，变成光干、秃枝，直至整株枯死。调查发现，盘州、兴义和花溪刺梨产区，刺梨果被害率达 50% 左右。

蔷薇白轮蚧在贵阳地区一年发生两代，主要以雌虫在枝干上和少数卵在雌虫介壳下越冬。第一代若虫初发于 6 月初，6 月中旬盛发；第二代若虫 8 月上旬初发，8 月中下旬盛发，9 月下旬至 10 月初雌虫和雄虫大量出现，并产下卵在卵壳内越冬。

（三）防治方法

蔷薇白轮蚧的防治应采取农业防治、药物防治、生物防治相结合的防治措施。

1. 农业防治

由于蔷薇白轮蚧喜欢生活在植株茂密、通风条件差、阴湿的生态环境中，因此应加强田间管理，于冬季修剪整枝，增强树势，提高抗病能力；剪下有虫枝条，集中处理；对下部枝干上的虫体，可戴上手套挤压杀死。

2. 药物防治

在刺梨腋芽萌动前施用玻美 5 度的石硫合剂；若虫盛期用 2.5% 的溴氰菊酯乳

剂 3000 倍液喷雾，防效最好，为 97.1%，也可喷施 35% 的甲基硫环磷乳剂 1500 倍液或 40% 的多灭灵乳剂 1000 倍液，防效分别为 83.3%、82.1%。

3. 生物防治

加强对蔷薇白轮蚧天敌的保护，以抑制蔷薇白轮蚧的种群密度。蔷薇白轮蚧的天敌种类多，寄生性天敌主要有黄金蚜小蜂，自然寄生率为 93.3%；捕食性天敌有日本方头甲、红点唇瓢虫、双斑唇瓢虫以及小艳瓢虫。其中小艳瓢虫平均每头每天捕食蚧壳虫 10.7 头；红点唇瓢虫幼虫一天捕食蔷薇白轮蚧若蚧 31～37 头、雌成蚧 18～23 头，成虫一天捕食蔷薇白轮蚧若蚧 53～63 头、雌成蚧 20～26 头；日本方头甲一天捕食蔷薇白轮蚧未羽化雄虫 27～32 头、雌若虫 24～30 头、雌成虫 15～17 头。

九、锯纹小叶蝉

锯纹小叶蝉是为害刺梨的重要害虫之一，在贵州刺梨产区广泛分布。

（一）形态特征

锯纹小叶蝉成虫体长 3mm，体黄白色，头部前段呈锥状突出，头冠和前胸背板灰白色，体背中央有一条始于头冠顶端、终于前翅翅端的黑色宽纵带纹，带纹中央纵贯一条黄白色细线，小盾片全黑色，前翅黄白色，后域从基部到翅端有黑色锯状宽带纹，前缘域近端部有一黑色短斜纹。腹部背面中央暗褐色，虫体腹面及足黄白色。

（二）发生规律及生活习性

锯纹小叶蝉成虫、若虫群集于叶背刺吸汁液，被害叶片正面呈现灰白色小斑点，严重时全叶密布斑点，叶片发黄枯焦，提早落叶。

陈通旋（1989）调查发现，锯纹小叶蝉在贵州花溪区一年发生四代，4 月下旬至 5 月上旬为若虫第一代高峰期，6 月上、中旬为第二代高峰期，7 月下旬至 8 月上旬为第三代高峰期，9 月中、下旬为第四代高峰期；5 月中、下旬为成虫第一代高峰期，6 月下旬至 7 月上旬为第二代高峰期，8 月中、下旬为第三代高峰期，9 月下旬至 10 月上旬为第四代高峰期。该虫以卵在杂草丛和灌木丛中越冬。

成虫：成虫产卵前期最短 4 天，最长 7 天；产卵量最少 5 粒，最多 20 粒。成虫寿命最短 24 天，最长 67 天。成虫羽化一般在上午进行，交配也多在上午进行。成虫行动活泼，飞翔力不强，有横走习性，畏光畏湿，一般在叶背取食，晴天傍晚到叶片正面活动。

若虫：若虫期脱皮 3 次，4 龄，历期 12～18 天，其中第一、第二代较短，第三、第四代较长。若虫初孵时略具群集性，二龄后分散活动，行动活泼，有横走习性，畏光畏湿，晴天傍晚到叶片正面活动。

卵：卵历期 11～18 天，散产在叶柄和叶脉上，入冬后以卵在植株附近杂草上越冬，次年 4 月下旬开始活动。

（三）防治方法

采用生物防治与药物防治相结合的方法。①生物防治：充分保护并利用草间小黑蛛、角园蛛、茶色新园蛛、黑斑亮腹蛛、三突花蛛、黄褐新园蛛等天敌。②药物防治：可选用 50%辛硫磷乳油 1000 倍液、50%敌敌畏乳油 2000 倍液、40%乐果乳油 1000 倍液、50%杀螟松乳油 1000 倍液、50%叶蝉散可湿粉剂 1000 倍液防治。

十、桃小食心虫

桃小食心虫隶属鳞翅目蛀果蛾科，又称桃蛀果蛾，简称桃小，以幼虫蛀果为害，生产上如果防治不当会造成虫果率达 75%以上。桃小食心虫雄虫翅展 23～15mm，体长 5～6mm；雌成虫翅展 16～18mm，体长 7～8mm，全体灰白色或浅灰褐色。其最明显的特征为前翅前缘近中部有一蓝黑色近似三角形大斑，中央部分和基部有 7 簇黄褐色斜立鳞毛，缘毛灰褐色，后翅灰色，中室后缘有成列的长毛。老熟幼虫体桃红色，体长 13～16mm，前胸侧毛 2 根刚毛。第 8 腹节的气门比其他各节气门更靠近背中线，腹足趾钩呈单环须排列，无臀节。幼虫在果内纵横潜食，虫粪排在果内，形成"豆沙馅"果。

（一）发生规律

桃小食心虫在贵州刺梨种植区一年发生两代，以老熟幼虫在土壤中结扁圆形茧越夏越冬，翌年 4 月初开始化蛹，4 月中旬进入化蛹盛期，4 月中后期开始羽化越冬代成虫，4 月下旬至 5 月上旬为成虫羽化盛期。羽化后的成虫随即交配产卵，4 月底幼虫开始孵化，5 月上旬至中旬为幼虫孵化盛期，此时为该虫为害盛期。6 月中旬幼虫开始脱落入土。

（二）防治方法

采用农业防治、物理防治、化学防治相结合的方法。①农业防治。冬季深耕翻土施基肥，破除越冬虫茧或使越冬幼虫不能正常出土。②物理防治。成虫期，在刺梨园内悬挂杀虫灯或糖醋液进行诱杀，并及时摘除虫果。③化学防治。桃小食心虫卵产在叶片背面或果面，孵化后爬行数分钟开始蛀果，一旦进入果内，便无法进行药剂防治。因此需在第一代幼虫钻蛀前进行化学防治，可喷施 48%乐斯本乳油 1000～1500 倍液、20%杀灭菊酯乳油 2000 倍液、10%氯氰菊酯乳油 1500 倍液或 2.5%溴氰菊酯乳油 2000～3000 倍液进行防治，防效均大于 80%。

十一、桃举肢蛾

桃举肢蛾俗称核桃黑，为鳞翅目举肢蛾科。该虫以幼虫为害果实，在果皮内纵横穿食，虫道内充满虫粪，蛀入孔处出现水渍状果胶，初期透明，后期变成琥珀色，被害处果肉被串食成空洞，果皮变黑，逐渐下陷，变黑干缩，全果被蛀食空则干缩在树枝上或脱落。桃举肢蛾在贵州刺梨产区1年发生2代，以成熟幼虫在树冠下1～2cm的石块下、土壤中及树干基部粗皮裂缝内结茧越冬。越冬幼虫于4月上旬开始化蛹，5月中下旬为化蛹盛期，蛹期7～10天；越冬代成虫最早出现于4月下旬，5月中下旬为盛期，6月上中旬为末期，5月上中旬出现幼虫为害。6月出现第1代成虫，6月下旬开始出现第2代幼虫为害。

防治方法：采用农业防治结合物理防治及化学防治的方法进行综合防治。①农业防治。晚秋季或早春深翻树冠下的土壤，破坏冬虫茧，可消灭部分越冬幼虫，或使成虫羽化后不能出土。受害刺梨植株在幼虫脱果前及时摘除变黑的被害果，可减少下一代虫口密度。②物理防治。利用桃举肢蛾的趋光性，成虫刚开始羽化时在刺梨园安装频振式杀虫灯，于夜晚开灯诱杀成虫。③化学防治。成虫产卵盛期及幼虫初孵期，每隔10～15天选喷1次50%辛硫磷乳油1000倍液或50%杀螟硫磷乳油、20%杀灭菊酯乳油3000倍液或2.5%溴氰菊酯乳油等，共喷3次，于蛀果前消灭幼虫效果更好；成虫羽化前在树干周围地面喷施50%辛硫磷乳油300～500倍液，在幼虫脱果期于树冠下施用辛硫磷乳油或敌·马粉剂。

十二、柑橘小实蝇

柑橘小实蝇是果树种植业上的一种毁灭性的检疫性害虫，可为害刺梨、甜橙、柚子、芒果、石榴、黄瓜、柑橘、葡萄、番木瓜、桃、酸橙、梨、咖啡、番茄、李、香蕉及番石榴等300余种植物。柑橘小实蝇繁殖力强、发育周期短、世代重叠，常年为害，其成虫产卵于果实中，幼虫取食果实，使之腐烂坠落。柑橘小实蝇成虫翅展15～20mm，体长8～12mm；体淡黄褐色至黑色，复眼金绿色，触角芒状；胸背中央有深茶褐色"人"形斑纹，其两侧还各有1条较宽的纵纹；翅脉黄褐色，翅透明，前缘中部至翅端有灰褐色带状斑；足黄色，跗节5节；腹部5节，基部较窄，第3节前缘有一条宽的黄色横纹与腹部背面中央的一条黑色纵带交叉或呈"T"形。老熟幼虫体长8～15mm，两端近透明，圆锥状，共11节；体淡黄色或乳白色，口钩黑色；前气门扇形，有10个以上乳突；后气门位于末端偏上方，新月形，气门板有3个长椭圆形裂孔。幼虫一般分为3个龄期，刚孵化幼虫乳白色，后逐渐变为淡黄色。低龄幼虫群聚取食，随着龄期增加，食量增大，逐渐向果肉深层分散取食，直到果实腐烂，老熟幼虫才从果实内爬出，以首尾弯成弓形的方式弹跳移动，寻找适宜地点化蛹。柑橘小实蝇在贵州地区1年一般发生3～4代，目前发现8月下旬至9月中旬在刺梨上为害较熟果。

防治方法：可采用农业防治、物理防治及化学防治等方法。①农业防治。在受害果园落果期及时清除落果及树上的虫果，并采取焚烧、深埋、水浸等措施处理。②物理防治。柑橘小实蝇成虫对黄色有强烈的趋向性，可在刺梨园设置黄色粘虫板诱杀成虫。成虫对糖醋液具有较强的趋向性，可设置糖醋液诱剂诱杀成虫。成虫具有趋光性，可在成虫刚开始羽化时安装频振式杀虫灯，于夜晚开灯诱杀成虫。③化学防治。可用50％辛硫磷乳油800～1000倍液、80％敌百虫可溶性粉剂、25％马拉硫磷乳油1000倍液、2.5％溴氰菊酯3000倍液或者80％敌敌畏乳油800～1000倍液喷施，可有效降低虫口密度。

十三、桃蛀螟

桃蛀螟属鳞翅目螟蛾科，俗称蛀心虫，又名食心虫、桃斑螟、豹纹斑螟。主要为害刺梨、梨、苹果、杏、樱桃、桃、李、荔枝、龙眼、柿、葡萄、石榴、枇杷、山楂等果树的果实，以幼虫蛀食果肉和幼嫩核仁为害。成虫体长9～14mm，展翅22～25mm，黄色至橙黄色；触角丝状较长，复眼黑色；体、翅表面具豹纹状黑色斑点，其中，胸背具7个斑点，腹背第1节和第3～6节各具3个横向排列的斑点，第7节1个斑点，第2节和第8节无斑点，前翅具25～28个斑点，后翅具斑点15～16个。幼虫5龄，初孵幼虫灰白色，后体色逐渐加深，渐趋淡黄色，略透红色。老熟幼虫体长17～26mm，头、前胸背板深褐色，侧线、背线、亚背线、气门线、气门上线和气门下线褐色；腹足4对，着生于腹部3～6节，趾钩双序缺环式；胸足3对，发达，末端具爪；臀足1对。幼虫蛀果后即取食果肉，粪便排于果实内，并逐渐向外挤出，蛀孔外堆满黄褐色透明胶质及红褐色虫粪，两个紧靠果实最易被虫蛀。被害幼果不能发育，常变色脱落或胀裂。在贵州1年发生3～4代，以老熟幼虫在树皮裂缝、被害僵果、乱石缝隙和树下土里越冬，翌年化蛹、羽化，并产卵。

防治方法：采用农业防治、物理防治、生物防治、化学防治相结合的防治方法。①农业防治。结合疏果及时摘除、拣拾虫果，并集中处理。②物理防治。利用成虫趋光性，在成虫羽化初期，在果园设置糖醋液或黑光灯诱杀成虫，减少果园落卵量。③生物防治。保护和利用黄眶离缘姬蜂、赤眼蜂等天敌，控制桃蛀螟。④化学防治。化学防治有3个施药阶段，在成虫盛发期用37％高氯·马乳油1500倍液喷雾，卵孵化盛期选用10％氯氰菊酯乳油2000～3000倍液、98％杀螟丹可溶粉剂2000～3000倍液喷雾，初孵幼虫尚未蛀果前交替选用7.5％甲氰·噻螨酮乳油1500倍液、25％灭幼脲悬浮剂2000倍液、2.5％氟氯氰菊酯乳油3000倍液喷雾。

十四、其他虫害

刺梨中常见的虫害还有黑刺粉虱以及食叶害虫蔷薇叶蜂、苹枯叶蛾、大造桥虫、黄尾毒蛾等。黑刺粉虱寄生于叶背面，在 5～8 月发生虫害时，可用 0.05％水胺硫磷防治。蔷薇叶蜂以幼虫群集叶背，食叶为害，一年发生两代，6 月上中旬为害严重，8 月上旬第二代幼虫又群集为害，9 月下旬幼虫入土越冬，在幼虫初孵期喷施 70％辛硫磷 1000 倍液，防治效果很好。苹枯叶蛾一年发生两代，以小幼虫在枝干上越冬，5 月为害叶片，7 月中下旬为第一代幼虫为害期，可在幼虫初孵期喷施 70％辛硫磷 1000 倍液。大造桥虫以幼虫食叶为害，一年发生 4～5 代，以老熟幼虫在土中化蛹越冬，4 月末出现成虫，6 月和 9 月为幼虫期，幼虫有拟态，常栖息于刺梨枝干上，形似嫩枝，不易发现，可在幼虫初孵期喷施 50％辛硫磷乳油 1000～1500 倍液、80％敌敌畏乳油 1200 倍液、25％亚胺硫磷乳油 3000 倍液、50％杀螟松乳油 1000 倍液防治。

第七章

刺梨的采收、贮藏与加工

刺梨果实中含有丰富的维生素 C、维生素 E、维生素 P、多糖、有机酸、黄酮以及 SOD 等活性成分，不同的采收期、不同的贮存方式及加工工艺均会严重影响其中的有效成分含量。刺梨果实集中于每年的 9～10 月份成熟，而企业对刺梨鲜果的加工能力有限，因此，为了延长刺梨货架期、合理开发利用刺梨资源，研究刺梨的采收、贮藏及加工方法意义非凡。

第一节 刺梨的采收

刺梨果实采收时期的早晚，对产量、品质和贮藏性状影响很大。采收过早，果实尚未充分成熟，个头小、产量低、品质低劣、不耐贮藏；采收过晚，成熟度过高，果肉衰老加快，不适合长途运输及长期贮藏。刺梨采收时间与方式因市场需求以及刺梨果实的用途、使用方法、海拔高度、种植区域、果实的成熟度、种植户管理水平的高低而各自不同。

一、最佳采收期

刺梨的采收期主要取决于果实成熟度，刺梨果实成熟度是影响产品质量的主要因素，若刺梨果实成熟度达不到加工的工艺需求，即使有先进的加工工艺和机械设备，也无法加工出高质量的产品。因此，研究刺梨果实的适宜采收期，以获得适宜加工的鲜果，是关系到能否提高刺梨加工品质的一项重大课题。确定果实成熟度的主要依据是果皮色泽、品种特性、果肉硬度、果实发育天数、果梗脱离难易程度、种子色泽等指标。

基于"内部的物质积累与外部形态的增大、变色等有着一定的相关规律，不同阶段有其不同的外部表现和内在品质"的理论基础，牟君富等（1995）选择刺梨果色变化作为判定刺梨果实成熟度的形态学指标。观察发现当刺梨果实表面由绿色转化为黄色，或一个果表面大部分变为黄色时即达到成熟，这时果实的维生素 C 累积最多，糖分含量最高，糖酸比值最大，单宁含量减少，呼吸强度进入高峰期，氧化酶活性锐减，用这类果实加工的产品色、香、味俱佳，品质上乘，营养丰富。

刺梨的采收与果实的成熟度有关，而刺梨果实的成熟度又与总黄酮含量呈正相关，自然成熟时总黄酮含量达到最高值，此期刺梨多糖含量也为最高。另有试验表明刺梨果在谢花后的 60~80 天，维生素 C 含量逐渐上升，SOD 含量逐渐下降，在果实体积迅速增大的高峰期维持稳定，此时适宜采摘。刺梨果实发育后期还原糖、可溶性总糖含量积累速度亦加快，并于近成熟时达到较高水平，综合多种有效成分的含量，可以认为刺梨果皮由绿转黄时为最佳采收期。

二、成熟期划分

刺梨果实的采收时间与其用途、使用方法等有关。据此，可将刺梨的成熟过程分为坚熟期、完熟期、过熟期三个阶段。

坚熟期，即完全成熟期，也就是生产上所说的可采成熟度时期。此时刺梨果实完成了生长和各种营养物质的累积，大小已经定型，绿色减退，果实呈现出近于成熟的明黄色，糖分增加，酸度逐渐降低。此时可采收用于长途运输以及加工蜜饯、罐头等。由于野生刺梨果实有后熟期，即采收后必须经过一个后熟的过程才能食用，因此野生刺梨一般也于此时采收。

完熟期，即生产上的可食成熟度时期。此时果实表面金黄色，果梗、芒刺易脱离，种子变黄，果实的营养价值和化学成分达到最佳食用阶段。此时可采收用于鲜食、就地销售、短距离运输以及果汁、果酒加工的果实。用于窑洞贮藏、冷库贮藏的果实通常也于此时采收。

过熟期，即生理成熟时期。此期果实颜色深黄或微红，种子充分成熟变成褐色，果肉开始软绵，营养价值大大降低。一般用于采种的果实可于此期采收。

绿色果实和黄色果实在采后的生理后熟过程中，维生素 C 等营养物质的含量变化并不相同，黄色果实总体呈下降的趋势，而绿色果实采后 10 天内维生素 C 含量不断增加，达到最大值后则迅速下降。因此，如果立即进行加工利用，可采收黄色果实，若作贮藏用果应在由绿转黄时采收。

三、不同成熟度果实的生理指标变化

朱通等（2014）测定了不同采收成熟度刺梨果实贮藏期间生理及营养指标的变

化，结果发现七成熟果实由于采摘成熟度较低，贮藏过程中不易腐烂，具体表现为果肉发脆、硬度增加、贮藏前期质量损失率较高、丙二醛维持较高水平；维生素C、还原糖、总糖含量下降明显，贮藏后期风味较差。八成熟的刺梨贮藏期间果实硬度缓慢下降，代谢强度较低，腐烂率和质量损失率相对较低，维生素C、还原糖、总糖损失较少，多酚氧化酶活性低；保持了果实正常的风味和品质，未出现果实劣变及早衰现象，其商品价值最高。九成熟果实成熟度最高，乙烯代谢旺盛，成熟衰老过程较快，耐藏性降低，具体表现为维生素C、可溶性固形物和还原糖含量最高，但硬度下降、膜透性上升，成熟衰老较快，腐烂率和质量损失严重。

四、呼吸强度与采收期的关系

牟君富（1995）研究表明，刺梨果实在盛花后 65 天之内呼吸很旺盛，随着果实的逐渐成熟，呼吸强度逐渐降低，在盛花后的 95 天降到最低点。此后呼吸产生跃变，强度逐渐增大，在盛花后的 124 天达到呼吸高峰，之后呼吸强度逐渐减弱。根据果实的呼吸强度变化趋势决定贮藏果实的采摘期，最适采摘期为盛花后的 95 天左右。如果在呼吸跃变后采果贮藏，果实耐藏性降低。

五、地域、海拔对采收期的影响

不同地区的气候环境不同，刺梨的成熟期也不一致。根据刺梨最适采收期的不同可将贵州划分为 5 个刺梨采收区：黔南区采收期最早，为每年的 8 月上旬至 8 月下旬；黔东区采收期为每年的 8 月中旬至 9 月上旬；黔西南区及黔北区采收期为每年的 9 月上旬至 9 月下旬；黔中区采收期为 9 月中旬至 10 月中旬；黔西北区采收期最迟，为每年的 10 月中旬至 11 月下旬。

海拔对刺梨的成熟时期影响也较大，在海拔 700～900m 的刺梨种植区，刺梨果实的最适采摘时期为每年的 9 月中旬到 10 月中旬；海拔低于 700m 的种植区可提前一周左右采摘；海拔高于 1200m 的种植区可推迟 10 天左右采摘。同一海拔区内，由于地形坡向不同，果实成熟亦有先后，一般是阳坡比阴坡先成熟，平川河谷比丘陵低山先成熟。

第二节　刺梨的贮藏

由于各地刺梨生产情况及加工能力不同，因此可根据实际情况将刺梨以鲜果贮藏，或者以刺梨汁贮藏。

一、刺梨汁贮藏

刺梨汁的贮藏有鲜榨原汁、浓缩汁与干膏粉等多种贮存形式。在刺梨原汁中加入处理后的地枇杷花托，能使原汁在常温下长期保存，且能同时除去原汁中的苦涩味，增加芳香味。采用柠檬酸水溶液40℃浸提破碎刺梨鲜果15h，可最大程度保存刺梨原汁中的维生素C等营养成分。通过加入含钙离子的活化剂等物质，用金属离子加入酶液的化学方法使SOD活性得以稳定，也能延长刺梨汁保质期，并能有效保存刺梨汁中的其他营养成分。丁筑红等（2004）在刺梨果汁中添加植酸，于90℃下加热杀菌30min，果汁中维生素C的保存率高，褐变程度低。金敬宏等（2005）研究提出，经冻干工艺的刺梨汁粉中的SOD基本没有失活，产品质量最好，为刺梨以及刺梨汁的贮藏提供新方法。牟君富（1988）研究发现，刺梨原汁经高温杀菌或添加保藏剂，注满于不透气而密封的大容器中保藏一年，香味浓郁，维生素C保存率达到80%以上，其中保藏剂由柠檬酸0.5%、米酒45%配制而成。

二、刺梨鲜果贮藏

目前在贵州推广种植的刺梨主要以鲜果销售为主，但鲜果贮藏期与货架期偏短，主要在产地销售，在商品性方面与国内其他水果相比差距较大，因此未能大量进入果品市场流通。刺梨果实除了少量用于鲜食外，大部分用于产品加工，由于受到企业生产能力以及贮存、保鲜、产品研发、质量保持等技术限制，刺梨鲜果远不能保证周年供应。另外，作为新兴产业，目前专门用于刺梨果实贮藏的设施简陋、技术不够完善，贮藏期间果实品质下降较为严重，远不能满足市场需求以及刺梨产业发展需要。因此，如何贮藏鲜果并减少贮藏期间刺梨鲜果营养成分的流失已成为实现刺梨果实效益和提高市场竞争力的核心内容。

（一）贮藏期生理变化

果实品质作为衡量果实商业价值的重要标准，受到遗传和环境等因素的共同影响。构成果实品质的众多指标包括糖、酸、矿物质、香味物质、氨基酸以及微量元素等，各营养物质含量的高低直接影响了果实的风味。采后果实作为一个独立的生命体，未得到来自母体的水分、糖类和矿物质等营养补给，只能通过消耗自身营养物质维持生命活动。因此，果实的采后贮藏过程就是一个不断消耗自身营养物质的衰老过程，即果实品质不断下降的过程。据报道，低温贮藏0～75天时，刺梨果实维生素C维持在一个较为恒定水平，含量变化较为平缓，表明刺梨果实在贮藏过程中后熟阶段积累的维生素C很少被氧化；75天后维生素C含量开始下降，成熟度越低的果实维生素C含量越低，下降速度越快。牟君富等研究发现果实贮藏期间的自然失重，其中极少量是维持果实生命活动所消耗的营养物质，而绝大部分是由于果实水分的损失。在刺梨果实的贮藏期间，水分极易丧失，尤以不用薄膜袋包装的果实水分损失更为严重。如在 0℃ 贮藏，但未用薄膜袋包装，果实贮藏 55 天失水率高达 41.4%。果实失水越严重，耐藏性越低。刺梨果实水分容易丧失，可能与其表皮组织结构有关。

（二）影响刺梨鲜果贮藏的因素

刺梨品种、果实成熟度等内因及温度、湿度、贮藏时间、病虫害、贮存方式等外因均能影响刺梨果实的贮藏。研究表明，刺梨果实采收过早会导致贮藏过程中果实营养品质较差，而采收过晚则会加速果实的成熟衰老进程。刺梨品种、成熟度和贮藏方法是影响贮藏期果实品质和贮藏时间的重要因素。

刺梨成熟时期主要集中在每年九月上旬至十月下旬，此时气温较高，空气湿度相对较大，采后不耐贮藏，常温情况下会很快软化腐烂变质。目前，刺梨果实采后的贮藏方式主要是种植户小规模干制贮藏，贮藏过程中抗坏血酸大量损失，果实腐烂率较高，严重影响果实感官品质及营养品质。刺梨果实在不同的温度条件下贮藏保鲜，其呼吸强度的变化不相同，呼吸高峰产生的时间和高低亦不一样。一般情况下，温度越高呼吸速率越快。温度除了影响呼吸速率外，还与果实的蒸腾作用、衰老及品质劣变密切相关。高温贮藏会导致果实腐烂率上升，品质下降。与常温贮藏相比，在低温贮藏条件下果实的呼吸强度受到抑制，呼吸跃变期得到延迟，代谢速率下降，延缓了对自身营养物质的消耗以及衰老进程，腐烂速率降低，延长了贮果寿命。但由于兴建及管理冷库所需成本较高，目前主要应用于少量刺梨果实的贮藏。

同时，贮藏湿度对果实也有较大影响，湿度太低会加快果实内部营养物质的消耗，失重率上升，导致果实色泽变差、硬度降低、产生异味、感官品质下降，商业价值降低；而高湿度条件下贮藏果实蒸腾作用失水较少，但腐烂率上升。

作为一个独立的生命个体，果实采摘后，呼吸作用及蒸腾作用还在持续，这会影响果实的生理变化和品质变化。在果实的贮藏过程中，合理的贮藏方法有利于延长鲜果保鲜期及延长产品货架期。例如，低温结合气调贮藏技术可以有效抑制果实的呼吸强度，减少营养物质的消耗。同时，果实脱水造成的浓缩效应也会降低贮藏果实中的营养成分含量，氧化酶和果胶酶的作用会使维生素 C 含量下降、果实硬度降低。选择适宜的贮藏技术对抑制果实酶活性、延长贮藏期、提高贮藏品质、保持果实的商品性状，具有重要意义。

（三）刺梨鲜果贮藏技术

1. 常温贮藏

早在 1981 年，牟君富等就开展了刺梨鲜果的常温贮藏研究，将果实用聚乙烯薄膜袋封装后置于温度 17.0～21.5℃、相对湿度 85％左右的常温库中贮藏，结果发现聚乙烯薄膜袋封装可以抑制刺梨果实呼吸强度，减少抗坏血酸的流失，但果实失重率和腐烂率较高，耐藏性差。随后在对刺梨鲜果干制贮藏的研究中提出，经过熏硫处理，然后用聚乙烯膜封装的果实抗坏血酸含量稳定，保存率能达 95％以上，贮藏期可达一年。常温袋藏贮藏 24 天，果实失水率 10.97％；而常温无袋藏果，贮藏 24 天，果实失水率达 17.20％。

2. 机械冷藏

贮藏温度是影响果蔬品质的主要因素之一，影响果实内部的生理生化反应。低温抑制果实内部的基因表达水平，降低机体代谢速率及相关酶活性，从而达到保持果实品质、延长货架期的目的。牟君富等（1984）曾对刺梨鲜果的贮藏开展过一系列系统的研究，其中包括不同包装材料、不同温度、不同处理方式的选择，表明在 0℃条件下聚乙烯膜包装能够较好保持果实品质，降低呼吸速率，贮藏 20 天后才进入呼吸跃变期，果实耐藏力增大，贮藏时间相当于常温袋藏果的 4 倍以上；果实贮藏 60 天鲜果尚存 78.4％，维生素 C 保存率 70％以上，且果实新鲜饱满、果汁多、肉质脆嫩、风味浓郁、果色黄绿、品质佳，保鲜效果最好，与常温贮藏相比果实的贮藏时间被延长了 3 倍以上。将刺梨鲜果与亚硫酸、苯甲酸钠-亚硫酸、苯甲酸钠或者食品级乙醇保藏溶液置于密封不透气的大容器中保存 10～12 个月，果实完好无损、香味浓郁，维生素 C 保存率为 69％～86％。2012 年，牟君富等为了彻底解决刺梨加工原料周年供应问题，研究出了速冻果实贮藏方法，保存一年后，好果率仍达 100％，出汁率高达 61％以上，且高于缓冻果和鲜果。许培振等（2016）研究无籽刺梨在（2.0±0.5）℃贮藏环境下使用聚乙烯（PE）保鲜袋对刺梨的贮藏效果，发现 PE 包装能明显减缓无籽刺梨果实中还原糖含量的下降以及腐烂率的上升，不打孔可较好地维持果实质量和水分含量，有益于保持果实的营养品质，同时 PE 包装可有效抑制呼吸强度，有利于维生素 C 含量的保持，较为适合无籽刺梨果实的保藏。贮藏 56 天后 PE 包装的腐败率为 55.10％，质量损失率为 14.11％，形态保持较好。

3. 气调贮藏

气调贮藏是通过对贮藏环境中气体浓度、湿度、温度等因素的调节来进行果蔬贮藏保鲜的方法。近年来，该贮藏方法在我国的发展极为迅速，目前已发展成为应用较普遍且贮藏效果较好的果蔬保鲜方法之一。气调贮藏可分为人工控制气调贮藏（CA）和自动气调贮藏（MA）两类，区别在于前者是依靠机械设备通过人工控制对气体成分进行调控，而后者通过贮藏期间果蔬本身的呼吸作用实现对贮藏环境中气体成分的调整。总体而言，适宜新鲜果蔬采后气调贮藏的气体浓度范围大致为 O_2：1％～5％，CO_2：5％～8％。对于同一气调贮藏条件，不同果蔬将会发生不同的生理反应，若果蔬未在适宜气调条件下贮藏，自身的无氧呼吸将会产生醛及醇类物质导致不良风味的产生。目前将气调贮藏技术应用于刺梨果实贮藏的报道还较少。

刘涵玉等（2016）为延长刺梨鲜果的贮藏期及货架期，提高其商品价值，采用低温结合气调贮藏的方法，研究"贵农5号"刺梨的保鲜效果。发现在贮藏温度为 $(1.0\pm0.5)℃$，相对湿度90%～95%，气体成分 O_2 3%～5%、CO_2 3%～5%的气调箱内，"贵农5号"刺梨鲜果的保鲜效果最好。此时鲜果中维生素C、糖、酸以及可溶性固形物等营养成分含量保持在较高水平，丙二醛含量较低，过氧化物酶与多酚氧化酶活性显著下降，成熟及衰老被延缓，果实硬度下降缓慢，贮后果肉酸脆、品质较好，具有较高的商品价值。

4. 涂膜保鲜贮藏

涂膜保鲜技术主要是将液态膜涂布于果蔬表面，干燥后形成一层均匀覆盖果蔬表面微孔的薄膜。薄膜作为屏障有效抑制果蔬与外界气体的交换，从而抑制呼吸作用，减少水分的流失，达到低氧保存的目的，同时保持果实营养品质，减少由病原菌侵染造成的损失，维持果蔬的外观，延长保质期及货架期，促进销售。目前广泛应用于果蔬的涂膜剂主要分为单一涂膜剂及复合涂膜剂，对涂膜剂的要求为无明显异味、稳定无毒。吴惠芳等（2007）利用JA涂膜剂处理刺梨，经0.3%浓度JA涂膜的刺梨果实经三十天常温贮存，其抗坏血酸保存率高达91.8%，保鲜效果优于海藻酸钠和蔗糖脂肪酸酯组成的保鲜剂。康冀川等应用海藻酸钠等复合调配出刺梨鲜果专用保鲜剂，可在0～1℃条件下贮藏4～6个月，延长了刺梨果实的货架期，保证了周年供应。周福友应用1%甲壳素＋1%醋酸＋0.5%蔗糖酯＋1%海藻酸钠＋96.5%的无菌水制成甲壳素保鲜剂，并涂抹于刺梨果实表面，置于温度为0～5℃、湿度为55%～75%的冷库中贮藏，好果率可达98%以上，保鲜时间长达10～13个月，而且贮藏果中的维生素C、SOD等含量没有明显降低，果实不易腐烂、颜色保持较好，具有很好的保鲜效果。

5. 辐射保鲜贮藏

辐射保鲜是利用射线照射果蔬产品表面，抑制或杀死附着的昆虫和微生物等，使它们发生一系列的生理、生化效应，从而减缓其生长发育速度，降低新陈代谢速率，以延长被辐照产品的保质期。牟君富等（1984）采用4万伦琴剂量的 $^{60}Co\text{-}\gamma$ 射线照射刺梨后发现，贮藏44天后鲜果保存率达59.6%。

6. 栅栏保鲜贮藏

果蔬贮藏作为一项综合技术，由于单一的贮藏方法存在一定缺陷，可以通过控制影响果蔬贮藏期间的栅栏因子，使其产生叠加效应发挥相辅相成的效果来阻止果实劣变。研究影响果实贮藏期间的各种栅栏因子及其协同作用能达到保持果蔬产品品质的目的。刺梨鲜果贮藏过程中的重要栅栏因子有：温度、湿度、气体成分、辐照因子、包装材料、保鲜剂等，研究这些栅栏因子及其组合叠加效应有助于保持产品质量并延长其货架期。

第三节　刺梨的加工

刺梨中含有丰富的维生素 C、维生素 E、多糖、黄酮、氨基酸、矿物质、有机酸以及 SOD 等活性成分，在刺梨产品的加工过程中，不同的工艺条件对不同化学成分的影响很大，而这些成分的含量又决定了加工产品的品质、功效及价值。因此，需要对适宜保持刺梨生物活性成分的加工方式进行探讨，以保证刺梨产品质量，提升产品附加值。

一、干制技术

在刺梨的生产及加工、贮藏中，除用于鲜食、榨取果汁或者制作罐头、果脯等产品外，大部分产品的加工及原材料的保存均为刺梨干品，因此需要对刺梨进行干燥处理。将刺梨加工成果干或粉状，不仅能保证刺梨的原有风味，还能延长刺梨的保质期，保证周年供应。通过改变形状，还能拓宽刺梨的综合利用加工途径。刺梨鲜果制成干粉状，更容易加工制作刺梨糕点、刺梨面条、刺梨酥等刺梨面食系列产品以及刺梨膏等一些复合产品，降低了加工产品的工艺技术难度。

刺梨中富含维生素 C、SOD 等易于受温度影响的热敏性物质，因此干燥是影响刺梨品质的重要因素之一。干燥是刺梨加工过程中常用的工艺，不同的干燥程度、干燥方法对刺梨的活性成分含量影响很大，干燥不足易引发药材霉变、颗粒团聚、细菌繁殖及湿敏性成分水解等现象发生，干燥过度又会造成热敏性成分降解、药材外观性状不合要求、挥发性成分散失等情况，这些都将导致药材的质量下降甚至丧失药用价值，难以保证入药或者食用的有效性及安全性，因此研究刺梨的干燥工艺非常重要。刺梨原料的干燥处理，普通种植户常采用传统的烘干、晒干等干燥法，该法会导致作为其主要营养评价指标的维生素 C 含量大幅度下降，且性状、颜色、香味等会发生较大改变，不利于产品的加工及生产，同时也会影响销售。大量研究表明，水果制品中维生素 C 等营养物质被破坏主要是由加热和氧化酶的作用所致。目前，刺梨生产加工中常用的干燥方法为常规干燥法、真空冷冻干燥法、微波干燥法、喷雾干燥法、远红外干燥法等，通常根据产品及条件的不同选用不同的方法进行干燥。

（一）常规干燥法

常规干燥法即利用湿热空气为干燥介质将含水材料加热至无水的办法，也称热风干燥。该方法对设备要求不高，成本低，但材料中的活性物质容易变质或失活。

陈湘霞研究了常规干燥工艺对刺梨干主要营养成分的影响，结果发现，与鲜刺梨相比，经过干燥工艺生产的刺梨干，其总糖、蛋白质、灰分含量都有所提高，膳食纤维含量变化不大，脂肪含量明显下降。据报道，刺梨果实去籽后切6～8片，经熏硫处理后在70～100℃的烘箱内烘6～15h，使其干重占鲜重的13%～17%即可长期保存，此时维生素C含量在6000～8000mg/100g，并且烘烤时间越短、温度越低，维生素C损失越少。

（二）真空冷冻干燥法

真空冷冻干燥技术是把含水材料降温冻结成冰块，然后在真空的条件下使冰直接升华而达到干燥的目的。真空冷冻干燥技术适合用于生物活性成分的干燥，用该方法干燥时能最大限度地保留原有物质的活性成分含量，避免活性成分遭到损失，便于运输、销售以及长期贮存。

水果制品中维生素C被破坏主要是由加热和氧化酶的作用所致。低温真空冷冻干燥法加工刺梨与传统常压干燥法相比优势较为明显。低温干燥能有效控制微生物的生长以及酶的作用，较好地保持刺梨原有的性状，干燥后刺梨的体积、形状基本不变，复水性好，其中的易受热变性的营养物质成分、芳香成分和挥发性成分的损失很小。因真空冷冻干燥系真空状态下干燥，氧气极少，使易氧化的物质得到了保护，制品的保存期更长。从检测结果可以看出，相对于传统常压干燥，经超低温真空冷冻干燥的金刺梨干水分含量低至2%，维生素C保留率提高了49.4%，形状、色泽、味道等感官性状得到很好的保持，保质期更长。超低温真空冷冻干燥技术拓宽了刺梨产业的多元化发展途径，提升了产品的档次以及市场竞争力，提高了企业的生产效率和加工企业的盈利能力，同时也解决了种植户和政府的后顾之忧。

漆正方等（2015）研究发现，经真空冷冻干燥法干燥的刺梨鲜果，其形态以及维生素C、SOD等活性成分得到较好的保持，其中刺梨鲜果块的维生素C含量保持在16000mg/100g以上，水分低于3%，SOD含量为5016.8U/g。设置的真空冷冻条件为装料量200kg、生产周期16.5h时，每千克能量消耗最低。具体程序为：−25℃以下预冻1.5h以上，3h后开始对加热板缓慢升温，于30～60Pa真空度下升华干燥8～9h，然后于<50℃、10～30Pa的真空度下升高板层的温度，进行解析干燥，直至冻干结束为止。金敬宏等（2005）研究了刺梨汁的冷冻干燥工艺，发现冷冻干燥的最佳工艺参数为：装料厚度1.4～1.6cm；预冻结阶段降温幅度为0.4～0.5℃/min；升华阶段的真空度在60～100Pa，搁板加热温度应低于25℃；解析阶段的真空度为20～50Pa，温度应低于55℃；整个冻干周期为17h左右。此时，得到的活性冻干粉含水量低于4%，SOD基本没有失活，酶活保持率在95%以上，质量最好。

刺梨同其他水果一样，生产原料为鲜果，且季节性较明显。由于刺梨含有的维生素 C 和 SOD 均为热敏性物质，极易遭受破坏，二者在常规的加工方法中保存率不高，损失严重，活性成分得不到充分利用。利用冷冻真空干燥法加工的刺梨鲜果或者刺梨果汁粉，均能较好地保持刺梨的营养成分，尽管设备投入和维护成本较高，但可以用于其他果蔬产品的脱水等综合加工利用。因此，采用真空冷冻干燥技术加工刺梨，对于促进刺梨产业的发展，提高刺梨行业的整体加工技术水平具有十分重要的意义。

（三）微波干燥法

微波干燥是一种蒸发和水分迁移同时进行的加工方法。微波加热从物料内部产生热量，在物料内部迅速生成的蒸汽形成巨大的驱动力，产生一种"泵送效应"，驱动水分以水蒸气的状态移向表面，有时甚至产生很大的总压梯度，使部分水分还未来得及被汽化就已经排到物料表面，因此干燥速率极快。由于蒸发作用下物料表面温度比内部的低，不必担心物料表面过热、烧焦以及内外干燥不均。

吴翔等（2000）研究发现微波冷冻干燥后的刺梨果，保持着鲜果的天然色泽和物理性状，果中的营养物质极少被破坏，维生素 C 含量达 6868.8mg/100g，高出常规加热干燥法 1147.54mg/100g，损失较少，产品的残留水分很低，可长期保存，并且由于干燥过程是直接通过升华进行，制品可以保持干燥前的形状且具有易于复水的多孔性结构。微波还能选择性地针对冰块加热，而已干燥部分很少吸收微波能，从而大大提高干燥速率，大大缩短干燥时间，刺梨果在微波炉中干燥只需25min，仅为常规方法的 1/24。

（四）喷雾干燥法

喷雾干燥即通过机械作用，将需干燥的物料分散成很细的像雾一样的微粒，微粒与热空气接触，瞬间将大部分水分除去，使物料中的固体物质干燥成粉末。在刺梨的干燥中，喷雾干燥主要用于刺梨果粉的干燥。

蒋纬等（2013）采用喷雾干燥方法对刺梨果粉进行干燥，研究出刺梨果粉喷雾干燥的优选工艺为：添加 50% 的 β-环糊精为助干剂，进风温度为 165℃，进料流量为 12mL/min。该工艺所生产的刺梨果粉具有刺梨特有的清香味，流动性及分散性均较优。此时，刺梨果粉维生素 C 得到较好的保持，其含量为 834.88mg/100g。

（五）远红外干燥法

相较于热风干燥而言，远红外干燥由于物料吸收远红外线引起物料内部质子共振，物料内部温度高于表面，受内高外低的温度梯度和湿度梯度的影响，热惯性减小，不断将内部的水分转移出来，并扩散蒸发，实现快速干燥。

陈思奇等（2019）比较了热风干燥和远红外干燥技术，并构建了干燥模型，发现刺梨冻果采用 50℃远红外干燥时，干燥所需时间最短，干燥速度最快，果实色泽好、鲜果特征风味保留程度最高，且鲜果的维生素 C 损失率最低，为 29.39%，总黄酮损失率 11.09%、还原糖损失率 13.58%、总酚损失率 39.54%、复水比为 7.41、褐变度为 0.103、C_i 值为 0.9580，最接近理想解，且综合品质优于冻果热风干燥以及鲜果热风干燥。

二、防褐变技术

刺梨在抗动脉粥样硬化、增强人体免疫力、防癌治癌、延缓衰老、抗疲劳等方面具有良好的保健功效。但在刺梨果汁等产品的生产、加工和贮藏等过程中极易发生非酶褐变，其产生的深色物质对产品的风味、颜色及其营养价值有极大影响，通常导致产品口感劣变、色泽褐变等现象的发生，褐变已成为影响刺梨产品加工及开发利用的难题之一。

（一）褐变原因

刺梨果汁的非酶褐变主要涉及维生素 C 氧化分解反应、多酚氧化缩合反应、美拉德反应。刺梨中的维生素 C、氨基态氮、还原糖和总酚等成分与褐变指数的变化密切相关，是导致刺梨果汁在贮藏过程中褐变的重要因素。其中，单宁作为一种特殊的多酚类物质，在刺梨果汁中的含量为 1% 左右，其中的儿茶酚在多酚氧化酶的作用下会与果汁中的氧相互作用，发生酶促褐变反应氧化成黑色素；刺梨中的酪氨酸在酪氨酸酶的作用下发生褐变反应也使产品色泽发生变化；刺梨中丰富的氨基酸等氨基化合物会与糖类等羰基化合物进行美拉德反应产生非酶促褐变。另外，刺梨中丰富的维生素 C 也极易发生氧化反应，其中间产物还原酮等活性很强，可继续参与美拉德反应使褐变加强，因此，维生素 C 发生氧化也是刺梨褐变的重要原因。

罗昱等（2014）研究了刺梨果汁贮藏过程中的非酶褐变因素，发现在 4℃ 贮藏过程中，氨基态氮和抗坏血酸对刺梨果汁褐变指数影响较大；在 20℃ 贮藏过程中，对刺梨汁的褐变影响较大的为抗坏血酸和酚类化合物；在 37℃ 贮藏过程中，抗坏血酸和氨基态氮对刺梨汁的褐变起直接作用；在常温光照贮藏过程中，酚类化合物和氨基态氮的交互作用对褐变影响较大。由此可知，抗坏血酸、氨基态氮以及酚类化合物是导致刺梨汁褐变的主要因素。

（二）褐变防控技术

目前，通常采用热处理、降低 pH 值、澄清、脱氧或者添加葡萄糖氧化酶、亚硫酸盐、植酸等防褐变剂的方法来抑制刺梨果汁的褐变。

葡萄糖氧化酶是一种需氧脱氢酶，能将葡萄糖分子上的醛基转变为羧基，生成葡萄糖酸，避免褐变的发生，它是一种天然的食品添加剂，对人体无毒害、无副作用。葡萄糖氧化酶不仅可以减少果汁中的葡萄糖，还能消耗溶解氧，减缓或阻断维生素 C 氧化反应以及美拉德反应，有效减缓非酶褐变速度。许培振等（2016）研究了葡萄糖氧化酶对刺梨果汁褐变过程的影响，发现当葡萄糖氧化酶添加量为28U/L、反应温度为 37℃、作用时间为 38min 时，褐变指数为 0.122，此时葡萄糖氧化酶能够显著消耗刺梨汁中的溶解氧，保存氨基态氮和抗坏血酸，延缓 5-羟甲基糠醛（5-HMF）的产生，有效降低褐变指数，抑制果汁褐变的发生。

金属离子是氧化反应良好的催化剂，如铁离子很容易与单宁发生反应生成蓝黑色物质，也能催化维生素 C 的氧化。另外，某些氨基酸在一定温度下可与金属离子形成络合物，使氧化褐变加剧。金属离子广泛存在于刺梨汁的加工用水、辅助原料、设备以及容器中，加速刺梨汁的褐变反应。植酸作为良好的金属螯合剂以及抗氧化剂，对铁有较高的亲和力，即使在铁浓度低至 6nmol/L 时，也能形成螯合物，从而抑制了氧化反应速度，且添加植酸能降低样品 pH，也有利于抑制基质的褐变和氧化损失，从而提高产品质量。丁筑红等（2004）研究发现，添加植酸对刺梨果汁贮藏中的褐变有明显抑制作用，表现为在刺梨果汁中添加植酸，经 90℃加热杀菌 30min，于 50℃恒温贮藏 60 天，果汁中维生素 C 的保存率高于对照组，褐变程度低于对照组，且随着植酸添加量的增加，抗氧化作用逐渐增强。

另外，赵光远等研究发现，加热协同超高压技术也能在一定程度上防止褐变的发生，其原因为，压力协同温度处理后对多酚氧化酶有较好的抑制作用，使酶促褐变得以控制。

三、澄清技术

澄清技术是刺梨产品生产以及加工过程中的关键技术之一，对于延长贮存期、抑制褐变、确保产品的稳定性、保持良好的感官品质以及提高产品营养成分具有重要的作用。随着消费观念的转变、现代技术的发展和市场需求的变化，刺梨汁的澄清技术逐步从传统的工艺向现代化工艺转变，并由一种工艺向多种澄清工艺综合方向转变，刺梨汁的澄清工艺近年来得到了快速的发展。

目前，刺梨果汁的生产和加工中常用的澄清技术主要有自然澄清法、冷冻澄清法、酶澄清法、吸附澄清法、超滤澄清法等。通常在刺梨汁的澄清过程中，可单独使用一种技术，也可几种澄清方法搭配使用。

（一）自然澄清法

自然澄清法即只需将榨好的刺梨汁放在封闭的容器里长时间静置，使其中的悬浮物自然沉降，果胶质逐渐水解而沉淀，同时金属离子、单宁和蛋白质也可形成大分子聚合物而沉淀下来。此法的优点是操作简单、生产成本低；缺点是时间太长，果汁容易被氧化，从而腐败变质。

2004 年，陈军研究了柠檬酸浓度、原料处理方式、浸提溶液、浸提温度、浸提时间五个方面的浸提条件对刺梨维生素 C 提取的影响，提出在刺梨汁的规模生产或利用刺梨原汁进行饮料加工生产时，采用 0.6% 的柠檬酸水溶液浸提经随意破碎的刺梨鲜果，在 40℃ 下浸提 15h，既能提高刺梨的维生素 C 浸提量，又有利于生产操作，是一种较为理想的工艺条件。但由于刺梨汁中富含维生素 C、多糖和 SOD，而维生素 C 具有较强的还原性，较长时间的静置会使其有效成分被氧化从而大大降低刺梨汁的营养价值。

（二）吸附澄清法

吸附澄清法是应用吸附澄清剂（又称絮凝剂）对不稳定的胶体溶液或混悬液进行处理，使之澄清的一种新兴技术。通过加入表面积大、具有吸附能力的物质来吸附刺梨汁中的一些多酚类物质以及蛋白质，在保留绝大多数有效成分（包括有效高分子物质）的前提下去除提取液中的杂质。吸附剂主要有明胶、活性炭、硅胶、分子筛、树脂、硼润土、PVPP 及活性氧化铝等，可以单独使用，也可以混合使用。明胶的用量与刺梨汁中果胶含量有关，不同时期、不同地域所采集的刺梨具有不同的果胶含量。单独使用明胶澄清一些多酚物质含量过低或过高的刺梨汁效果不佳，大多采用硅胶与明胶搭配使用，一般在添加明胶之前先加入浓度为 15% 的硅胶溶液，明胶用量要适当，否则会出现后浑浊，一般需小试。明胶可以澄清刺梨汁中的分子量为 500～1000 的单宁，ZTC 1+1 系列的澄清剂可以澄清刺梨汁中的鞣质，在有关刺梨澄清的研究中，明胶法较为广泛。

王习霞等（1994）在不同处理条件对刺梨汁成分影响的研究中，用不同的澄清剂对刺梨汁进行处理，发现活性炭虽能去除大量单宁，但维生素 C 损失量太多而不宜采用；高岭土单独使用时能除去果汁中的部分蛋白质和单宁，但不利于维生素 C 的保持，在刺梨汁的澄清中效果不明显；明胶在除去单宁上比较明显，维生素 C 损失较少，而且明胶可以重复使用，只要处理温度和时间适宜就可取得较好的效果。陈金印等研究发现，在刺梨原酒的澄清中，明胶澄清效果较好；干酪素澄清的刺梨原酒清亮透明，澄清效果也较好，但干酪素太贵，不适宜工厂化生产；蜂蜜的澄清速度较慢，效果不佳；琼脂澄清速度快，酒液清亮透明、光泽好。吴翔等（2003）研究不同的澄清剂及澄清方法对刺梨发酵酒的澄清效果，结果发现添加皂土 4.8g/L、明胶与皂土添加比例为 2.6∶1 时，澄清效果最好，不影响刺梨发酵酒的风味，澄清后的酒透光率高于 95%，具有很好的稳定性，色泽金黄、清亮透明。肖敏等提出采用聚丙烯酰胺工艺澄清刺梨提取液，将浓度为 1.0% 的絮凝剂聚丙烯酰胺加至刺梨的稀释液中（液体积比 1∶40），在 pH 值 5.0、温度 35℃、絮凝 1.5h、搅拌速度 50r/min 时，澄清效果最佳，且对有效成分多糖的影响较小。采用此工艺处理刺梨提取液，不仅能有效地去除杂质、提高透明度，而且原材料和能耗低，对糖等有效成分的保留率高。罗小杰等（2011）研究发现刺梨果汁经明胶处理后，果汁中的胶体悬浮颗粒和大分子物质被快速絮凝沉降，使果汁黏度明显降低，容易过滤分离，在澄清刺梨果汁时，先将 pH 值调整至 4.5，再加入 15mL 浓度 4％的明胶溶液，于 10～35℃下澄清效果最好，澄清后的果汁色泽均匀稳定、清亮透明、酸甜适口，具有典型的刺梨果风味。

（三）超滤澄清法

超滤澄清法是通过超滤膜孔的筛分机理实现溶液中的蛋白质、多糖、细菌、微粒和胶体与溶剂及小分子溶质的分离。超滤膜主要有纤维素膜、聚砜膜、硝酸纤维素膜、板式超滤器、聚砜酰胺膜、醋酸纤维素膜、聚芳砜膜等。超滤操作是在常温下进行的，因而特别适合于热敏感的刺梨汁的澄清。超滤法澄清刺梨汁不仅速度快、时间短、维生素 C 损失少，而且还可以回收香精、蛋白质（包括酶）和果胶等物质。在刺梨汁的澄清中可以用超滤膜和反渗透技术，主要利用超滤膜作为选择障碍层，选择合适的超滤膜可以提高澄清质量和超滤速度，用聚芳砜膜、聚砜膜和板式超滤膜分离除去果胶、色素和悬浮物等杂质，从而达到澄清的目的。刺梨汁超滤前一般要进行预处理，可提高超滤速率和解决超滤后的浑浊问题。超滤技术在简化工艺流程、降低生产成本方面显示出极大的优势，但在如何进行刺梨预处理、膜的使用以及清洗等方面还有待于深入研究。

王习霞等（1994）在不同处理条件对刺梨汁成分影响的研究中发现，先用明胶处理刺梨原汁，再进行超滤，维生素 C 损失较少，仅为 3.7％，单宁比原汁减少65.13％，能使刺梨原汁既脱色又脱涩，且工艺简单、澄清效果明显。

（四）冷冻澄清法

冷冻浓缩技术是先将果汁冰冻，使果汁中的水分生成冰晶，经多次反复冰冻除冰晶以后，即可得浓缩果汁。由于在低温下进行操作，所以能较好地保持果汁中原有的营养和风味。

杨胜敖（2008）在刺梨蛋糕加工工艺的研究中，先向刺梨汁中通入 SO_2 进行密封静置数天，分离沉淀物，再加入一定量明胶使果胶与果汁中的单宁发生反应，最后在 $-4℃$ 下冷冻贮存 5～7 天。该技术设备较昂贵，但与蒸发浓缩法和膜技术相比，无需更换新膜、设备保养费低、能源成本低，因此冷冻浓缩法大有发展潜力。

（五）酶澄清法

酶澄清法是利用酶来分解刺梨汁中的物质达到澄清的目的，用来澄清刺梨汁的商品酶制剂主要是果胶酶，此外还有一定数量的淀粉酶等。果胶酶是指能够分解果胶的多种酶的总称，主要有聚半乳糖醛酸酶（PG）、果胶酯酶（PE）等，被广泛应用于改善果汁的通量、果汁的提取和澄清以及植物组织的浸渍和提取，其澄清实质包括非酶的静电絮凝和果胶的酶促水解两部分。当刺梨汁中的果胶在果胶酶作用下部分水解后，本来被包裹在内的部分带正电荷的蛋白质颗粒就暴露出来，与其他带负电荷的粒子相撞，从而导致絮凝的发生。絮凝物在沉降过程中吸附、缠绕果汁中的其他悬浮粒子，通过离心、过滤可将其除去。刺梨经破碎的汁液中含有纤维素、果胶等固形物，其中果胶阻止甚至使液体流动停止，使固体粒子保持悬浮、汁液处于均匀的浑浊状态，既难沉淀，又不易滤清，影响果汁澄清。加果胶酶澄清处理后，黏度迅速下降，浑浊颗粒迅速凝聚，果汁快速澄清、易于过滤。果胶酶能随机水解果胶酸和其他聚半乳糖醛酸分子内部的糖苷键，生成分子质量较小的寡聚半乳糖醛酸，使其黏度迅速下降，容易榨汁过滤，改善果汁澄清效果。酶法澄清的效果取决于酶制剂的种类、反应温度和反应时间、刺梨的成分等。果胶酶可以快速彻底地脱除果胶、降低果汁黏度，利于压榨、过滤，有效地提高刺梨的出汁率，且滤液澄清度稳定、果汁质量得到改善。经果胶酶处理的刺梨汁稳定性好，可防止存放过程中产生浑浊。果胶酶法已大规模用于刺梨汁的澄清并取得明显的效果，但用酶制剂澄清果汁的成本相对较高，在生产中大规模应用受到限制。

（六）甲壳素类法

甲壳素是自然界甲壳类生物外壳所含的氨基多糖酸化处理后得到的物质，无毒无味，可溶于浓无机酸，不溶于稀碱、稀酸和水，在环保、制药、食品等行业应用较为广泛。脱乙酰甲壳素即壳聚糖，不溶于碱和水，可溶于大多数稀酸生成盐，使用时临时配制，以免在稀酸中缓慢水解。

吴惠芳等（2007）在可溶性甲壳质澄清刺梨汁的研究中通过可溶性甲壳质法、明胶法和酶法的对比发现，可溶性甲壳质澄清剂在处理中不需保温，同时能使刺梨汁中的胶体悬浮颗粒和大分子物质快速絮凝沉降，黏度降低，容易过滤分离，澄清后透光率可达95%以上，单宁和果胶的去除率分别为40%、100%；在生产中操作简单方便，澄清时间只需4h左右，处理成本低、生产周期短，能充分保持刺梨果汁的原有风味和营养成分，SOD和维生素C含量的保存率均高于95%，经扩试和工厂生产试验证明该法先进、合理可行，优于酶法和明胶法。黄道战等（1995）在壳聚糖在澄清刺梨果汁中的作用的研究中，通过研究不同壳聚糖的用量与果汁的澄清关系，得出刺梨果汁澄清的最适宜壳聚糖用量为0.3g/L，在1.5h内悬浮颗粒几乎全部析出沉降，此时可用不透钢过滤泵（加适量硅藻助滤剂）或虹吸法移取澄清果汁，澄清后的果汁单宁含量降低，口感改善，可以直接用来生产刺梨果汁饮料，贮存稳定性好。将清汁稀释调配成果汁饮料，贮存3~6个月不会发生二次沉淀，色泽也不会改变。申世轩等（2006）研究皂土与壳聚糖对刺梨原酒的澄清作用，结果发现当皂土和壳聚糖添加量为4g/L与0.6g/L时澄清效果最好，澄清度可达到99.2%。吴翔等（2013）探讨了雪莲果、梨、刺梨混合发酵果酒的澄清效果，发现添加3.33g/L的皂土，澄清效果最好，透光率为96%以上；皂土与壳聚糖混合使用，澄清效果较好，当添加比例为（1:1.2）~（1:1.4）时，其透光率高于93%，澄清后混合果酒清亮透明、色泽金黄、风味清爽，稳定性强。丁筑红等（2005）在壳聚糖、皂土澄清剂对发酵酒澄清作用的研究中，通过对果胶酶、明胶、壳聚糖和皂土澄清剂的对比试验得知，壳聚糖是一种优良的刺梨酒澄清剂，与皂土联用能起到协同增效的作用，能有效除去刺梨干酒中的不稳定性成分，提高其感官品质，不仅澄清效果好，而且澄清速度快、生产周期短、成本费用低、操作简单方便，适用于刺梨发酵类产品的大规模生产。李小红等研究发现，β-环糊精-6-壳聚糖（β-CS-CD）吸附剂能够有效脱除刺梨果汁中的单宁和色素类物质并改善其品质。刘春梅等（2010）研究发现琼脂、明胶、皂土、壳聚糖对刺梨汁都有一定的澄清作用，但壳聚糖法对单宁的沉降效果最佳，澄清脱涩效果最好。壳聚糖具有资源丰富、成本低、无色无味、澄清效果好等优势，值得在生产中大力推广应用。

（七）JA 澄清法

JA 澄清剂的主要原料甲壳质是自然界最丰富的有机化合物之一。由于 JA 及其衍生物具有良好的絮凝性、吸附性、抑菌性、成膜性、成胶性、无毒性、降解性等特点，因此在医药、食品、生物工程、日化、农业、造纸、纺织、环保等诸多领域有着极其广泛的用途。JA 作为生物体产物，具有良好的生物相容性、安全性和适应性。JA 分子中存在游离氨基，具有优良的絮凝性能，它能够有效地分离果汁饮料中的胶体和分散体，该性质使得 JA 在果汁饮料生产中成为一种有吸引力和值得研究开发的新型食品添加剂。

邹锁柱等（1994）研究了 JA 澄清剂对刺梨酒的澄清作用，结果发现 JA 澄清剂能将果胶和单宁类物质快速絮凝沉降，使刺梨酒的透光率达到 95% 以上，而 SOD 和抗坏血酸损失均较小。吴惠芳等（1999）在 JA 高效澄清剂对提高刺梨饮料质量的研究中，通过酶法、明胶法和 JA 法的对比发现，酶法在生产中需保温处理，操作不方便，增加能耗，且酶法主要是去除果胶，对单宁则无作用；而明胶法则不能快速去除果胶，澄清处理时间长，效果也欠佳；JA 澄清剂处理后刺梨汁透光率可达 95% 以上，维生素 C 和 SOD 的损失均小于 2%，易使果汁产生二次浑浊和褐变的果胶、单宁类物质的减少率分别为 100% 和 40%，且该法操作方便、所需时间短、成本低廉。常温贮藏 12 个月后，刺梨酒色泽淡黄清亮、无沉淀，透光率达 95% 以上，还原型维生素 C 保持在 50mg/100mL 以上，能充分保持刺梨的特有风味，产品有良好的贮藏稳定性，经扩试和工厂生产试验证明，该法先进、合理可行，优于酶法和明胶法。

（八）机械澄清法

澄清刺梨汁可以通过离心分离的方法将刺梨汁中的大分子蛋白质和悬浮物分离出来。该方法的主要设备是离心澄清机，可用于处理刺梨汁的澄清，生产能力可达到 3×10^5 L/h。这种方法适合于工厂大规模连续性的生产。

武世新在不同加工方法对刺梨原汁维生素 C 影响的研究中，对压榨、澄清、过滤、灭菌等主要工艺及不同加工方法作对比，得出刺梨原汁的生产采用加酸压榨取汁、离心分离、硅藻土过滤、瞬时灭菌等工艺，对维生素 C 的影响最小，维生素 C 总损失率为 10.24%。

四、护色技术

刺梨中含有大量的多酚、花青素等物质，在加工过程中花青素、多酚等物质不稳定，极易分解，在多酚氧化酶的作用下发生褐变，影响产品外观及色泽。为防止刺梨产品加工中发生褐变，须进行护色处理，目前常用的护色方法为热处理及添加护色剂。热处理包括沸水热烫、蒸汽热烫和微波热烫等，该方法不存在化学试剂残留，但容易造成浆果中营养物质的损失，因此操作中需严格控制温度及处理时间。常用的护色剂包括茶多酚、焦亚硫酸钠、柠檬酸、L-半胱氨酸和抗坏血酸等，在使用护色剂时需注意用量，否则会影响果汁风味。据报道，柠檬酸与维生素 C 是有机酸，具有螯合金属离子、有效抑制酶促褐变的功效，在刺梨护色中效果显著。

郑仕宏等（2005）对刺梨果汁的护色工艺进行研究，结果发现在前处理阶段，对刺梨果实进行气蒸和抽真空方式处理，刺梨果实榨汁后进行热处理以及明胶、抗坏血酸和葡萄糖氧化酶等方式处理，得到的刺梨果汁抗坏血酸、多酚含量保持较好，同时色泽也能得到有效保持。黄诚等在湘西野生刺梨果酒加工工艺优化的研究中发现，用 0.1%维生素 C＋0.2%柠檬酸复合液护色 20min，没有褐变现象，破碎所得果浆为棕红色，比使用单一护色剂的护色效果要好。彭凌等研究发现，随着护色剂用量的增大，褐变度逐渐降低，在刺梨汁中添加 0.10%异抗坏血酸钠盐时，褐变度稳定在 1.150 左右，护色效果良好。

五、杀菌技术

刺梨生产及加工过程中，会受到有害微生物的影响，为了延长保质期及货架期，保证饮用安全，减少甚至避免防腐剂的添加，杀菌工艺不可或缺。杀菌技术通常分为热杀菌技术和非热杀菌技术。

（一）热杀菌技术

热杀菌技术主要是通过减少腐败微生物及降低酶活来延长食品的货架期，但在杀菌过程中，高温往往会破坏果汁的热敏性物质等营养成分，影响果汁的色泽、风味等。常用的热杀菌技术为巴氏杀菌法（Pasteurisation Method，PM），亦称低温消毒法（Low Temperature Sterilization Method，LTSM）或冷杀菌法（Cold Sterilization Method，CSM），是一种利用较低的温度既可杀死病菌又能保持食品中绝大部分营养物质和保留乳制品风味的杀菌法。

邓茹月等（2017）采用巴氏杀菌技术对刺梨全果浆进行杀菌，并通过正交试验分析，得出最佳杀菌组合为杀菌温度80℃、杀菌时间30min。经检测，杀菌后的果浆中主要成分维生素C和SOD及总黄酮含量均有一定量损失，尤其是SOD保留率仅为原果浆的35%，其次为维生素C，保留率为49.3%，脂肪与蛋白质损失程度相对较小。杀菌后的果浆微生物数量达到国家卫生标准，几种致病菌均未检出，杀菌效果良好。巴氏杀菌作为目前市场上常用的杀菌方法，杀菌效果良好，且设备简单、操作方便、成本低，在工厂生产上有一定的优势，但经过巴氏杀菌处理后的果浆SOD和维生素C损失较为严重。因此，在利用巴氏杀菌对刺梨果浆进行消毒杀菌时，应加强杀菌过程中营养成分保持的研究工作。

（二）非热杀菌技术

非热杀菌技术不仅能保证果汁在微生物方面的安全，而且能较好地保持果汁中的固有营养成分、色泽、质构以及新鲜程度等。近年来，果汁中使用最多、最广泛的非热杀菌技术为超声波、超高压杀菌技术。

王乐乐等（2018）研究了不同杀菌方式对刺梨果汁品质的影响，发现超声波杀菌效果最佳，杀菌率高达96%；维生素C损失率最低，仅损失1g/kg，可溶性固形物含量最高，对色值的影响最小。

刺梨的化学成分及药用价值

刺梨富含维生素、黄酮、三萜、有机酸、氨基酸、多糖、多酚、SOD 等多种活性成分，具有很高的营养及药用价值。现代药理学研究表明，刺梨的药理作用与其所含的化学成分密切相关，且其中含有的多种化学成分在发挥药理作用时往往具有协同作用。传统医学常把刺梨用于维生素 C 缺乏、泄泻、食积腹胀等症的治疗，现代临床主要用于健胃、提高免疫力、抗氧化、防辐射、美容、抗动脉粥样硬化、抗衰老、防癌抗癌、抗疲劳、解毒、降血脂、降血糖、杀菌等。

第一节 刺梨的化学成分

刺梨富含多种维生素、氨基酸、三萜、黄酮、多糖等化合物，还富含超氧化物歧化酶（SOD），被誉为"防癌长寿绿色珍果"。因刺梨富含维生素 C、维生素 P 和 SOD，又被称为"三王水果"。20 世纪 40 年代，著名营养学家罗登义教授开始从营养学角度研究刺梨，80 年代梁光义等曾对刺梨的化学成分做过全面的研究，近年来国内外学者对刺梨的化学成分也进行了大量分析，发现其营养成分十分丰富，特别是维生素 C，含量高居蔬菜水果之首。贵州大学农学院报道了刺梨中 35 种营养成分含量，其中包括维生素（维生素 C、维生素 E、维生素 B_1、维生素 B_2、维生素 K_1、胡萝卜素、叶酸等）、SOD、糖类、蛋白质及氨基酸、微量元素以及硬脂酸、β-谷甾醇、原儿茶酸、刺梨酸、野蔷薇苷、刺梨苷等。

中国预防医学科学院编著的《食品成分表》对每 100g 刺梨鲜果的营养成分描述如下：脂肪 0.1g，能量 55kcal，蛋白质 0.7g，维生素 C 2500mg，维生素 A 2.5mg，维生素 B_1 50ng，维生素 B_2 30ng，维生素 E 3mg，维生素 P 2909mg，碳水化合物 16.9g，膳食纤维 4.1g，铁 19mg，磷 27mg，钙 8mg，锶 51ng，锌

65.2ng，硒 2.69ng，钠未检，亮氨酸 0.20mg，异亮氨酸 0.65mg，色氨酸 0.62mg，苏氨酸 0.09mg，甘氨酸 0.1mg，丙氨酸 1.29mg，果糖 3.72g，SOD 54000U，有机酸 2g，单宁 1.6g。

自 20 世纪 80 年代开始，陆续从刺梨中分离、鉴定出多种化合物，其中包括多糖、维生素类、黄酮类、三萜类、微量元素类、膳食纤维、氨基酸、有机酸、脂肪酸、酚酸类等，其他成分还有 SOD、无机盐等。

一、碳水化合物

碳水化合物又称糖类，是多羟基醛或多羟基酮及其缩聚物和某些衍生物的总称，主要分为单糖、双糖、低聚糖和多糖四大类，是人体重要的营养素，在生命活动过程中起着重要作用，是维持一切生命活动所需能量的主要来源。

刺梨果实中碳水化合物的总量约为 13%，主要成分为蔗糖、葡萄糖、纤维、果糖等。其中葡萄糖含量为 3.57%～6.54%，纤维素含量为 4%～7%，蔗糖含量为 2%～2.77%，果糖含量为 3.25%～9.90%。

在对刺梨碳水化合物的研究中，报道最多的是多糖。多糖（Polysaccharide）是一类由醛糖或酮糖通过糖苷键连接而成的天然高分子多聚物，大多为无定形化合物，无甜味和还原性，难溶于水，在热水中形成胶体溶液。广泛存在于植物、微生物的细胞壁和动物细胞膜中，是维持生命活动必不可缺的基本物质之一，与生命功能的维持息息相关。多糖按来源不同可分为动物多糖、植物多糖、微生物多糖及藻类多糖。大量的研究表明，多糖在生物体内不仅仅只参与结构组织和提供能量，同时还具有多种生物活性。研究表明，多糖具有增强机体免疫能力、降低胆固醇、降血脂、防癌抗癌、美容养颜等多种生理功能及药理作用，它广泛参与细胞生长、细胞分化、细胞代谢、细胞识别、细胞癌变、胚胎发育、免疫应答、病毒感染等各项生命活动。目前，多糖已作为功能食品和药物广泛用于保健和临床治疗，植物多糖有抑制或杀死癌细胞、调节免疫机能、改善肠道微生物活性、抑制脂质过氧化与清除自由基、抗辐射、抗凝血、双向调节血糖、抗肿瘤、降低血脂等药理作用。

近年来我国学者对刺梨多糖的提取工艺、药理活性和理化性质等进行了全面的研究，发现刺梨所含的多糖等成分能祛痰止咳，对咽喉有养护作用；膳食纤维含量较高，有助于排毒养颜及减肥；具有抗氧化活性，能延缓衰老。贵州大学杨江涛从刺梨中分离出分子量分别为 3200Da 和 52000Da 的 RRTP-1 与 RRTP-3，并从刺梨多糖中分离出木糖、葡萄糖、鼠李糖、甘露糖、半乳糖、阿拉伯糖等中性单糖，同时发现刺梨多糖具有清除氧自由基的作用，其对自由基的清除效果优于同等浓度的维生素 C 溶液；刺梨粗多糖可增强小鼠体内抗氧化能力，其对自由基的清除效果优于同等浓度的纯组分，具有较好的抗衰老作用。Wang 等（2018）研究发现刺梨水溶性多糖（RTFP）主要含有碳水化合物（63.79%±0.73%）、糖醛酸（14.8%±0.06%）

和蛋白质（4.10％±0.58％）；由阿拉伯糖、半乳糖、葡萄糖、甘露糖、木糖和岩藻糖组成，其摩尔百分比分别为 33.8％、37.3％、20.7％、1.74％、3.43％ 和 2.95％，具有降血糖特性。抗缺氧活性试验研究表明，刺梨多糖对神经干细胞谷氨酸损伤和硫代硫酸钠损伤的保护作用明显，另外刺梨多糖还具有神经营养活性。杨娟等（2006）从刺梨中分离纯化得到 8 个多糖组分，发现其不仅对 PC12 细胞具有神经活性，且能够保护神经干细胞免受损伤。陈代雄等通过体内免疫试验研究了刺梨多糖与动物免疫功能的关系，结果显示刺梨多糖能明显增强动物的免疫功能，其增强作用主要表现在其对体液免疫和非特异性免疫的应答。崔昊等则进行了补体溶血试验，结果发现刺梨多糖对替代途径和补体途径均具有一定的促进作用，进一步表明刺梨多糖组分具有抗补体活性。

　　不同提取方法对刺梨多糖的提取率不同，导致刺梨多糖的含量成分有差异。唐健波等（2016）比较了热水浸提、微波提取、超声提取、酶法提取四种提取方法对刺梨多糖理化性质的影响，结果发现四种提取方法所得刺梨多糖含量不同，最高的为酶法提取，然后依次为热水提取法、微波提取法、超声提取法。

　　刺梨中具有药理活性成分的多糖含量丰富，但是不同产地、不同采收期、不同品种的刺梨多糖含量有一定的差异，一般含量为 1.12％～1.43％（干基）。杨茂忠等（2006）采用硫酸-苯酚法测定不同地区刺梨中的多糖含量，发现青岩的刺梨多糖含量为 1.43％，贵阳的刺梨多糖含量为 1.12％，说明不同产地的刺梨中多糖的含量有所不同。陈新华等考察了不同采收期野生刺梨中多糖含量，得出 9 月刺梨多糖含量最高，可确定刺梨最佳采收期为 9 月。赵文阳等将刺梨多糖水溶液制备成刺梨多糖铁 RPC，为开发刺梨多糖铁口服液提供思路。

二、维生素

　　维生素是维持人体生命活动必需的一类有机物质，主要参与物质的代谢，在体内起到重要的调节作用，且人体一般不能合成，只能从食物中摄取。刺梨鲜果中含有多种维生素，包括维生素 C、维生素 B_1、维生素 B_2、维生素 E、维生素 K、胡萝卜素、叶酸等。特别是维生素 C 含量最高，每 100g 干果中平均含量为 2088mg，含量居于一般的水果、蔬菜之首；维生素 K 含量为 2.04～3.61mg/100g，显著高于一般蔬菜水果；胡萝卜素含量为 0.13mg/100g。

（一）维生素 C

　　维生素 C（Vitamin C）是一种含不饱和烯酯结构的酸性多羟基化合物，也是一种酸性己糖衍生物，可以抗坏血病，因此又称其为抗坏血酸。维生素 C 也可用于治疗多种急慢性的传染病、外伤、紫斑病、骨折和贫血等。所以说，维生素 C 是生物体内许多新陈代谢过程的重要物质，是人体必需的重要营养物质之一。早在

20世纪40年代，研究发现成熟的刺梨果实中含有丰富的维生素C，是当前水果中维生素C含量最高的，每100g鲜果中含量841.58～3541.13mg，是排名第二的酸枣的近3倍，是水果之王猕猴桃的10倍、山楂的25.5倍、甜橙的10倍、菠萝的95倍、苹果的45.5倍、柑橘的50倍、梨的79.5倍、番茄的20倍、西瓜的75.9倍，因此，刺梨具有"维生素C之王"的美誉。

目前对刺梨中维生素C定量分析，可采用碘滴定法，还可采用2,6-二氯靛酚滴定法、液相法等。维生素C的提取率会随着温度的升高而降低，因此为保证维生素C有较高的提取率，大多数采用超声提取法，也可选用研磨搅拌，但研磨法维生素C损失率较超声提取法略高，且搅拌费力。

刺梨维生素C含量受多种因素影响，如海拔、品种、生长期、土壤的肥沃程度、土地所含矿物元素种类及含量、土壤种类及酸碱度、日照时间等，钾、氮、磷肥的使用有助于积累维生素C。刺梨在发育过程中，果实中维生素C的含量随着果实的发育而增加，果实完全成熟时，维生素C的含量达到最大值，随后刺梨果实逐渐进入衰老期，其维生素C的含量随之下降。从海拔角度来看，当海拔处于1001～1200m时，刺梨果实中的维生素C含量比较低，平均含量为2006.5mg/100g；海拔高度处于750～1000m时，刺梨果实中的维生素C含量比较高，平均含量为2185mg/100g。刘庆林等研究发现，不同产地的刺梨，果实中维生素C的含量随纬度和海拔的升高而增加，可能是由于纬度和海拔的变化导致光照和温度等条件的不同，从而造成维生素C的含量有差异；每天的不同时间段果实维生素C的含量差异很大，中午果实中维生素C含量低，上午和晚上含量高。牟君富等（1995）对刺梨维生素C积累的研究结果表明，同一地区不同类型的刺梨果实中维生素C含量有显著差异，小果维生素C含量高于大果，扁球形果实维生素C含量低于圆锥形果实，成熟果实中的维生素C含量明显高于较青涩果实。周广志等（2019）研究了刺梨及其近缘种无籽刺梨和无刺刺梨不同叶龄叶片（幼叶、成熟叶和老叶）中维生素C含量差异，结果发现3个种质资源叶片中维生素C含量变化趋势基本一致，呈现先上升后下降的趋势，即成熟叶片中维生素C含量最高，幼叶中维生素C含量高于老叶；成熟叶及老叶中，三种刺梨的维生素C含量由高到低依次为刺梨、无刺刺梨、无籽刺梨，而幼叶中则以无刺刺梨含量最高，其次为刺梨，最低的为无籽刺梨。另外，酶活会影响刺梨果实维生素C的积累，当过氧化物酶、多酚氧化酶、抗坏血酸氧化酶活性较高时，维生素C的积累受到抑制。

（二）B族维生素

B族维生素包括维生素 B_1、维生素 B_2、维生素 B_6、维生素 B_{11}、维生素 B_{12}、叶酸、泛酸、烟酸等。B族维生素是推动体内代谢，把糖、脂肪、蛋白质等转化成热量时不可缺少的物质。如果人体缺少B族维生素，则细胞功能变弱，引起代谢障碍，这时人体会出现怠滞和食欲不振。此外喝酒过多等导致的肝脏损伤，在许多场合下是和 B 族维生素缺乏症并行的。刺梨中富含 B 族维生素，其具有保护心脏、缓解疲劳、增强心肌活力、降低血压等作用，补充 B 族维生素可舒缓情绪。

维生素 B_1 又称硫胺素，可用于防治脚气病、神经炎等，100g 刺梨鲜果中含有维生素 B_1 50ng。维生素 B_2 又称核黄素，可用于防治脂溢性皮炎、唇炎、口角炎等，100g 刺梨鲜果中含有维生素 B_2 30ng。维生素 B_3 又称维生素 PP 或烟酸，主要参与糖类的无氧化分解、组织呼吸的氧化过程以及体内脂质代谢等，主要用于防治糙皮病，100g 刺梨鲜果中含有维生素 B_3 0.24～1.17mg。维生素 B_6 又称吡哆素，包括吡哆醇、吡哆醛及吡哆胺，在体内以磷酸酯的形式存在，是多种辅酶的组成成分，和氨基酸代谢密切相关，临床上应用维生素 B_6 制剂防治放射病呕吐和妊娠呕吐，100g 刺梨干果中含有维生素 B_6 0.18mg。另外，蔡金腾等（1998）检测得出，刺梨中维生素 B_{11} 和维生素 H 的含量分别为 0.04mg/100g、0.003mg/100g（干基）。

（三）维生素 E

维生素 E 是保证人体肌肉正常代谢，维持中枢神经系统和血管系统的完整以及许多生理功能所必需的一类维生素。它的作用多种多样，以生殖方面表现最为明显。当维生素 E 缺乏时，容易出现生殖系统的萎缩等症状。人体对维生素 E 的需要量为日服 15～25mg。贵州大学农学院人工栽培刺梨 20 个样本维生素 E 的平均含量为 2.89mg/100g，变动范围为 2.40～3.61mg/100g，远高于其他蔬菜水果，是苹果的 10 倍、甜橙的 12.5 倍，可解决维生素 E 摄入量的不足。卿晓红（1995）研究发现不同产地刺梨中维生素 E 的含量范围在 1.08～2.13mg/100g（鲜基），平均为 1.50mg/100g。维生素 E 的测定方法有分光光度法、色谱法、荧光法和薄层扫描法等。

三、蛋白质及氨基酸

氨基酸（Amino Acid，AA）是含有氨基和羧基的一类有机化合物，是生物功能大分子蛋白质的基本组成单位。氨基酸在人体内通过代谢发挥如下作用：氧化成水、二氧化碳以及尿素，产生能量；合成组织蛋白质；转变为脂肪和碳水化合物；变成激素、酸、肌酸、抗体等含氮物质等。构成生物体内的各种蛋白质的基本氨基酸一般有 20 种。

刺梨果实中总蛋白质含量为 3.28%～8.34%（干基），含有 15 种氨基酸，分别为异亮氨酸（Ile），平均含量为 0.21%；苯丙氨酸（Phe），平均含量为 0.29%；缬氨酸（Val）及亮氨酸（Leu）平均含量均为 0.26%；赖氨酸（Lys），平均含量为 0.07%；甲硫氨酸（Met），平均含量为 0.04%；苏氨酸（Thr），平均含量为 0.19%；此外还含有丙氨酸（Ala）、天门冬氨酸（Asp）、酪氨酸（Tyr）、丝氨酸

（Ser）、组氨酸（His）、谷氨酸（Glu）、精氨酸（Arg）、甘氨酸（Glu）。其中人体必需氨基酸除色氨酸（Trp）外刺梨果实均含有，且含量高于一般的蔬菜水果。

刺梨不同部位、不同品种、不同检测方法对氨基酸的含量均有影响。李东等（2015）应用氨基酸自动分析仪研究了刺梨种子中水解氨基酸的含量，结果表明刺梨种子中含有 21 种氨基酸。其中水解氨基酸的总含量为 5.64%，含量最少的为酪氨酸，含量为 0.04%；最多的为天冬酰胺，含量为 2.31%。其中含有的 4 种人体必需氨基酸分别为：亮氨酸 0.16%、异亮氨酸 0.09%、苏氨酸 0.11%、蛋氨酸 0.39%。此外还含有早产儿所必需的 4 种氨基酸：酪氨酸、精氨酸、牛磺酸和胱氨酸，含量为 0.45%，以及一种人体营养必需氨基酸精氨酸，含量为 0.25%。林陶等研究了野生刺梨与无籽刺梨果实的氨基酸含量及组成，结果发现无籽刺梨各种类型的氨基酸的总量高于野生刺梨。鲁敏等（2015）分析了"贵农 5 号"刺梨与无籽刺梨果实中氨基酸含量，结果显示 2 种成熟果实均含有全部 18 种氨基酸，无籽刺梨果实中氨基酸总量（3.14g/100g）高于"贵农 5 号"刺梨，但"贵农 5 号"刺梨果实中人体所必需的 8 种氨基酸总含量为 1.21g/100g，占总氨基酸含量的 39.54%，比值系数分为 66.70，高于无籽刺梨（比值系数分为 59.22）。无籽刺梨中 8 种必需氨基酸的总含量为 1.14g/100g，占氨基酸总量的 36.16%；而"贵农 5 号"刺梨果实中 8 种必需氨基酸的总含量为 1.21g/100g，占氨基酸总量的 39.54%，表明"贵农 5 号"刺梨具有更高的营养价值。无籽刺梨中，天冬氨酸含量最高，为 11.79%，其次为谷氨酸，含量为 11.52%，赖氨酸为第一限制氨基酸；而"贵农 5 号"刺梨中含量最高的为谷氨酸，其含量为 11.72%，其次为天冬氨酸，含量为 9.77%，蛋氨酸和半胱氨酸含量较低。

四、黄酮

黄酮（Flavone）类物质广泛存在于植物资源中，是一类生物活性很高的小分子化合物，通常与糖结合成苷类，小部分以游离态（苷类）的形式存在，在植物的开花、结果、抗菌防病以及生长发育等方面起着重要作用。刺梨果实中含有丰富的具有生物活性物质的黄酮类化合物，其总黄酮平均含量为 6.80mg/g，最高达到 8.00mg/g（鲜基）。目前已有研究表明，刺梨中含有的黄酮类物质具有多种药理活性，可以参与阻断自由基的氧化反应，比如与脂质过氧化自由基（ROO·）反应阻断脂质过氧化进程、与超氧阴离子自由基（·O_2^-）反应阻断自由基引发的连锁反应等，是一种潜在的抗氧化剂（Zhang 等，2005），还具有延缓衰老、消炎、止痛、保护心血管、扩张冠状动脉、降低胆固醇以及清除自由基、降低血糖等作用，同时具有维持血压稳定和防癌抗癌等重要生物活性。对刺梨黄酮的研究表明，刺梨果实中主要含有山奈素、杨梅素、槲皮素三种黄酮苷元，刺梨黄酮通过保护胰岛细胞免受四氧嘧啶的氧化损伤，可在一定程度上预防四氧嘧啶诱导的高血糖；能够调节脂质代谢紊乱，降低血清甘油三酯含量，因此其对高甘油三酯血症具有一定的预防和治疗作用，具有防治糖尿病及动脉粥样硬化疾病血管并发症的应用前景。

目前，刺梨黄酮的提取方法主要分为回流提取法、超声提取法、水煮浸提法、恒温水浴提取法等。测定黄酮含量多采用高效液相色谱法（High Performance Liquid Chromatography，HPLC）及紫外分光光度法。何伟平等（2011）利用超声提取法，对刺梨黄酮的提取工艺进行优化，最终将刺梨总黄酮的提取率提高到0.93%；王振伟等（2014）研究表明，超声辅助提取与常规回流提取方法相比，黄酮提取率更高，其得率为1.862%；丁小艳利用HPLC对刺梨叶、果总黄酮进行提取，得率达到1.59%、0.60%；刘庆林等通过炭粉吸附法和水煮浸提法，得到刺梨叶中总黄酮含量为3.68%。张汇慧等（2015）采用AB-8大孔树脂对刺梨黄酮粗提物进行精制，精制后刺梨黄酮的质量分数达到37.24%，为粗提物的4.4倍。张晓玲等（2004）利用烘干后的刺梨果实粗粉，经大孔树脂洗脱浓缩干燥后得到大于60%的黄酮粗品，并证实其能显著降低四氧嘧啶性高血糖小鼠的血糖值，表明刺梨黄酮能有效保护胰脏，预防糖尿病。

刺梨黄酮含量还与产地、品种、成熟度、加工工艺、贮藏情况等有关。研究发现，不同产地刺梨中黄酮含量差异明显，以贵州龙里产地的最多；无籽刺梨黄酮含量为18.25mg/g，远高于普通刺梨（10.33mg/g）。杜薇等认为刺梨总黄酮含量与成熟度成正比，9月份以后果实充分成熟，总黄酮含量达到最高值。周广志等（2019）研究了刺梨、无籽刺梨和无刺刺梨不同叶龄叶片（幼叶、成熟叶和老叶）中总黄酮含量差异，结果发现3个种质资源叶片中黄酮含量随叶龄增加的变化趋势基本一致，呈现先上升后下降的趋势，即成熟叶片中黄酮含量最高，幼叶中黄酮含量高于老叶。孙红艳等（2016）研究了不同干燥方式、贮藏时间对刺梨黄酮含量及其抑菌活性的影响，结果发现3种干燥方式处理后的刺梨黄酮含量具有显著差异，冷冻干燥有利于刺梨黄酮含量的保留，其黄酮含量最高，为1.998%；其次是恒温鼓风烘烤，黄酮含量为1.572%；阴干后的刺梨样品黄酮含量最低，为1.330%。随着低温贮藏时间的延长刺梨黄酮含量总体呈下降趋势，且在低温贮藏10天后黄酮含量大幅度下降，与鲜样相比下降百分比达38.1%，低温贮藏20天后下降幅度变缓，下降百分比达47.1%。吴素玲等（2006）研究发现，刺梨果中的黄酮含量为1.38%，果汁中的黄酮含量比较低，为46mg/100mL，刺梨果渣中黄酮的残存量高达80%以上，其含量为1.07%。

刺梨中还含有维生素P，又叫芦丁，是强化血管、增强血管弹性及韧性的有益之物，它具有增强毛细血管通透性、防止毛细血管破裂、防止血管硬化、预防高血压的特殊生理功能，营养学家称其为"维护血管的卫士"。刺梨中维生素P的含量很高，远高于一般的蔬菜水果，高达每100g中含5900mg。从刺梨中摄取机体所需维生素P，对增强毛细血管的活力，增强血管弹性、韧性，减少脆弱和易裂，防治毛细血管通透性亢进，维护血管健康，防治高血压，都具有明显的效果。尤其是中风先兆的患者，建议其多吃、常吃刺梨，以减少脑出血发生的危险。

五、三萜类化合物

三萜类化合物是以六分子的异戊二烯为单位的聚合体，具有抑制癌细胞转移、抗 HIV、抗炎、降低胆固醇、抗衰老、抗菌、抑制肿瘤细胞增殖、抗病毒等生理活性。现代研究表明，刺梨三萜具有抗人子宫内膜腺癌、体外抗肝癌细胞的作用。秦晶晶等（2014）发现刺梨三萜总提物具有较好的 α-葡萄糖苷酶抑制活性。

目前，从刺梨中分离鉴定的三萜类化合物有委陵菜酸、刺梨酸、五环三萜酯苷、刺梨苷、野蔷薇苷等新成分。刺梨三萜类化合物多为五环三萜类，1988 年梁光义等从刺梨中分离出两个五环三萜酯苷，通过衍生物的制备和光谱分析确定其为互为差向异构体的刺梨苷和野蔷薇苷；后来又从刺梨中分离出了五环三萜酯苷、刺梨苷、蔷薇酸、委陵菜酸、野蔷薇苷、刺梨酸，其中蔷薇酸、委陵菜酸互为一对五环三萜酸的差向异构体。李齐激、南莹等（2016）分别从刺梨鲜果、刺梨汁中分离到 12 个刺梨三萜类化合物，鉴定了其中 8 个化合物。梁梦琳等（2019）采用反相制备液相色谱、正相硅胶柱层析等分离方法对贵州新鲜刺梨的化学成分进行分离，从中分离出蔷薇酸、野蔷薇苷、蕨麻苷 B（Potentilanoside B）、刺梨苷等化合物。

刺梨中的三萜含量与提取部位、果实成熟度、产地、品种、提取方法等有关。刺梨果实中总三萜含量较高，且野生刺梨三萜含量显著高于栽培品种，其中野生刺梨三萜含量可达 16.99%，栽培刺梨为 12.485%，野生刺梨粗粉中三萜含量为2.578%，栽培刺梨粗粉中三萜含量为 1.129%。周广志等（2019）研究了刺梨、无籽刺梨和无刺刺梨不同叶龄叶片（幼叶、成熟叶和老叶）中总三萜含量差异，结果发现 3 个种质资源叶片中总三萜含量随叶龄增加的变化趋势基本一致，呈现持续上升趋势，即老叶中含量最高，且刺梨老叶中的总三萜含量显著高于无籽刺梨及无刺刺梨，成熟叶中总三萜含量中等，幼叶中总三萜含量最低。代甜甜等（2018）在乙醇回流提取的基础上对提取工艺进行优化，并用紫外可见分光光度法测定提取物总三萜的含量，以熊果酸为对照品，在 545nm 紫外波长下测定总三萜含量为57.9%，含量显著提高。秦晶晶等（2014）采用 5 种不同提取方法（水煮醇沉法、回流提取法、大孔树脂法、浸渍法、超临界萃取法）对总三萜提取率及含量进行综合比较，确认回流提取是刺梨总三萜最佳提取方式，提取率为 0.53%，含量为70.86%。李齐激等（2016）测定了不同产地刺梨中蔷薇酸、1-β 羟基蔷薇酸的含量，结果显示遵义产刺梨中的蔷薇酸含量较高，为 1.31%；龙里产刺梨中的蔷薇酸、1-β 羟基蔷薇酸的含量相对稳定，分别为 1.26% 和 0.15%；同时综合考察了刺梨中（2α,3β,19α)-三羟基齐墩果-12-烯-28-羧酸 β-D-吡喃葡萄糖基酯（Arjunetin）、野蔷薇苷、刺梨苷 3 种活性三萜的色谱条件、含量高低和代表性，利用 HPLC 建立刺梨苷的含量测定方法；通过比较冷浸、水浴回流、超声、索氏回流提取方法，发现水浴回流法的提取率最高；其次为索氏回流法、冷浸法，超声提取法的提取率最低。

六、甾醇

甾醇又名固醇、β-谷甾醇，该类化合物广泛分布于生物界，是动物组织细胞的重要组成部分，对机体具有重要意义。1985 年梁光义等从刺梨果实中分离出 β-谷甾醇，田源等也从刺梨干燥叶中分离鉴定出该物质；2014 年吴小琼等采用超临界 CO_2 萃取无籽刺梨挥发油时，也分离得到甾醇，其含量占挥发油总量的 14.49%。经试验验证，刺梨甾醇对人体具有较强的抗炎作用，能够抑制人体对胆固醇的吸收，促进胆固醇的降解代谢，抑制胆固醇的生化合成。甾醇还可以用于预防、治疗冠状动脉粥样硬化类的心脏病；促进伤口愈合，使肌肉增生；增强毛细管循环，可作为胆结石形成的阻止剂；可抑制肿瘤的发生、发展并诱导肿瘤细胞的分化，与肿瘤细胞的抗增殖活性、刺激肿瘤细胞凋亡、激活鞘磷脂循环、免疫功能的调节、细胞周期阻滞和抗氧化活性等相关，具有较好的抗肿瘤作用，对治疗溃疡、宫颈癌、皮肤鳞癌等有明显的疗效，因此可作为预防、治疗肿瘤的有效药物。

七、微量元素

微量元素是指占生物体总质量 0.01% 以下，且为生物体所必需的一些元素，如铁、硅、锌、铜、碘、溴、硒、锰等。刺梨含有多种微量元素，主要是铁、锰、铷、铜、锌、锶、铬、镍、锂、钴，每克果实中各微量元素的含量分别为 524.4μg、18.5μg、10.15μg、9.5μg、6.1μg、4.8μg、1.251μg、1.10μg、0.59μg、0.115μg。其中，铁、锰、锌、铜、钴和镍是人体必需微量元素。刺梨富含微量元素，有利于防癌、抗癌。

刺梨微量元素的测定采用原子吸收光谱法（Atomic absorption Spectrometry，AAS）、电感耦合等离子体发射光谱法（Inductively Coupled Plasma-Optical Emission Spectrometer，ICP-OES）。卿晓红（1995）测得 20 个产地的刺梨硒含量平均为 118mg/g（干质量）。2016 年张源和等采用微波消解电感耦合等离子体发射光谱法测定了刺梨和无籽刺梨中的铝、硼、钡、钙、铜、铁、钾、镁、锰、钠、镍、磷、硫、锶、锌共 15 种元素，结果显示其在每千克刺梨果实中的平均含量分别为 5.79mg、10.95mg、11.33mg、3683.79mg、6.33mg、15.98mg、13314.67mg、1175.85mg、21.12mg、13.85mg、0.33mg、1484.28mg、605.13mg、6.83mg、8.52mg；在每千克无籽刺梨果实中的平均含量分别为 6.5mg、11.09mg、17.20mg、3156.61mg、4.61mg、16.34mg、12640.75mg、927.12mg、10.55mg、13.33mg、0.59mg、1448.5mg、522.88mg、4.78mg、7.28mg。1990 年李嘉蓉等检测发现每千克刺梨籽中的微量元素含量为：钙（1178.75mg）、镁（1216.85mg）、钾（2072.25mg）、钠（37.25mg）、

砷（0.335mg）、钴（0.068mg）、硒（0.0025mg）、铜（29.47mg）、锌（21.00mg）、铁（23.46mg）、锰（20.00mg）、铅（0.29mg）、镍（0.61mg）、铬（8.207mg）、镉（0.045mg）；每千克刺梨籽渣中的微量元素含量为：镁（2868.79mg）、钾（1519.58mg）、钠（89.17mg）、砷（0.022mg）、钴（0.01mg）、铜（7.88mg）、锌（21.93mg）、铁（65.69mg）、锰（12.15mg）、铅（0.28mg）、镍（0.118mg）、铬（1.65mg）、镉（0.020mg）。2003年杜薇等采用原子吸收光谱法测定了刺梨中10种微量元素的含量；王振伟等（2015）采用火焰原子吸收光谱法测定了刺梨中7种矿物元素的含量，结果显示刺梨中所含人体必需的元素铁、镁、铜、锌、锰含量分别为131.68$\mu g/g$、100.07$\mu g/g$、3.46$\mu g/g$、52.59$\mu g/g$、15.27$\mu g/g$，而对身体有害的元素铅和镉的含量分别为0.18$\mu g/g$、0.02$\mu g/g$，符合相关安全标准。

八、酶

刺梨中含有丰富的酶类活性物质，主要为脂肪酶和超氧化物歧化酶（SOD）。刺梨中所含的脂肪酶能增加胃中酶的分解，促进食物的消化，具有防治食积饱胀、开胃健脾、收敛止泻等疗效。SOD是一切需氧有机体普遍存在的一种含金属的酶，可清除有机体内毒性最强的超氧阴离子自由基，保护机体免受自由基的损害，故SOD被认为是一种生物体的保护酶，被誉为"生物黄金"，受到社会的广泛关注。SOD是Fridovich和Mccord 1968年发现的，这是一种超氧阴离子自由基清除剂，其发现使自由基生物学进入一个新阶段。

刺梨富含的SOD，主要以Mn-SOD形式存在，含量高达6000U/100mL，为野生水果之冠，其含量是苹果、无花果、猕猴桃、山楂的10倍以上，是蚕豆的2.75倍、黄豆的3.7倍、豌豆的3.1倍、菠菜的23.5倍、葡萄的20～50倍，且远高于一般蔬菜水果。在植物中，SOD对植物抗逆性有明显影响，当植物在遭受强光、干燥、重金属、低温等胁迫时，会产生大量的活性氧，可以通过调节体内的SOD含量来保护植物体免受极端环境的伤害，刺梨抗逆性强，可能与其中含有较高含量的SOD有关。研究表明，刺梨SOD对预防和治疗冠心病、高血压、侧索硬化症、脑梗死、慢性酒精中毒、呼吸系统疾病，以及各类癌症（如结肠癌、鼻咽癌、前列腺癌、乳腺癌等）具有重要作用，SOD还具有控制血液中的一氧化氮活性、减轻肺部炎症等功效。此外，SOD还是放射性损伤的保护剂，可以抑制酪氨酸酶的活性，保护机体免受离子辐射损害，其对防晒祛斑、保养皮肤、延缓衰老、伤口愈合等也有积极的作用。现代医学研究表明，目前有100多种疾病与SOD缺乏直接相关，有6000多种疾病与SOD缺乏相关，因此SOD被视为生命科技中最具神奇魔力的酶，刺梨的很多药理作用都归功于其含有丰富的SOD。

目前对SOD活性的测定多采用邻苯三酚自氧化法。1987年贵州大学农学院最早从刺梨中分离出 SOD，取得突破性进展，在刺梨产业发展及药理学研究中起到重要作用。犹学筠等（1990）采用邻苯三酚自氧化法，比较分析了不同产地刺梨汁中 SOD 活性，其活性为 $2.4 \times 10^3 \sim 5 \times 10^3 U/mL$，平均为 $3.5 \times 10^3 U/mL$，浓缩可达 $3.64 \times 10^4 U/mL$；付安妮等（2016）采用相同的方法，检测刺梨鲜果及其制品中的 SOD 活性，发现刺梨鲜果经加工后，SOD 活性提高了 1.7 倍左右，表现为刺梨鲜果 SOD 酶活力为 2140U/g，而糖渍刺梨的 SOD 酶活为 3716.2U/g。黄桔梅等（2003）研究表明刺梨中的 SOD 含量与品种密切相关，不同品种刺梨 SOD 含量差异大；还与果实成熟度有关，完全成熟的果实中 SOD 含量最高。野生刺梨果实 SOD 含量与海拔、纬度有关，生长于高海拔、高纬度地区的刺梨，其果实含有较高含量的 SOD。不同的气候条件对刺梨 SOD 含量亦有影响，一定的光照条件下，适当的低温更有利于 SOD 的合成。刺梨喜湿，在湿润环境中，植株生长健壮，果实品质好，然而在果实的生长发育阶段，果实中的 SOD 含量随降雨量的增加而减少。另外，刺梨叶片中的 SOD 含量还与叶片成熟度有关。周广志等（2019）研究了刺梨、无刺刺梨和无籽刺梨幼叶、成熟叶和老叶三种不同叶龄叶片中 SOD 含量差异，结果发现 3 个种质资源叶片中 SOD 含量随叶龄增加的变化趋势基本一致，均呈现先上升后下降的趋势，即成熟叶片中 SOD 含量最高，幼叶中 SOD 含量高于老叶。无刺刺梨和无籽刺梨成熟叶片中的 SOD 活性无显著差异；三种刺梨幼叶中 SOD 含量差异不显著；无刺刺梨老叶中 SOD 含量最低，其次为无籽刺梨老叶。

九、有机酸

有机酸（Organic Acid）是一种酸性的化合物，分子结构中通常含有一个羧基结构。在植物中，有机酸参与了氨基酸、酯类等物质的代谢以及光合作用、呼吸作用等过程。有机酸同时也是动物体维持生命活动必不可少的营养成分，具有抗菌消炎、收敛止泻、抑制结石、调节人体机能、抗氧化、抗衰老等功效。有机酸不仅可以促进消化，还可维持人体内的酸碱平衡，其不仅是许多水果呈现不同风味的物质之一，还是中药的有效药效成分。高含量的有机酸导致刺梨口感酸涩，严重影响了鲜果风味，制约其产品的开发利用。

近年来，我国学者已对刺梨中有机酸的含量及组分进行了大量的研究。安华明等（2011）利用酸碱中和原理和高效液相色谱法分析刺梨有机酸成分，结果表明刺梨中的有机酸组分为柠檬酸、琥珀酸、乳酸、草酸、苹果酸和酒石酸 6 种，其中含量最高的为苹果酸，约占 6 种有机酸总量的 52.7%；其次为乳酸，含量为 29.8%；然后依次为酒石酸、柠檬酸、草酸、琥珀酸，含量分别为 8.43%、5.1%、2.19%、1.7%。刺梨的叶、茎、花、果、根等不同器官所含的有机酸的种类各不相同，刺梨的茎和叶中乳酸含量比较高；刺梨根主要含乳酸和酒石酸；刺梨花中主要含琥珀酸；刺梨属于苹果酸型果实，刺梨成熟果实中的有机酸组分主要为苹果酸，含量为 17.5%，其次为乳酸，含量为 9.9%，然后依次为酒石酸（2.8%）、柠檬酸（1.7%）、草酸（0.7%）、琥珀酸（0.6%）。各有机酸组分在刺梨果实发育和成熟过程中均不同程度地表现出先升高后降低的趋势。由于刺梨中有机酸含量丰富，且组分多样化，其不仅具有独特的风味，而且还可以跟其他活性物质协同作用，发挥其医疗保健功效。

刺梨有机酸的提取方法众多，水提取、微波萃取、酶法提取、超声提取等都已有详细研究。离子色谱、毛细管电泳法、气相色谱、液相色谱等方法均可高效而准确地测定各种有机酸。牟君富等用中和滴定法求柠檬酸方法测定刺梨中总有机酸含量为 1.55%~1.84%。刺梨籽中含有大量的脂肪酸，2007 年张峻松等采用硫酸甲酯化处理刺梨果样品，用气相色谱-质谱联用（Gas Chromatography-Mass Spectrometer，GC-MS）分析其高级脂肪酸和多元酸含量，共分离鉴定 22 种酸性组分，刺梨果中多元酸和高级脂肪酸成分为棕榈酸、硬脂酸、亚麻酸、苹果酸、亚油酸、油酸和枸橼酸等。2013 年史亚男等利用 GC-MS 联用技术对刺梨种子油中游离型脂肪酸、结合型脂肪酸和总脂肪酸进行分析测试，得出 6 种脂肪酸成分，主要为不饱和脂肪酸亚麻酸和亚油酸，刺梨种子油中游离型脂肪酸和结合型脂肪酸的比例为 1∶1.3（质量比），以 9-十八碳烯酸和亚油酸为主的结合型脂肪酸 8 种，以亚麻酸和亚油酸为主的游离型脂肪酸 7 种。

十、多酚

多酚（Plant Polyphone）类物质即为多羟基化合物的一种，有的含有多个或一个羟基或者有相同的芳香环，大多存在于植物的叶、茎、根和果肉中。植物中多酚的含量仅次于植物中的纤维素及木质素，是较为重要的次生代谢产物，同样也是刺梨的复杂酚类次生代谢产物，属于天然有机化合物。单宁是多酚类物质中的一种，据报道，刺梨根中总多酚含量在 10%左右；成熟的刺梨果实中单宁含量为 1.64%（鲜基）；绿色未成熟的刺梨果实中单宁含量是 1.53%（鲜基）；刺梨果实中单宁含量是 5.40%（干基）。丁小燕检测了不同部位、不同采样点刺梨果中总多酚含量，发现黔西县刺梨果中多酚含量最高，平均含量为 2435.51mg/100g，七星关区刺梨果中多酚含量最低，平均含量为 1859.43mg/100g；刺梨叶中总多酚含量为 12809.05mg/100g，比刺梨鲜果中总多酚（2054.15±105.02)mg/100g 高 6 倍。2016 年刘丹等对贵州多个产地的刺梨多酚含量进行检测，结果显示刺梨叶、刺梨果总多酚质量分数平均值分别为 11.62%、10.06%。孙红艳等（2016）研究发现，利用超声波辅助法探索乙醇体积分数、超声温度和时间、液料比对刺梨多酚提取率的影响，并对刺梨多酚体外抑菌活性进行分析，结果表明，乙醇提取刺梨多酚最佳提取条件为乙醇体积百分数 70%、液料比 60mL/g、提取温度 30℃、超声提取 40min，刺梨多酚提取量可达 15.930mg/g；对多酚的提取影响最大的因素为液料比，其次为乙醇体积百分比，时间对多酚提取率的影响最小。体外抑菌试验表明，刺梨多酚对金黄色葡萄球菌和大肠杆菌均具有抑菌活性。刘祖望等对大孔吸附树脂纯化刺梨多酚工艺进行优化，提出 AB-8 型大孔吸附树脂的吸附、解吸性能最好，最大静态吸附量、解吸率分别达 8.11mg/g、94.39%，最佳吸附条件为体积流量 2.6mL/min、pH 值 5.9、上样液质量浓度 0.7mg/mL；最佳解吸条件为 pH 值 6.3、体积流量 2.7mL/min、解吸液体积分数 69%，多酚回收率 20.37%、质量分数 36.33%，是纯化前的 4.9 倍。

多酚类成分是刺梨的主要活性成分之一，而鞣花酸（又名并没食子酸）作为没食子酸的二聚衍生物，属于多酚类成分，具有良好的抗氧化、抗自由基、抗病毒、抗炎、抗癌等作用，还发现有抗乳腺癌和鼻癌的生物学活性。鞣花酸与刺梨根药材的功效接近，推测为刺梨根主要药效物质之一。在自然界植物中以游离形式存在的鞣花酸较少，其主要以糖苷或鞣花单宁的形式存在，经过酸水解后释放得到总鞣花酸。据文献报道，采用超高效液相色谱串联三重四级杆飞行时间质谱法（UPLC-Triple-TOF/MS）鉴定出了刺梨果中含有 3 种鞣花酸糖苷和鞣花酸。2019 年梁茜等采用单因素结合响应面法考察刺梨根提取工艺，建立刺梨根总多酚和鞣花酸双指标含量测定方法，经研究发现，刺梨根总多酚最佳提取工艺条件为：乙醇浓度 53%、超声功率 350W、料液比 1∶20（mL/g）；刺梨根总多酚比色定法的线性范围为 45.13～135.39μg/mL，平均加样回收率为 97.05%（RSD 为 2.95%），10 批样品总多酚含量平均值为 10.24%，RSD 为 25.39%；鞣花酸 HPLC 法线性范围为 1.64～8.19μg/mL（r = 0.9992）；加样回收率鞣花酸为 99.06%（RSD = 0.59%），10 批样品鞣花酸含量为 0.10%，RSD 为 33.99%。2019 年谭登航等采用酸水解和超声提取的方法分别得到刺梨不同药用部位的总鞣花酸和游离鞣花酸，并使用超高效液相色谱法（Ultra Performance Liquid Chromatography，UPLC）分别测定刺梨叶、刺梨根和刺梨果 3 个药用部位中总鞣花酸和游离鞣花酸的含量，结果显示，总鞣花酸和游离鞣花酸在刺梨药用不同部位中的含量均存在明显差异，刺梨叶中的游离鞣花酸和总鞣花酸含量均为最高，分别为 38.49mg/g、197.08mg/g；刺梨根中的游离鞣花酸和总鞣花酸含量均为最低，分别为 11.35mg/g、21.86mg/g；刺梨果中的游离鞣花酸和总鞣花酸含量居中，分别为 20.59mg/g、49.36mg/g；刺梨叶中总鞣花酸含量约为相应部位游离鞣花酸含量的 5 倍，且刺梨果和刺梨根中总鞣花酸含量约为相应部位游离鞣花酸含量的 2 倍。

多酚具有吸附重金属、清除机体内自由基、澄清液体、抗脂质氧化、美容、防晒、抑菌、延缓机体衰老和抗肿瘤的作用，同时还具备抗辐射、预防癌症、预防心血管疾病等生物活性功能。单宁含量的高低决定了刺梨果实的苦涩程度，所以祛除苦涩味是刺梨产品研发和加工过程中一项必不可少的工作。相比于刺梨的其他功能性成分，多酚是报道较少的一种物质，目前只有关于其含量变化、提取工艺等的研究，还有待开展更深入的研究，具有广阔的研究空间。

十一、香气成分

果实香气是多种半挥发性物质和挥发性物质共同作用的结果，果实中的香气成分被人体感知差异很大，常分为青香、果香、木香等不同香型。果实中的香气成分主要包括醇、酸、酯、萜烯、醛类等物质。很多水果中的主要香气物质是酯类物质，其具有较低的阈值和较高的含量，因而对果实整体香气贡献显著。各类水果中存在较高含量的酯类物质有己酸乙酯、丁酸乙酯、乙酸乙酯、辛酸乙酯、乳酸乙酯和乙酸异戊酯等。醇醛类物质也是果实香气的重要组成成分。萜烯类物质为植物体内乙酰辅酶 A 合成的次级代谢产物，以糖苷结合态和游离态存在于果实中，为果实香气的主要成分之一。水果整体香气的产生不是单纯的各香气成分的简单混合，而是各类香气物质以一定的比例协调形成的一个动态平衡系统，常给人一种舒适感。果实中各类香气物质主要通过次生代谢合成、氨基酸合成、脂肪酸合成等途径形成。

刺梨和无籽刺梨中酸类物质含量较高，可能为它们的主要呈香成分。2012 年付慧晓等对刺梨和无籽刺梨的挥发性成分进行研究，发现刺梨与无籽刺梨共同拥有 14 种化合物，刺梨与无籽刺梨的挥发性香气不同，且其成分组成差异较大，刺梨的主要香气成分是 γ-芹子烯、3,7-二甲基-1,3,7-辛三烯；无籽刺梨的主要香气成分是 γ-芹子烯、1-石竹烯、正十七烷、乙酸顺式-3-己烯酯，香气成分的不同可能是二者气味有差异的原因。2016 年姜永新等采用 GC-MS 法从无籽刺梨新鲜果实挥发油中鉴定出 57 种挥发性成分，其中含量较高的有 β-芹子烯、己酸、十四烷、1,1,6-三甲基-1,2,3,4-四氢化萘、三甲苯、肉豆蔻酸、二氢-β-紫罗兰醇及十五烷。

周志等（2014）采用顶空-固相微萃取法提取刺梨籽仁、刺梨皮渣中游离态香气物质和酶法释放刺梨籽仁、刺梨皮渣中键合态香气物质，结合气相色谱-质谱法分析技术对刺梨籽仁和刺梨皮渣中的键合态和游离态香气物质进行定量和定性研究。结果发现刺梨籽仁中检出的 9 种游离态香气物质，萜烯类物质最为丰富，其次是醇类物质和酚类物质；检出的 18 种键合态香气物质，包括酸类 8 种、醇类 3 种、酚类 3 种、羟基醛类 2 种，羟基酮类和羟基酯类各 1 种。籽仁中被释放出来的异香草醛（3-羟基-4-甲氧基苯甲醛）和香兰素（3-甲氧基-4-羟基苯甲醛）2 种羟基醛是重要的键合态香气物质。在刺梨皮渣中检出 21 种游离态香气物质，其中萜烯类物质最丰富，其次是酯类物质和酮类物质；检出 23 种键合态香气物质，其中酸类物质最为丰富，其次是醇类物质和酚类物质。皮渣中键合态和游离态香气物质差异很大，以游离态和键合态的形式存在的只有辛酸 1 种物质。

常用的香气提取方法有固相微萃取法、水蒸气蒸馏法、吹扫捕集法、溶剂萃取法、同时蒸馏萃取法等。其中固相微萃取法因其体积小、便于携带、操作简便、无需溶剂、样品用量少、灵敏度高、时间短等优点迅速发展，被广泛用于提取各类物质香气成分。常用的香气成分分析与鉴定仪器有液相质谱联用分析仪（High Performance Liquid Chromatography-Mass Spectrum，HPLC-MS）、气相质谱联用分析仪、电子鼻分析（Electronic Nose）、气相嗅觉测量分析仪（Gas Chromatography-Olfactometry，GC-O）等。其中，气相质谱联用分析仪的工作原理为：挥发性物质经色谱系统分离后进入质谱系统，再经过光电倍增器将信号收集放大，传输至计算机，从而对各组分进行定性定量分析鉴定。该技术兴起于 20 世纪 50 年代，由于其灵敏度高、检出限低，被广泛应用于食品领域，如水果、蔬菜、肉类、酒类中挥发性香气成分检测、农药残留检测等。

十二、其他

刺梨中还含有具有增强机体免疫能力、改善性功能、抗衰老、抗疲劳等功能的脂质不皂化物角鲨烯，具有抗炎、抗关节炎、抗基因突变和抗疟疾、抗肿瘤等功能的羽扇豆醇，以及部分生物活性待开发的化学成分。

2014 年吴小琼等利用超临界 CO_2 萃取无籽刺梨挥发油，经气相质谱联用分析仪从超临界 CO_2 萃取法提取得到的挥发油中分离出 39 个组分，鉴定了其中 33 个化合物，已鉴定的组分占挥发油总量的 91.48%，主要成分为 β-谷甾醇（14.49%）、三十一烷（13.82%）、二十八烷（7.57%）、己酸（6.80%）、11-(戊烷-3-基) 二十一烷（6.75%）、四十四烷（6.56%）等，另外还发现了少量的具有多种生物活性的角鲨烯（3.19%）和羽扇豆醇（1.18%）。梁梦琳等（2019）采用反相制备液相色谱、正相硅胶柱层析等分离方法对贵州新鲜刺梨的化学成分进行分离，并用刃天青 96 孔板微量稀释法测定所分离出的化合物的抑菌浓度（Minimum Inhibitory Concentration，MIC）。结果发现，贵州新鲜刺梨含有 7 种化合物，通过波谱数据分别鉴定为蔷薇酸、$1\alpha,2\beta,3\beta,19\alpha$-四羟基-12-烯-28-乌苏酸（$1\alpha,2\beta,3\beta,19\alpha$-tetrahydroxyurs-12-en-28-oic acid）、$2\alpha,3\alpha,19\alpha$-三羟基-齐墩果酸-12-烯-28-酸-28-O-β-D-葡萄吡喃糖苷（$2\alpha,3\alpha,19\alpha$-trihydroxy-olean-12-en-28-oic acid-28-O-β-D-glucopyranoside）、刺梨苷、野蔷薇苷、委陵菜糖苷、β-谷甾醇。其中，化合物 $2\alpha,3\alpha,19\alpha$-三羟基-齐墩果酸-12-烯-28-酸-28-O-β-D-葡萄吡喃糖苷为首次从刺梨中分离得到。

第二节　刺梨的药用价值

一、健胃

刺梨具有健胃、助消化的功能。1985 年孙学惠等发现刺梨果汁能促进胃液的分泌，使总酸排出量、胃液量增多，并提高胃蛋白酶的活性，同时促进胆汁分泌。刺梨果实能健脾助消化，并具有阿托品的解痛作用。刺梨根煎液具有保护胃黏膜、防治胃病的药用价值，可显著减轻应激性溃疡导致胃黏膜损伤的严重程度，明显降低过氧化脂质的升高，并显著提高 SOD 的活力。刺梨根煎液防治应激性溃疡的机理可能与其抗氧化作用有关。

二、防癌抗癌

随着社会的发展与生活方式的改变，社会文明进步的同时疾病也发生了改变，且稀奇古怪的疾病越来越多，而癌症无疑是威胁人类生命健康的元凶之一。90％以上癌症的发生系由化学因素所引起，而细胞突变在癌症的形成中起着重要作用，降低突变率则有可能降低癌症的发生率。由于致突变与致癌之间存在密切的联系，因此深入研究抗突变、防癌、抗癌变物质对癌症治疗具有重要作用。

20 世纪 90 年代，人们就开始研究刺梨汁的防癌、抗癌作用。现代医学研究发现，N-亚硝基化合物是一种致癌物质，它可以诱发动物体内癌细胞的形成，而刺梨汁中的活性物质儿茶素能够阻断体内致癌物质 N-亚硝基化合物的合成，从而起到防癌、抗癌作用。在刺梨的防癌抗癌研究中，主要集中于刺梨汁对 N-亚硝基化合物合成的影响。1987 年宋圃菊等研究表明，刺梨汁能明显阻断强烈致癌物质 N-亚硝基脯氨酸在人及动物体内的合成。此外，刺梨汁还可以通过抗突变效应而抑制小鼠肿瘤的发生。2000 年强宏娟等研究了刺梨汁对癌细胞增殖的影响，探讨其抗癌作用机理，发现刺梨汁能明显抑制人白血病 K562 肿瘤细胞的增殖，使得细胞核形态发生改变、异染色质增多、细胞体积明显变小，说明刺梨汁具有明显的抗癌作用。2013 年黄娇娥等研究发现，刺梨三萜通过下调 Bad mRNA 表达诱导细胞分化而起到减少肝癌 SMMC-7721 细胞增生繁殖的作用。另外，研究发现刺梨汁对其他癌细胞的增殖同样有明显的抑制作用（Chen 等，2014）。亦有研究证实刺梨提取物对胃癌 MNK-45 及 SGC-7901 细胞的体外繁殖可产生相当程度的抑制作用，但并不会显著干预人脐带血 $CD34^+$ 造血干细胞的增殖分化，表明其在产生抗癌效果的剂量下不会明显抑制造血功能。许国平等（2006）观察了刺梨汁联合诺丽汁以及刺梨汁、诺丽汁分别对卵巢癌 COC_2 细胞的生长情况及细胞凋亡情况的影响，分析了其对细胞的毒性作用以及细胞周期变化的影响，结果表明，刺梨汁对卵巢癌 COC_2 细胞的增殖具有显著的抑制作用，且呈现出剂量依赖性；经 Hoechst 33258 染色后细胞核呈现荧光强度高的亮蓝色团块状，表明其为早期凋亡细胞，说明刺梨汁能诱导癌细胞凋亡；其抑制 COC_2 细胞增殖的作用在刺梨汁与诺丽汁联用后显著增强。同时许国平等进一步观察了刺梨汁对人体急性单核白血病 U937 细胞增殖、生长的影响，结果表明刺梨汁对人体急性单核白血病 U937 细胞增殖具有显著抑制作用，并呈现出剂量依赖性，而且不会明显抑制正常人单个核细胞的生长。随着刺梨汁浓度的增加，U937 细胞凋亡率增大，凋亡基因 bax mRNA 的表达量上升，而细胞凋亡基因 bcl-2 mRNA 表达水平明显下降；U937 细胞的一氧化氮（Nitrogen Monoxidum，NO）释放量增加。因此推测刺梨汁的抗癌机制可能为：刺梨汁通过影响细胞生长周期，降低细胞凋亡基因 bcl-2/bax 比值，同时诱导一氧化氮的分泌，促进 U937 细胞凋亡。张爱华等（1996）采用染色体畸变试验、小鼠骨髓细胞微核试验和 Ames 试验研究强化 SOD 刺梨汁的抗突变作用，发现 SOD 刺梨汁不仅能明显抑制阳性诱变剂黄曲霉素 B1 及 2-氨基芴诱发的碱基置换型、移码型基因突变，而且对环磷酰胺诱导的小鼠染色体畸变率和微核率具有不同程度的抑制作用；另外，强化 SOD 刺梨汁没有致畸性和致突变性，也不会对胚胎产生毒性作用；抗突变作用研究结果显示，强化 SOD 刺梨汁各剂量组间呈明显的剂量-效应关系；刺梨制剂对遗传物质损伤的保护作用在国外研究中也得到了证实。戴支凯等（2013）提出刺梨提取物能延长艾氏腹水癌模型小鼠寿命，使胸腺指数和脾指数明显增大。在刺梨提取物体外抗肿瘤的研究中发现，其对多种癌细胞株生长具有一定的抑制作用（Liu 等，2012），如人子宫内膜癌细胞、人胃癌细胞 SGC-7901 及人食管鳞癌细胞 CaEs-17 等，这可能与其抑制细胞增殖和分裂以及诱导细胞分化和凋亡有关。有研究显示，刺梨粗多糖能抑制基质金属蛋白酶-9（Matrix Metalloproteinase-9，MMP-9）的表达，从而阻止卵巢癌细胞 A2780 的转移和侵袭。

以上研究都证实了刺梨对于各种癌症具有良好的抑制作用且疗效明显，相信通过更深入的研究，未来刺梨一定会在癌症的治疗和预防方面起到巨大的作用。

三、改善睡眠

睡眠障碍已发展成为一个全球性困扰的问题，它对人们的健康、工作和生活造成了严重的伤害。近代医学研究表明，造成失眠的元凶是体内过剩的自由基。自由基毒素使神经系统供氧供血不足，大脑尤为敏感，大脑皮层功能受损，兴奋抑制功能失衡，抑制无法扩散到皮层下中枢，使人处于很困倦但神经系统又很兴奋的状态；自由基毒素还会阻碍调控睡眠的脑组织中细胞电位及介质的传递。而复方刺梨合剂中的 SOD 能清除体内过多的自由基，从而达到治疗失眠的目的。临床研究表明，该合剂稳定、安全，具有能明显改善睡眠的功能，能代替安眠药用于临床治疗。

刺梨所含的色氨酸素有"天然安眠药"的美誉。色氨酸能促进大脑生成 5-羟色胺，暂时抑制大脑的思维活动，使人产生困倦感，更快进入睡眠状态，从而延长睡眠持续时间，提高睡眠质量。刺梨提取物中所富含的 SOD 能有效清除体内堆积的自由基，让体内各器官功能的运行畅通无阻，从而改善和治疗组织器官功能紊乱和障碍，使脑部神经逐渐舒缓，压力减轻，从而保障睡眠。另外，刺梨中的亮氨酸、维生素 B_1、果糖、钙和锌等能缓和烦躁不安、稳定情绪，也起到改善睡眠、保障睡眠质量的作用。

四、提高人体免疫力

刺梨中大量的维生素 C、维生素 E、多糖、微量元素和 SOD 等活性成分能明显提高机体免疫力，大大减少病毒感染和感冒的发生率，具有强健体魄的作用，尤其适合幼儿、儿童和老年人。据研究，维生素 C 可促进抗体的形成，发挥抗过敏、抗炎作用。目前，临床将维生素 C 作为治疗感染性休克和急慢性传染病的辅助药物，特别是长期发热的慢性传染病（如结核病）患者，需要量比常人高一倍以上。临床研究证明，每日服维生素 C 1g 可预防感冒，服维生素 C 6g 则对感冒有治疗作用。

早期研究表明，刺梨多糖能提高小鼠腹腔巨噬细胞吞噬能力，升高其血清溶血素水平，增强小鼠分泌抗体的能力，说明刺梨多糖具有增强体液免疫功能和非特异性免疫功能的作用；医学专家石玉城等人以刺梨多糖、刺梨提取物进行试验，表明刺梨多糖在体内能促进正常脾细胞的增殖，对 T 细胞增殖反应有明显的增强作用。另外，刺梨汁不仅能显著影响动物的非特异性免疫功能，如增强腹腔内巨噬细胞的吞噬功能，提高小鼠血清中溶菌酶含量和溶血素水平，促进小鼠正常脾细胞增殖等；对特异性免疫功能也有明显的增强作用，表现为降低白介素-1（IL-1）的活性以及增强 B 淋巴细胞分泌抗体的功能、增加 B 淋巴细胞数目、增强小鼠自然杀伤细胞活性、增加小鼠外周血 T 淋巴细胞等。刘铭洁等利用肾纤维化大鼠模型，发现刺梨冻干粉能调节免疫微环境，减少模型大鼠肾脏免疫炎症因子表达，从而改善大鼠肾纤维化。体内外研究结果表明，刺梨制剂干预可提高砷中毒患者外周血中 T 淋巴细胞亚群 CD3$^+$、CD4$^+$ 阳性率及 CD4$^+$/CD8$^+$ 比值。

维生素在免疫方面的功效主要是它在机体内氧化形成的物质可以杀死滤过性病毒。刺梨提取物中的维生素 A 具有增强人体上皮细胞免疫能力的功能，对感冒病毒产生抵抗能力，还可以强健肺部和咽喉的黏膜，保持它们正常的新陈代谢。体内维生素 A 充足时，能有效地阻止外界侵入的病毒通过黏膜生长繁殖，从而保护机体免受病毒的侵害。刺梨提取物中富含维生素 E，维生素 E 可激活人体细胞，具有增强人体活力、增强抗氧化能力、提高人体免疫力和延缓衰老等功能。刺梨中高含量的丙氨酸和异亮氨酸促使人体产生白蛋白和球蛋白，具有提高人体免疫力的功能。除此之外，刺梨提取物中的微量元素锌、铁、锗、维生素 B_1、维生素 B_2 等化学成分都与人体非特异性免疫功能有关，有助于提高人体免疫能力。

五、辐射防护

放射防护是减少放射治疗副作用的重要手段。体外研究显示，刺梨黄酮可通过降低辐射后骨髓细胞 G_2 期的细胞比例，使受损细胞不能进入 G_2 期增殖，从而保障充足的时间对受损 DNA 进行修复。Xu 等（2014，2017）研究表明，在 6Gy 的 ^{60}Co γ 射线暴露条件下，刺梨黄酮可促进雄性小鼠胸腺组织和胸腺细胞抗凋亡蛋白表达，并抑制电离辐射引起凋亡诱导因子（Apoptosis-Inducing Factor，AIF）入核，进而减少细胞凋亡；亦可通过促进脾结节的形成、减少 DNA 损伤、消除自由基等生理过程增强机体的辐射防护。以上结果表明，刺梨黄酮对 γ 射线所致的辐射损伤有一定防护作用，在辐射防护方面有一定的开发应用前景。

六、日常保健

刺梨中富含的 SOD、黄酮、维生素 C 等能抑制色素积累，消除色素沉积，对黄褐斑、雀斑、粉刺斑、妊娠斑等症具有显著疗效，具有美容、护肤等日常保健功能。

黄褐斑是一种常见的获得性面部色素代谢异常对称性皮肤病，多呈蝶形分布，又称蝴蝶斑、黧黑斑、肝斑，其发病机理极其复杂，治疗方法也多种多样，目前尚无特效治疗方法。刺梨中的黄酮、氨基酸、维生素 C、微量元素、SOD、多糖等含量丰富，这些物质协同作用，从整体上调节人体的内分泌系统、消化系统、免疫系统，现有研究确认刺梨对黄褐斑治疗有确切的疗效。

杨璐（2012）对 60 例黄褐斑患者给予刺梨合剂（由刺梨和苍术组方）口服，服药期间避免日晒，6 个月后治疗黄褐斑总有效率为 95.0%，基本痊愈 30.0%，服药期间未发现药物不良反应。推测刺梨合剂具有抗氧化作用，能使黑色素代谢的中间产物形成还原型的无色素物质而减少黑色素的形成。此外，刺梨中的 SOD 除能清除自由基之外，还可以抑制酪氨酸酶的活性从而降低色素沉着。另外，有研究表明，刺梨具有抗氧化、改变暗沉、祛除色斑的作用，能使肌肤细致、白皙，同时能促进胶原蛋白生成，增强肌肤真皮层的张力与弹力。

七、延缓衰老

衰老是有机体生命活动中不可避免的自然过程，是机体自身代谢和环境因素影响的必然结果，因此是不可抗拒的，也是不可逆的。然而，随着人们对衰老本质和机理认识的日益加深以及科学技术的不断进步，设法延缓衰老则是完全可能的。人们已经发现一些具有延缓衰老作用的生物活性物质，如维生素、微量元素、SOD 等。

脂褐素又称老年色素，是一种长期积累在细胞内的过氧化脂质分解产物，随年龄增长而增多，也是机体衰老的重要指征之一。刺梨中所含的维生素 C、SOD 以及刺梨多糖协同作用可以降低体内脂褐素水平，有效延缓机体衰老。现代医学已经证实，衰老"元凶"就是自由基。自由基侵害人体细胞产生致衰因子MDA，致衰因子MDA进一步侵害细胞生成脂褐素，脂褐素在人体各组织器官细胞中沉积，导致细胞代谢减缓、活性下降，从而损伤细胞，造成人体器官功能衰退，进而产生衰老。虽然人体细胞本身可以合成具有清除自由基作用的抗衰物质——抗衰酶，但随着年龄的增加，其活性逐渐下降，合成能力逐渐降低。随着致衰因子的逐渐增多以及抗衰酶活性和含量的下降，衰老则避无可避。

1988年皇家诺贝尔医学奖获得者洛伊格纳洛、费瑞和罗伯三位著名科学家宣称：人类生老病死的根本原因是SOD的缺少以及活性的降低，补充SOD可以弥补人体抗衰老酶活性和含量的下降，通过清除自由基达到预防和治疗各种疾病、延缓衰老的目的。刺梨提取物中含有丰富的SOD，能提高人体内SOD的活性，而SOD是一次性清除体内过剩自由基最有效的酶，功效是常见维生素C、维生素E的几十倍，是人类对抗自由基的第一道防线。

研究报道，45岁以后体内单胺氧化酶（Monoamine Oxidase，MAO）活性随年龄增长而迅速增加，MAO催化底物主要是单胺类的神经递质，当MAO升高，单胺类神经递质就被氧化分解，易加速神经系统老化。罗素元等（2003）在小鼠颈背部皮下注射D-半乳糖并建立衰老模型，灌服小鼠刺梨汁后取脑组织测定MAO活性，以研究刺梨对D-半乳糖致衰老小鼠脑单胺氧化酶活性的影响。结果显示，灌服刺梨汁的小鼠脑MAO活性与正常对照组接近，而明显低于衰老模型组（P<0.01），表明刺梨能抑制衰老小鼠脑MAO的活性，进而减少MAO的脱氧作用，延缓大脑衰老。

另外，研究显示刺梨汁可明显降低动物脑、心、肝脂褐素水平及自由基含量，提高血红蛋白含量，增加白细胞、红细胞、中性粒细胞及淋巴细胞数目，揭示刺梨汁具有延缓衰老的作用。日本学者利用电子共振仪直接测试刺梨汁SOD清除脑内自由基的作用，发现刺梨汁能明显清除DPPH（1,1-二苯基-2-三硝基苯肼）自由基、碳中心自由基、羟自由基以及超氧自由基，但这并不能全面清楚地解释其延缓衰老的机制。有资料表明，Na^+-K^+-ATP酶具有维持细胞能量代谢、跨膜电化学梯度以及细胞渗透压平衡的功能。生物体内Na^+-K^+-ATP酶活性随着年龄的增加而降低，可能会影响细胞内离子的转运和能量的生成，从而改变细胞功能，引起衰老。有学者利用D-半乳糖衰老小鼠模型，研究在正常对照组、衰老模型及刺梨治疗组中该酶的活性以及表达情况，发现衰老模型酶活性为（150.00±111.44）μmol Pi/（mg蛋白·h），刺梨治疗组酶活性为（268.58±85.64）μmol Pi/（mg蛋白·h），正常对照组酶活性为（302.50±107.21）μmol Pi/（mg蛋白·h），刺梨治疗组的酶活性明显高于衰老组（P<0.01）。该结果提示刺梨通过保护Na^+-K^+-ATP酶活性而发挥延缓衰老的作用。

八、抗疲劳

刺梨维生素 C、SOD 提取物作为纯天然高营养抗疲劳饮品，长期饮用不但不会损害身体，而且有增强体质的作用，尤其适合工作劳累、事务繁忙的中高阶层饮用。

夏星等（2012）研究发现刺梨全果粗提物中富集了较高浓度的刺梨维生素 C 和多酚、黄酮、SOD 等活性物质，并利用常压耐缺氧试验和力竭游泳试验考察提取物的活性。结果表明刺梨提取物能显著延长耐缺氧存活时间，增加动物力竭游泳时间，表明刺梨全果提取物能显著增强小鼠抗疲劳和耐缺氧能力。

九、对抗重金属超标、解毒

随着社会的发展，工业的兴起、汽车尾气的排放、化妆品的广泛使用、新型包装材料的运用、烟草的吸食等一系列的问题导致了一个不容忽视的问题——身体重金属超标。一般清除重金属的药品在清除体内重金属的同时也会导致人体所必需的金属，如钙、铁、钾、钠、锌等元素的流失，但是刺梨提取物在排除重金属的同时则不会影响人体所必需的金属元素含量。

刺梨提取物能排除重金属，其作用机制是能保护体内具有解毒功能的酶的巯基。刺梨提取物含有钙、锌、钠、铁、钾等多种微量元素，铁、钙、钾可降低人体对铅的吸收，而锌对铅有拮抗作用。重金属超标人群体内常伴随着维生素缺乏症的出现，刺梨不仅为水果中的维生素 C 之王，而且富含维生素 A、维生素 B、维生素 E 等，服用刺梨提取物不仅可减少铅的吸收，减缓重金属中毒症状，还可以通过保护巯基酶参与解毒过程，促进重金属的排出。此外，刺梨中还含有膳食纤维等大分子多糖类成分，可吸附硒、锗、铅、镁、镉等，对重金属的毒性也有一定的拮抗作用。

（一）铅

铅中毒引起机体内自由基增加、SOD 活性降低，导致细胞的氧化性损伤。以铅中毒小鼠为实验模型，发现服用刺梨汁能补充 SOD，提高体内 SOD 活性，并减少脂质过氧化物（Lipid Peroxide，LPO）含量，明显增强铅中毒小鼠的免疫能力，进而保护铅中毒机体。通过对长期从事铅作业的工人进一步研究发现，刺梨的排铅作用明显优于传统的驱铅药物乙二胺四乙酸（EDTA），而且在排铅的同时并不会影响体内必需的微量元素。何瑞芳等研究发现刺梨对铅中毒有一定的拮抗作用，可以减低铅中毒患者体内的血铜、血锌浓度。

（二）锰

锰中毒主要损害中枢神经系统，引起脑及血清中谷胱甘肽（GSH）、维生素C含量的降低，使尿中香草扁桃酸含量降低以及脂质过氧化降解产物MDA含量升高。服用刺梨后，大鼠中血清、肝、脑的GSH和血清，尿中维生素C、香草扁桃酸含量显著回升，脂质过氧化水平显著回降，说明刺梨汁饮料对锰中毒引起的脂质过氧化损害具有一定的拮抗作用。另外，锰中毒可增加机体锰负荷量，升高体内铜含量以及降低体内锌含量。刺梨汁可显著增加粪便中锰的排出量，降低血清和脑组织中锰的含量，并可使血清和脑组织锌的含量得到补充，而排锰药物氨基水杨酸的钠盐（PAS-Na）虽有排锰效果，但不能补充人体微量元素。因此，刺梨汁不仅排锰效果好，能降低机体的锰负荷，而且还能补充人体所需的微量元素，可作为排锰药物开发利用。

（三）镉

镉有较强的毒性，进入体内后自然代谢非常缓慢。刺梨汁可促进染镉大鼠24h尿镉的排泄，减少肝、肾、血组织中的镉含量，驱镉作用明显。刺梨汁对镉中毒的治疗作用可能与刺梨中丰富的维生素C、多糖、SOD，以及锌、硒、黄酮等活性成分有关。

（四）砷

砷中毒小鼠，其免疫能力明显降低，骨髓多染红细胞微核率显著升高。而服用刺梨汁后，小鼠血清溶血素及单核巨噬细胞吞噬功能明显提高，骨髓多染红细胞微核率降低，并且效果比仅服用维生素C的效果明显。研究发现，强化SOD刺梨汁能促进砷中毒患者体内砷排泄，且具有保肝及拮抗脂质过氧化作用。何江等发现燃煤型砷中毒患者在服用单纯刺梨汁和强化SOD刺梨汁后尿液中砷的排出量明显增加，且随着疗程的增加和服用时间的延长，机体砷负荷水平逐渐降低。在对抗砷致肝损伤的动物试验研究中，发现强化SOD刺梨汁能显著降低砷中毒大鼠肝组织砷含量，避免其肝脏SOD活性的降低及丙二醛浓度的升高。2003年蔡威黔等研究发现，强化SOD刺梨汁能明显降低砷中毒动物肝砷含量，对砷中毒造成的继发性损伤有明显的抑制作用，并且其抑制作用明显优于二巯基丙磺酸钠（DMPS）。大量试验表明，刺梨对砷的解毒作用可能是刺梨多糖、SOD、微量元素与维生素C等活性成分协同作用的结果。

（五）氟

氟中毒是常见的职业病和地方病，严重影响劳动能力，损害人类健康。目前，对氟中毒的治疗仍处于摸索探究阶段，尚未研究出理想的特效药物和措施。近年来，研究发现氟中毒会降低机体抗氧化能力，使体内自由基增多，从而发生脂质过氧化作用，因此探讨抗氧化物质对氟中毒的影响越来越受人们的重视。刘起展等（1995）采用慢性氟中毒动物模型，研究刺梨汁对慢性氟中毒的影响和机理，结果发现刺梨汁可明显改善氟中毒的一般状况，对已形成的氟斑牙影响不大，但可促进尿氟排泄，降低骨和血清氟含量及尿羟脯氨酸含量，提高血清中维生素 C、维生素 E 和血清、肝、肾还原型谷胱甘肽（GSH）含量，增强肝、肾、血 SOD 和谷胱甘肽过氧化物酶（GSH-Px）活性，降低血清、肝和肾脂质过氧化物（LPO）含量，降低尿 γ-谷氨酰转移酶（γ-GT）和血清谷丙转氨酶（GPT）活性及肝甘油三酯（TG）含量，说明刺梨汁对慢性氟中毒的拮抗作用明显。

（六）汞

刺梨汁可显著增加尿汞排泄和血清维生素 C 含量，并使慢性汞中毒引起的血清、肾、肝和脑 GSH 含量显著回升。

无论是刺梨汁还是以刺梨为原料开发的保健口服液都具有较好的降低重金属负荷的能力，不仅能促进重金属的排泄，而且能减轻重金属对人体的损伤，同时不会造成人体必需微量元素的减少，其治疗效果明显优于阳性治疗药物。

十、降血糖

糖尿病是一种由胰岛素分泌不足或胰岛素作用缺陷引起的高血糖紊乱性疾病。随着人们生活习惯的改变以及生活质量的提高，糖尿病患者数量不断增加，已成为继心血管病和肿瘤之后的第三大疾病。2017 年国际糖尿病联合会最新统计结果显示，全球 20～79 岁糖尿病患者已有 4.25 万人死于糖尿病，因此预防糖尿病已成为全社会共同关注的课题。目前临床上治疗糖尿病的方法主要是口服降糖类药物，然而长期服用会对人体健康产生严重的副作用。因此从天然植物中开发具有降血糖作用的食品原料具有广阔的应用前景。

2004 年张晓玲等研究表明，刺梨中的黄酮能显著地降低糖尿病小鼠的血清葡萄糖水平，升高血清胰岛素水平，具有预防糖尿病的作用。郭建军等（2017）采用一次性尾静脉注射四氧嘧啶建立糖尿病小鼠模型，以二甲双胍为阳性对照，设置刺梨茶高低剂量（100mg/kg、200mg/kg）共 8 组，给药 4 周后研究刺梨茶水提取物、茶粉、茶 75％乙醇醇溶部分、茶 75％乙醇醇沉部分对糖尿病小鼠进食量、体重、空腹血糖、肝糖原、肌糖原、饮水量的影响。结果表明，刺梨茶 75％乙醇醇溶部分高剂量组（200mg/kg）能降低糖尿病小鼠的空腹血糖值，糖尿病小鼠体重减轻和多饮现象能得到明显改善。另外，刺梨中维生素 P 等活性成分具有预防糖尿病及其并发症的作用。

十一、降血脂

高脂血症是人体脂质代谢异常引发的病症，它与心脑血管疾病、动脉粥样硬化密切相关。常见降血脂的功效成分主要有膳食纤维、多糖类、多酚类、皂苷、生物碱及黄酮类等。

刺梨富含多种活性成分，其鲜果中的黄酮具有降血脂作用。吴立夫等（1992）用刺梨汁灌喂患高脂血症家兔证明了刺梨具有降血脂的效果。2000年张春妮等研究了刺梨汁对低密度脂蛋白（Low-Density Lipoprotein，LDL）的体外氧化修饰和低密度脂蛋白诱导的细胞胆固醇酯（Cholesteryl Ester，CE）积累和巨噬细胞生长的影响，发现刺梨汁具有抑制LDL的氧化修饰和抑制泡沫细胞形成的能力。王劲红等（2004）用刺梨根等自拟五味降脂散，对高脂血症有较好疗效。胡文等给动脉粥样硬化模型大白兔灌喂刺梨汁，表明刺梨可能通过降低血脂质化氧化损伤防止动脉内膜粥样化斑块的形成。2014年崔俊英研究了刺梨原汁对不同时期的高脂血症小鼠的影响，证实了刺梨汁的降血脂作用。

十二、抗动脉粥样硬化

动脉粥样硬化的特点是受累动脉病变自内膜开始，先后合并存在多种病变，包括局部有脂质和复合糖类积聚、纤维组织增生和钙质沉着形成斑块，并有动脉中层的逐渐退变。随着社会老龄化的加快，动脉粥样硬化越来越成为损害老年人健康的重大隐患。

动脉粥样硬化的发生、发展与脂蛋白、低密度脂蛋白的氧化修饰密切相关。低密度脂蛋白和脂蛋白经氧化修饰后，脂质过氧化的程度增加，负电荷也随之增加，导致泡沫细胞的形成和细胞内胆固醇酯的蓄积，从而参与动脉粥样硬化的病变过程。因此，选择无毒、有效的抗氧化剂对于防治动脉粥样硬化具有重要的意义。刺梨中含有较高浓度的维生素C、超氧化歧化酶等抗氧化剂，2007年史肖白等在掌握刺梨有效成分含量及其变化规律的基础上，有效地进行了抗动脉粥样硬化的临床、生化试验，证明了刺梨是低密度脂蛋白和脂蛋白氧化的有效抗氧化剂，对预防和治疗动脉粥样硬化有良好的作用。体外试验表明，刺梨汁对多种脂蛋白诱导的细胞增殖具有抑制作用，能显著降低细胞内胆固醇的含量，抑制泡沫细胞的形成，提高低密度脂蛋白的抗氧化能力，利于降低动脉粥样硬化的发生率（Zhang等，2001）。

刺梨汁不但可缩短动脉粥样硬化斑块形成的时间，还能降低其硬化程度，延缓动脉粥样硬化症候效果，进而提升临床预后并改善患者生活质量。汪俊军等（1999）观察发现，刺梨汁能有效延缓动脉硬化模型金黄地鼠动脉硬化的发生。简崇东等（2015）研究发现脑梗死患者口服刺梨汁后，其动脉粥样硬化症状能得到有效改善，同时能降低患者的复发率，具有良好的临床效果，表现为 C 反应蛋白水平、血脂水平均显著降低，斑块面积显著减小，颈动脉内膜中层厚度显著增加。汪俊军等（1999）对冠心病患者应用刺梨汁口服治疗，结果发现患者氧化低密度脂蛋白及低密度脂蛋白的氧化程度均显著低于治疗前，表明刺梨作为有效抗氧化剂，对防治动脉粥样硬化有理想的疗效。

综上所述，刺梨能调节高脂血症的脂质代谢过程，从而使血液得到稀释，黏度下降，降低脂质过氧化损伤程度，进而减轻动脉病变程度，降低血脂防止动脉粥样硬化，达到减轻和预防动脉粥样硬化的目的（Hu 等，1994）。

十三、治疗消化系统疾病

细菌性痢疾为痢疾杆菌引起的常见肠道传染病，临床上主要表现为腹痛、腹泻、里急后重、黏液脓血便以及发热。治疗上大多采用氨基糖苷类、磺胺类及喹诺酮类抗生素。近年来，由于痢疾杆菌由耐药质粒介导，多重耐药菌株日益增多，临床效果不理想，因此探索新的有效治疗手段势在必行。2007 年陈云志等对治疗组 52 例患者采取鲜刺梨根煎剂联合抗生素基础治疗，对照组 51 例患者采用基础治疗加服泻痢停，结果发现治疗组总有效率为 92.3%，显著高于对照组 78.4%，且治疗组未发现不良反应，对照组出现 5 例面色潮红、4 例心悸、3 例恶心、2 例皮疹，对症处理后症状消失。证实刺梨根煎剂联合抗生素治疗细菌性痢疾具有良好疗效，且无明显毒副作用。

十四、抑菌活性

常见的食源性致病菌主要分为以金黄色葡萄球菌等为代表的革兰氏阳性菌（G+）和以大肠杆菌等为代表的革兰氏阴性菌（G-）。检测天然产物抑菌活性的常用评价指标是最小抑菌浓度（MIC）和抑菌圈直径。孙红艳等（2016）以刺梨果实为原料，以 70% 乙醇为提取溶剂，采用超声波辅助法提取刺梨多酚，并用平板牛津杯法测定刺梨多酚提取液的体外抑菌活性，结果发现刺梨中的多酚提取物对大肠杆菌及金黄色葡萄球菌都有抑制作用。也有文献对刺梨不同干燥方式和贮藏时间对抑菌活性的影响进行了研究报道，结果表明不同的干燥方式，其抑菌效果不同，冷冻干燥的抑菌效果最好；同一干燥条件下，抑菌活性随着贮藏时间的延长而降低。

十五、防治泌尿系统疾病

近年来，慢性肾脏病发病率呈现出持续增长的趋势，如未能及时得到有效治疗，持续进行性发展，最终进入终末期肾衰竭则需肾脏替代治疗，公共资源消耗巨大。防治慢性肾脏病，延缓其进展，可有效减少终末期肾病发生率及其并发症，减轻社会负担。石琳、詹继红（2014）将对照组 20 例患者应用控制高血压和钙、磷代谢紊乱等常规治疗方法，治疗组在对照组基础上加用刺梨干粉，12 周后对照组总有效率为 65.0%，治疗组为 90.0%，治疗组疗效显著优于对照组，表明刺梨干粉联合西药对防治慢性肾脏病有明显的疗效，可能与刺梨干粉能提高机体抗氧化能力，从而减轻肾小球损伤的作用相关。

十六、抗氧化活性

人们常会在食品中添加不同类型的抗氧化剂，来防止食品中普遍存在的氧化变质问题，市面上比较常用的为价格相对低廉的合成抗氧化剂。近年来，由于生活水平的提高以及科学技术的发展，人们对人工合成的抗氧化剂及其存在的潜在安全性问题产生较多的质疑，对其毒理性也做了大量的研究，故其安全性受到了巨大挑战。欧盟、日本等国家已经禁用了丁基羟基茴香醚和丁基羟基甲苯等部分脂溶性的抗氧化剂。天然的抗氧化剂由于毒性低、具有保健功能且资源丰富而被人们广泛接纳，因此天然抗氧剂的开发利用及研究已成为近二十年来的研究热点。

周广志等（2019）研究了刺梨及其近缘种无刺刺梨和无籽刺梨不同叶龄叶片（幼叶、成熟叶和老叶）中维生素 C、总三萜、总酚、总黄酮含量及 SOD 活性变化，并用铁离子还原（FRAP）、2,2′-联氨-二（3-乙基-苯并噻唑-6-磺酸）二铵盐（ABTS）和 1,1-二苯基-2-苦肼基（DPPH）3 种体系分析其体外抗氧化能力，同时对 5 种抗氧化活性物质进行主成分分析。结果显示，3 种刺梨的抗氧化活性均表现为，成熟叶片的抗氧化活性最高，老叶的抗氧化活性最低，幼叶居中。3 个试验材料成熟叶中，无籽刺梨的 SOD 活性及其对 FRAP 抗氧化能力、刺梨的维生素 C 含量及其对 DPPH 自由基（DPPH·）的清除能力以及无刺刺梨的总酚含量及其对 ABTS 自由基（ABTS·）的清除能力均高于其他 2 个材料。主成分分析表明，成熟叶中具有抗氧化能力的 5 种活性物质对抗氧化能力贡献表现为：总酚和维生素 C 含量对抗氧化能力的贡献率最高，为 46.5128%；其次为总三萜含量和 SOD 活性，其贡献率为 28.6254%；总黄酮含量贡献率最低，为 16.7239%，说明刺梨叶片中 5 种活性物质协同发挥抗氧化功能，而其中总酚和维生素 C 起着决定性作用。3 种主成分的累计贡献率达 90% 以上，无籽刺梨叶提取物中总酚、总黄酮和维生素 C 含量与 FRAP 和对 ABTS·清除能力呈正相关。有文献报道，刺梨叶片抗氧化能力是 SOD 和维生素 C 协同作用的结果，刺梨叶醇提物对 ABTS·和 DPPH·均有良好的清除作用。李福明等（2015）采用 ABTS 自由基清除试验和清除 DPPH 自由基试验测定刺梨叶提取物的清除率，以维生素 C（抗坏血酸）作为阳性对照，结果发现，刺梨叶乙醇提取物对 DPPH 自由基和 ABTS 自由基均有较好的清除作用，说明刺梨叶有很好的抗氧化活性。董玉雪（2011）通过 DPPH 自由基和 ABTS 自由基等多个体系测定刺梨水提物的抗氧化损伤作用，结果证明刺梨果实水提物具有很好的抗氧化损伤能力。

十七、其他药用价值

刺梨还具解茶、解烟、解酒的功能，有助于减少环境污染以及酒、烟、药物副作用等对身体的损害；有助于巩固结缔组织，强健骨骼、肌肉、牙齿和皮肤；有助于脂肪分解，参与胆固醇代谢；有助于钙质、铁质的吸收；能预防坏血病；能祛痰止咳、利咽平喘；还能预防或缓解便秘；刺梨根煮水服用，可治疗腹泻。此外，刺梨还具有提高雄性小鼠的生育能力等作用。

刺梨作为民族用药材，不同民族对刺梨的使用方法也不相同。以刺梨入药，使用最多最早的为贵州地区的苗族同胞，其次为土家族、侗族、布依族、仡佬族等。

（一）苗族

贵州苗族同胞对刺梨的药用具有丰富的经验，但不同区域的苗族对刺梨的称呼不尽相同，如贵州松桃苗族称刺梨为龚笑多，贵州黔东南苗族称刺梨为嘎龚豆布脱，贵州黔南苗族称刺梨为官龚整烟杠，贵州毕节苗族称刺梨为江枳薄喝，等（李齐激等，2016）。各地区苗族关于刺梨药用情况的记载基本一致，均为"味酸、涩，性冷，入热经，具有止痛、止咳、收敛、止泻、健脾消食的功效，主要用于治消化不良、胃脘疼痛、喉痛、咳嗽、牙痛、带下、崩漏、遗精、腹泻等症"。

苗族民间收集的以刺梨入药的药方主要有以下十三种：①治赤白带下：刺梨根250g，金毛狗脊120g泡酒，早晚各服1杯；②治疗胃痛、慢性胃炎：刺梨根15～30g浓煎，代茶饮；③治消化不良：刺梨根、蛇莲、杨梅树皮等份，研末，开水吞服；④腹泻：刺梨根10g、马齿苋10g、小龙胆草10g、金樱子根10g，水煎服；⑤治胃气痛、消化不良：刺梨根、穿心莲、桔梗、茴香籽各3g，生姜3片，鸡矢藤16g，山楂仁炭10g，各药用纱布包好，置于仔鸡腹中蒸熟，喝汤吃肉；⑥治红白痢：刺梨根30g，煨水服；⑦治胃部气滞胀痛：刺梨根、红糖各30g，水煎服；⑧治上吐下泻、红白痢：刺梨根30g、白矾3g，煎水内服；⑨治急性肠炎：刺梨根、万年荞根、蜘蛛香、朝天罐各10g，研末，开水吞服；⑩治脾虚：刺梨根45g，头晕药、何首乌各30g，水煎服；⑪治伤后筋腱收缩不能行动：伸筋草31g，水冬瓜根、刺梨根各63g，水煎熏洗患处；⑫治湿热黄疸：刺梨根15g，煎水当茶饮，空腹饮效果好；⑬老年肺虚久咳：刺梨根20g、麦冬10g、淫羊藿15g、棕树根10g、白前10g、百部10g，水煎服。

（二）土家族

土家族对刺梨的开发应用主要体现在药用上。土家族同胞多认为刺梨性平、味酸涩，具有健脾健胃、止血止带、赶火赶食的功效，主要用于治疗食积腹胀、胃痛、中暑、肠炎、痢疾等疾病（李齐激等，2016）。土家族民间常用刺梨辅以治疗如下疾病：①治疗腹泻、痢疾：刺梨根 15～30g、金果榄 15g、铁马鞭 30g、牛耳大黄 30g，水煎服；②治疗体虚自汗：刺梨根 15g、大枣 10g、浮小麦 15g、夜关门 15g，水煎服；③治疗红崩、白带：刺梨根 12g、当归、阿胶、白芍、泡参、黄芪、三白草根、侧柏炭、白果根、棕炭各 12g，水煎服；④治疗遗精：刺梨根、夜关门、金樱子、覆盆子根各 12g，梦花根 6g，猪苓 30g，菟丝子 10g，羊乳 12g，水煎服；⑤治疗咳血：刺梨根 20g、灯心草 20g、竹根七 12g、牛膝 10g、棕树根 15g，水煎，兑红糖服。

（三）其他民族

侗族：侗族称刺梨为专翁括，通常认为其味酸涩、性凉，以其根和果实入药，具有止泻、止咳、退热等功效（李齐激等，2016）。主要用于治疗宾下鸦（肠源性紫苷，入药 15～30g），添加尚吻（鱼腥草）、骂菩姑（蒲公英）、够苣芒（茯苓）、尚布冬（猕猴桃根）、骂噶茂（车前草），煎水内服。

布依族：布依族对刺梨的叫法差异较小，如雅马楣（六枝）、雅勒抗（贵定）、雅扛（罗甸）（李齐激等，2016）。以刺梨根入药，添加适量鱼鳅串、野荞头，水煎服以治胃痛；刺梨根加糖煎服，用于治疗久咳。

仡佬族：仡佬族人民常称刺梨为朱朱莫街（黔西南）、米怒在（黔中）、迷改喜你（黔中北）（李齐激等，2016）。以刺梨根入药，辅以石榴皮煎水服（日服 3 次），用于治疗上吐下泻。

第九章

刺梨产品的开发及应用

第一节 刺梨健康产品的开发及应用

刺梨又名送春归、山王果、刺莓果、佛朗果、茨梨、木梨子，隶属蔷薇科多年生落叶小灌木缫丝花的果实，是"集万千宠爱于一身"的三王水果（维生素 C 之王、SOD 之王、维生素 P 之王）。成熟的刺梨味酸甜、肉质肥厚，果实富含维生素、多糖、胡萝卜素、氨基酸、有机酸和 10 余种对人体有益的微量元素，尤其富含维生素 C，其含量是水果大王猕猴桃的 10 倍，是柑橘的 50 倍，是酸枣的近 3 倍，更重要的是刺梨不含抗坏血酸氧化酶，鲜果在常温下贮藏一个月，维生素 C 的损失极少，故而被誉为"天然维生素 C 之王"。同时刺梨富含有"生物黄金"之称的超氧化物歧化酶（SOD），SOD 能有效清除导致人体癌变、衰老、死亡、疾病的罪魁祸首——自由基，保持细胞的活力，延缓细胞的衰老，提高免疫能力，减少疾病的产生，且有美容功效，刺梨中 SOD 的含量达野生水果之冠，故又有"SOD 之王"的美称。维生素 P 有助于增强毛细血管壁弹性，降低出血风险，且在体内无法合成，只能通过食物摄取，而刺梨中维生素 P 含量也特别丰富，比一般蔬菜约高 150 倍，比柑橘等水果高 120 倍，其含量居于蔬菜水果之首，因此又被称为"维生素 P 之王"。刺梨所含的维生素 P 对丰富的维生素 C 的吸收利用起支持作用，所含的 SOD 能使维生素 C 稳定性增强，解决其易被氧化、失活的难题。同时刺梨还含有维生素 A、维生素 B_1 和维生素 B_2、维生素 D、维生素 E 等多种维生素，故又被誉为"天然维生素丸"。

刺梨是一种集药用、保健、食用、观赏为一体的野生水果，与猕猴桃、山楂并誉为我国三大新兴水果，其运用集中于食品、保健品、化妆品、药品等方面。目前，以刺梨为原料开发的食品有刺梨果脯、果酱、复合饮料、茶、酸奶、罐头、饼干、蛋糕、醋、啤酒、可乐、软糖、果酒等。其中，刺梨果汁的出口超过国内同类产品，刺梨罐头及蜜饯为国内首创，对刺梨的综合利用填补了国内刺梨产品的空白。刺梨保健品具有促进食欲、保肝、提高机体免疫力、延缓衰老、防癌抗癌、防止血管硬化以及预防高血压、对抗重金属毒性等作用。目前，以刺梨为原料开发的刺梨保健品有刺梨口服液、刺梨冻干粉胶囊、刺梨糖浆、刺梨精粉、刺梨 SOD 系列产品等，作为保健食品，刺梨具有天然绿色、无毒、资源丰富、价格低廉、保健效果好等优势。以刺梨为原料开发护肤产品，产品有着特殊的香味，天然无毒不刺激，将会为美容产业提供很大的发展空间。目前，以刺梨为原料开发的刺梨护肤品有刺梨雪花膏、刺梨面膜等。近年来，刺梨也被广泛应用于日化产品的开发，如刺梨洗衣液、刺梨洗发水等。

我国对于刺梨资源的应用历史悠久，道光三十年（公元 1850 年）的《贵阳府志》有"以刺梨掺糯米造酒者，味甜而能消食"的记载。章永康《瑟庐计草》中记载有"葵笋家家饷，刺梨处处酤"。1951 年，贵州省开办了第一家刺梨糯米酒厂，1980 年以后，渐渐开发出刺梨原汁、饮料、酸奶、醋、果酒、糖制品以及保健品等产品，深受国内外消费者的广泛关注。

一、刺梨饮料系列产品

（一）刺梨饮料

刺梨饮料保持了刺梨果实原有的风味及营养成分，其中未添加任何影响人体健康的色素和香精，每 100g 浓刺梨汁中含有维生素 C 300mg 以上，是柑橘类果汁的 10～30 倍，饮用后具有明显的消食开胃、收敛止泻的作用。因此，刺梨饮料不仅是夏季消暑解渴的佳饮，也是年老体弱者、儿童和特殊工种的健身饮料。刺梨果汁具有较强的清除 DPPH 自由基和 ABTS 自由基的能力，具有保肝、护肝、健胃、消食等功能。

近年来，随着生活质量和消费水平的不断提高，人们越来越关注营养与保健，果蔬饮料也从原来的单一品种向口感多样化和更注重营养与保健的方向发展。充分利用和开发国内外可利用的丰富资源优势，遵循天然、回归自然、营养的发展方向，研制天然"三无"（无色素、无香精和无防腐剂）产品，适应消费者对饮料多口味的需求，将成为未来饮料发展的一个主要方向。在复合刺梨饮料产品开发方面，以刺梨汁为原料，科学添加南瓜、草莓、西番莲、蜂蜜、菠萝、鱼腥草、芦荟、蒲公英、胡萝卜、火棘、花生、金银花等辅助材料，开发了刺梨南瓜系列饮料、刺梨胡萝卜系列饮料、刺梨玫瑰系列饮料、刺梨金银花系列饮料、刺梨核桃奶、刺梨花生奶、刺梨果茶凉茶、刺梨黑色食品、刺梨发泡汽水等一系列保健食品，其不仅色泽诱人、味道爽口，而且营养价值和保健价值极高。复合型饮料调制中，芹菜汁的辛味导致在单一的果蔬汁中其添加量受到限制，而刺梨可以对这种味道进行调和，复配也使得功能性成分含量提高，具有明显的抗癌作用。王万贤等利用富硒矿泉水配制刺梨饮料，不仅能提高机体免疫力，还能有效延缓衰老。侯璐等在刺梨汁中添加0.03%茶多酚、0.09%植酸研制出高维生素C含量的刺梨口服液，保留了刺梨汁大部分的营养素，具有延缓衰老、促进身体健康的功效。吴天祥等以鱼腥草为主料，添加南瓜粉、刺梨汁等辅料，采用饮料生产工艺制得一种富含矿物质、膳食纤维、氨基酸和维生素的风味独特的营养保健饮料。吴翔等（2006）以刺梨、芦荟、菠萝的汁液为原料，通过正交试验优化出最佳配方，经过醋酸和乙醇发酵后，制得营养丰富、感官品质较好的饮料。邓毅分别用乳化后的粗蜂胶和蜂胶提取液与刺梨汁混合调配，研制出2种刺梨蜂胶饮料。刺梨-甘薯叶纯天然绿色保健饮料备受消费者欢迎，刺梨-菊花-薄荷凉茶具有提神醒脑、生津止渴、泻火解毒、去湿生津、清热利喉、清热解暑、疏风散热等作用。

1. 生产加工工艺流程

原料处理→打浆→静置→澄清→过滤→混合→调配→装罐→杀菌→冷却→成品。

2. 具体操作及要求

（1）选果　选择颜色橙黄、无病虫害的成熟刺梨鲜果，剔除腐烂及未熟果实。

（2）洗果　将选好的刺梨果实用流水冲洗干净，除去泥沙及黏附在果皮上的污物。

（3）破碎、打浆　将洗净的果实放入破碎机进行破碎，然后将破碎的果肉在压榨机上加压，压榨出汁后，收集果汁。

（4）静置　将压榨得到的刺梨果汁密封静置7天。

（5）澄清　将静置处理后的果汁加入明胶，以便细小悬浮物形成大块复合物而沉降。

（6）过滤　过滤果汁，除去固形物，得到刺梨汁。

（7）混合、调配　将200～300g刺梨汁、75～95g蔗糖、60～100g果葡糖浆、50～70g柠檬酸、26～38mg二氧化硫和1L水混合，搅拌均匀。

（8）装罐、杀菌　用灌装机将刺梨混合果汁灌入玻璃瓶或易拉罐中，瞬时杀菌，冷却后包装即得成品。

（二）刺梨汁

刺梨汁经发酵后口感独特、营养丰富。刺梨汁分为刺梨原汁和刺梨复合果汁。刺梨复合果汁是在刺梨原汁中添加蜂蜜、蒲公英、芦荟、火棘、番石榴、草莓、菠萝、西番莲等辅助材料，不仅大大提高了其营养价值，而且融合了多种物质的风味，是潜力巨大的新型饮料。刺梨汁能减轻拘束负荷诱发的自由基对肝组织的损伤，改善肝组织机能，在改善动脉粥样硬化、降血糖、降血脂、抗疲劳等方面亦有明显作用。刺梨原汁由于单宁含量较高，涩味太重，不适宜制作纯果汁，一般制作20％的果汁饮料，风味较好。如要制作原果汁，必须先将单宁脱除。若进行加工调配，还可形成一系列刺梨复合果汁，如冬瓜-刺梨汁除具有抗衰老、防癌等药效外，还有消渴、解暑、清热、解毒、减肥等功效；刺梨-火棘复合果汁，改善了刺梨果实单独加工果汁味道偏涩的弱点，该产品口感佳、色泽美、营养丰富。

刺梨具有独特的芳香味，营养丰富，尤其是维生素 C 和 SOD、黄酮等含量丰富，适宜加工成果汁等饮品。但刺梨果汁含有大量的单宁等多酚物质，具有浓郁的苦涩味，严重影响果汁产品的口感。另外，果实中含有的单宁等多酚类物质易被多酚氧化酶、空气等氧化成醌类化合物，导致果汁颜色加深。此外，蛋白质和单宁络合会导致刺梨果汁浑浊和沉淀，因此生产刺梨果汁时需加强单宁和色素类物质的脱除，以提高果汁的贮藏稳定性和加工品质。

1. 刺梨原汁

（1）生产加工工艺流程　采果→选果→清洗→破碎→压榨→过滤→超高温瞬时灭菌→包装→冷藏→刺梨原汁。

（2）具体操作及要求

采果：采摘七八分熟的刺梨果，此时果实中维生素 C 含量高、汁液充足、苦涩味轻、甜味浓，且耐贮存。

选果：在不锈钢选果台上挑选颜色橙黄、无霉烂、无病虫害的果实，除去青绿色未熟果、腐烂果、病虫果及枝叶、残渣等其他杂质。

清洗：采用喷水或滚筒式洗果机清洗果实，除去附在果实表面的灰尘和微生物病菌、孢子等。

破碎、压榨、过滤：将清洗后的刺梨果实破碎为 3～5mm 的果块，送入不锈钢榨汁机中榨汁，出汁率达 50％以上。榨得的刺梨汁液中，有较多的种子碎片、果肉粗纤维等杂质，必须用 100 目筛过滤。

杀菌、包装：95～100℃瞬时杀菌 15～30s 后立即降温至 25℃以下，封装后于5℃冷库中冷藏备用，即得刺梨原汁。

2. 刺梨复合果汁

（1）生产加工工艺流程　刺梨原果汁、果蔬汁→配料→澄清→过滤→脱气→杀菌→灌装→清洗瓶外→擦干→冷却→贴标→成品→成品检查→出厂。

（2）具体操作及要求

产品配方：果蔬汁 50％、刺梨原汁 20％、白糖 8％～10％、苹果酸钠 0.05％、酸度（以柠檬酸计）调至 0.20％～0.30％，软化无菌水补足 100％。

调配：按配方称量果蔬汁、刺梨汁入配料锅，开动搅拌器，加入蔗糖和适量软化无菌水，再分别加入柠檬酸和苯甲酸钠水溶液，最后用软化无菌水补足至规定的量，搅匀后立即进入下一步工序。

澄清、过滤：于混合后的汁液中加入一定量的食用明胶，使其与果汁中的单宁形成明胶单宁酸盐络合物，随着络合物的凝聚并吸附果汁中其他悬浮颗粒，最后降至容器底部，使果汁澄清。同时加入少量硅藻土，于 15℃ 静置 24h 以上，取上清液用硅藻土过滤机过滤，可得到有清凉感、澄清透明、无涩味的刺梨混合果汁。

脱气：过滤后的果汁立即用不锈钢真空脱气机在真空度 0.09～0.10MPa、25℃ 以下进行脱气，可避免产品中维生素 C 氧化以及色泽、风味的劣变。

杀菌、灌装、冷却、贴标：脱气后的复合果汁立即泵入高温瞬时杀菌机中于 95～100℃ 下杀菌 30s，并在无菌灌装条件下装入洗净并消毒的玻璃瓶或易拉罐中封盖。清洗瓶（罐）外，放入沸水中杀菌 30min。杀菌后分段冷却，擦干外包装，贴上标签，检验合格即得成品。

3. 产品质量标准

（1）感官指标　产品颜色橙黄，澄清透明，口味纯正，酸甜可口、无异味，具有浓郁的刺梨果香；无悬浮物及沉淀。

（2）理化指标　果汁含量≥60%，可溶性固形物≥9.5%，总酸（以柠檬酸计）0.20%～0.30%，维生素 C 含量≥80mg/100mL，重金属含量符合 GB 11671 要求。

（3）微生物指标　细菌总数＜10 个/mL，大肠菌群＜3 个/100mL，致病菌不得检出。

二、刺梨酒系列产品

由于现代人们对于健康的追求，全汁发酵果酒越来越受欢迎，关于刺梨酒的研发产品也越来越多。刺梨酒种类繁多，根据含糖量可分为刺梨干酒、半干酒、甜酒、半甜酒；根据加工方式，可分为刺梨发酵酒、刺梨浸泡酒等；根据辅料成分，又可分为刺梨糯米酒、刺梨果酒等。

刺梨发酵果酒是用 100% 原汁经酵母发酵而成，酒精度 12% vol. 左右，是一种对人们健康有益的保健酒。贵州省平塘县配制的"刺梨美乐醇"曾受到消费者好评。刺梨干酒是在刺梨酒发酵的基础上，通过选育优良酵母菌种进行 100% 原汁发酵，酒精度 11% vol. 左右，糖度在 0.4% 以下，打破了过去刺梨全汁不能发酵的说法，大大提升了果酒的质量，并且使刺梨的生理特性与干酒要求有机结合，产品芳香浓郁、风味优雅、酸涩适中、营养十分丰富，改善了葡萄干酒维生素 C 等营养成分含量低的不足，大大提高了市场上干酒的质量。利用刺梨果实制酒，有较长的历史。任春光等（2014）以刺梨、酥李为原料，用酿酒活性干酵母作为发酵剂，对刺梨酥李复合果酒发酵工艺进行研究，结果表明，刺梨酥李复合果酒的最佳工艺为：刺梨汁与酥李汁配比为 3∶1（体积比），前发酵温度为 24℃，后发酵温度为

18℃，酵母接种量0.4%，糖度25%。按此工艺加工形成具有独特诱人风味的刺梨酥李复合果酒，是一种值得开发的复合型果酒。贵州民间采用一些简单方法制酒，如将刺梨干果用高粱白酒浸泡而成，风味较美。经发酵加工后制得的刺梨酒不仅在一定程度上改善了果实的口感和风味，而且保留了其营养成分；将刺梨果实蒸馏制酒，饮后健脾消食、延年益寿。

（一）刺梨调配酒生产加工工艺流程

原料→分选→清洗→破碎→压榨→粗滤→热处理→精滤→成分调整→酒基脱臭→澄清→过滤→脱气→装瓶→封口→杀菌→冷却→检验→刺梨果酒。

（二）刺梨糯米酒生产加工工艺流程

① 优质糯米→筛选→浸泡→清洗→蒸煮→淋水（无菌水）→下曲（根霉曲）→糖化发酵。

② 刺梨鲜果→分选→浸渍→压榨→原果汁→离心分离→调整成分→低温发酵（活性干酵母复水活化）。

③ 发酵后的糯米酒、刺梨汁→勾兑→陈酿→澄清过滤→杀菌装罐。

（三）具体酿造工艺

1. 糯米酒汁的制取

（1）糯米 选取大小均匀，颗粒饱满，无细糠、米头、虫蛀、杂质、霉烂变质现象的优质糯米。

（2）浸泡 要求提前12～16h浸泡糯米，浸泡用水必须是清洁水，水温应低于30℃，浸泡时水位最好高于米面20cm，中途切勿翻动，其浸泡程度以用手搓成粉状为宜。

（3）清洗 浸泡达到要求后，应立即用清水将米粒冲洗干净，直到流出的水为清水为止。

（4）蒸煮 米粒清洗干净后，即可顶汽上甑进行蒸煮，以圆汽后开始计算蒸煮时间，一般以15～20min为宜。要求饭粒内无白心、熟而不黏。

（5）淋水 蒸煮完毕后，立即用无菌冷水从上至下进行淋水冷却，同时也可以让糯米粒吸收部分水分。

（6）下曲 淋水后待水稍沥干，即将饭粒倒入曲盘内，于27℃进行下曲。下曲量为0.3%～0.5%。

（7）糖化发酵 下曲后立即入缸进行搭窝，搭窝完毕后即可封盖，在25～32℃进行糖化发酵72h。

（8）取酒汁 糖化完成后便可过滤、取酒汁，每天取1次，共取3次。

2. 刺梨原汁的制取

（1）分选鲜果　选用新鲜、色橙黄，无青果及烂斑、破伤、腐烂现象的果实，剔除枯枝、落叶、残渣等。

（2）浸渍　分选合格的刺梨鲜果，放入不锈钢浸渍罐内，并从罐底部慢慢通入 CO_2 气体，待罐内 CO_2 气体达到饱和后，停止输入 CO_2，密闭浸渍 10 天。

（3）压榨　浸渍结束后，立即进行果实压榨。为防止果汁中维生素 C 在加工中氧化，应按每 1kg 鲜果加入 5mg SO_2。第一次压榨后，将残渣再进行第二次压榨，然后将两次压榨汁混合，添加 0.3％的果胶酶，以降低果胶含量。

（4）调整成分　将 85％压榨分离出的原果汁与浸渍出的 15％自流汁充分混合拌匀、离心分离，调整酸度为 0.7％，糖度为 24％。

（5）发酵　果汁泵入预先经彻底消毒处理后的发酵罐中，接入经复水活化的葡萄酒活性干酵母，温度控制在 20℃左右，密封发酵 30 天。

3. 勾兑陈酿

将 50％的刺梨原酒与 50％的糯米酒汁混合搅拌均匀，调整酒精度为 14％vol.、酸度 0.7％、糖度 12％，进行陈酿 30 天。

4. 澄清过滤

用皂土进行澄清处理，用量为 1.5g/kg。澄清 20 天后，取清液用硅藻土过滤机进行过滤。

5. 杀菌装罐

将过滤后的酒液在 95℃条件下，杀菌 30s 后方可装罐。

（四）产品质量标准

1. 感官标准

产品具有浓郁的刺梨果香及糯米酒醇香，具有刺梨露酒的独特风格；颜色浅黄、清亮透明，无沉淀、杂质及悬浮物；酸甜爽口、味道纯正、酒体丰满。

2. 理化指标

酒精度（20℃）13％～14％ vol.，总酸（以柠檬酸计）0.6％～0.7％，总糖（以葡萄糖计）11％～12％。

三、刺梨茶系列产品

（一）刺梨茶

刺梨茶是由刺梨嫩叶经制茶工艺加工而成，主要功能为健胃消食，也可用于治疗疥痛金疮、治疗积食饱胀、延缓衰老。刺梨叶中含有维生素 C、β-胡萝卜素、刺梨苷、菊酸乙酯、β-谷甾醇、大黄素甲醚、野蔷薇苷等化合物，具有较强的抗氧化活性，是获取和直接补充维生素 C 的主要来源之一。研究表明，刺梨叶片平均总黄酮苷含量是果实中含量的 3 倍左右；刺梨成熟叶片是多酚等天然活性成分的主要来源，尤其以无刺刺梨成熟叶片最佳；刺梨总三萜提取物对 α-葡萄糖苷酶有较强的抑制作用，而刺梨老叶中总三萜含量远高于果实，因此以刺梨叶片开发的茶叶等产品可作为缓解高胰岛素血症以及防治餐后高血糖症的重要饮品。因其嫩叶具有特有的茶香和养生功效，但量少、采摘困难，在当地市场上经常出现供不应求的现象。刺梨茶冲泡、饮用方便，且货架期长、便于携带，是一种比较受欢迎的刺梨饮品。

1. 生产加工工艺流程

采叶、清洗→摊晾→杀青→摊凉→揉捻→烘干→摊凉→提香→摊凉→分选、入库→成品。

2. 具体操作及要求

（1）采叶　摘取新鲜的刺梨叶，洗净。

（2）摊晾　将刺梨叶铺设在晒席或者簸箕上，脱水至 $40\%\sim50\%$。

（3）杀青　在 $70\sim90℃$ 杀青至无青草味、水闷气味和焦气味。

（4）摊凉　将杀青后的刺梨叶铺设在晒席或者簸箕上自然冷却至常温。

（5）揉捻　先用揉捻机揉捻成形，再用手精揉。

（6）烘干　在 $80\sim90℃$ 对刺梨叶进行烘干处理，时间为 30min。

（7）摊凉　将烘干后的刺梨叶铺设在晒席或者簸箕上自然冷却至常温。

（8）提香　先于 70℃ 下提香 10min，再于 90℃ 下提香 15min，然后于 80℃ 下提香 20min，最后于 100℃ 下提香 10min。

（9）摊凉　将提香后的茶叶铺设在晒席或者簸箕上自然冷却至常温。

（10）分选、入库　筛选分级、包装入库，即得成品。

（二）刺梨花茶

刺梨花茶是由鲜茶叶与新鲜的刺梨花以一定的配比混合制成，其中含有丰富的蛋白质、氨基酸、维生素 C、维生素 E、酚类物质以及微量元素，长期饮用可预防糖尿病、高血压、动脉粥样硬化等疾病。

1. 生产加工工艺流程

鲜茶叶→摊晾→配花→摇青→电处理→揉捻→烘干→包装→成品。

2. 具体操作及要求

（1）摊晾　将鲜茶叶于 $30\sim40℃$ 下进行摊晾，至含水率为 $58\%\sim62\%$，待用。

（2）配花　采摘新鲜的、无病虫害的刺梨花，将刺梨花洗净、沥干水分，然后与摊晾处理后的茶叶以100:（40～60）的配比混合，待用。

（3）摇青　将茶叶与刺梨花的混合物送入摇青机中摇青，控制温度为180～220℃，以3r/min的速度摇3min，停10min，重复2～4次，摇好备用。

（4）电处理　将摇青处理后的物料放到大气压空气冷等离子体发生器的放电区进行电处理，放电区外加电压10～30kV，金属电极的间距为20～50mm，频率5～15mHz，处理温度为20～30℃，处理时间为5～10min，待用。

（5）揉捻　将经过电处理的物料放入揉捻机中进行揉捻，先于12～18N的压力下轻揉20～30min，然后再于14～30N的压力下重揉15～25min，接着于12～18N的压力下轻揉20～30min，揉好待用。

（6）烘干　将经过揉捻处理的物料送入烘干机中，于80～120℃下烘干至其水分含量为4%～6%，即得刺梨花茶，包装后即得成品。

（三）刺梨保健茶

刺梨果实营养丰富，被誉为"营养库"，具有治疗坏血病、缓解疼痛、增强机体免疫力、防癌抗癌、排铅、治疗口腔炎症、健脾助消化、抗衰老、治疗脚气病、降三高、促进人体正常发育及治疗夜盲症等保健作用。刺梨保健茶不仅含有刺梨所含营养成分，具有较高的保健价值，且老少皆宜，深受广大消费者欢迎。大部分刺梨保健茶以刺梨嫩叶为原料制备，但以刺梨全果也可加工制作刺梨保健茶。研究发现，以微波干燥后的刺梨全果加入红茶、决明子、甘草、雪菊、黑枸杞等辅料制作成的刺梨保健茶，具有健脾养胃、抗疲劳、降血脂等功效。

1. 生产加工工艺流程

刺梨嫩叶加工→刺梨果加工→调配→发酵→揉捻→干燥→破碎→包装→成品。

2. 具体操作及要求

（1）称取原料　按配比称取刺梨果20%、刺梨嫩尖叶20%、决明子10%、银杏叶10%、金银花10%、明日叶10%、枸杞10%、禾叶墨斛2%、杜仲叶5%、荜澄茄3%。

（2）刺梨嫩叶加工　将刺梨嫩叶尖清洗干净，经晾青、杀青、初揉、复揉和烘干等步骤加工后备用。

（3）刺梨果加工　将刺梨果经选果、洗净、切片、去籽后，放入容器中进行高温泡制30～40min，取出后在自然条件下冷却至常温备用。

（4）调配、发酵　将刺梨嫩叶尖、刺梨果以及称取的决明子、金银花、枸杞、明日叶、杜仲叶、禾叶墨斛、荜澄茄混合，然后放入密闭容器中自然发酵20～28天。

（5）揉捻、干燥、破碎　将发酵结束后所得物质进行揉捻、干燥，破碎成粒度为12～60目的颗粒，包装后即得成品。

四、刺梨发酵系列产品

（一）刺梨酸奶

刺梨具有独特的酸味口感，为刺梨酸乳饮料的开发提供了便利。在刺梨酸奶产品的研发中，黄群等以刺梨汁、牛乳、奶粉、百合粉、复原乳为主要原料，用嗜热链球菌与保加利亚乳杆菌（1∶1）接种发酵生产凝固型刺梨百合酸乳。配方及发酵工艺条件为刺梨汁添加量10%、复原乳∶百合酶解液＝2∶8（质量比）、混合发酵剂添加量3%、蔗糖添加量5%，42℃发酵6h，经后熟所得产品风味独特、口感细腻。黎继烈等以刺梨果汁、杨梅汁和复原乳为主要原料，进行凝固型酸乳的加工工艺研究，确定了生产的主要工艺条件为：培养温度为42℃，杨梅刺梨汁加入量10%，保加利亚乳杆菌与嗜热链球菌菌种比1∶1，接种量4%；稳定剂为0.2%羟甲基纤维素、0.2%低甲氧基果胶；均质压力25MPa，温度65～70℃；杀菌温度85℃，杀菌时间15min。经乳酸发酵后产出的刺梨酸奶，口感好，风味独特，营养价值高，具有医疗保健作用，具有广阔的市场开发前景。但刺梨果汁含大量单宁和有机酸，与牛乳中的酪蛋白极易凝聚沉淀，使产品品质降低，关键技术难题仍需攻克。

1. 生产加工工艺流程

原料预处理→刺梨果打浆→过滤→奶粉复原→调配→均质→杀菌→冷却→菌种活化→扩培→接种→发酵→冷藏→成品。

2. 具体操作及要求

（1）原料预处理

打浆离心取汁：选择成熟果实，冲洗干净，将刺梨、杨梅等果实分别打浆、榨汁，离心后的果汁以体积比1∶1比例混合备用。

奶粉复原：根据所需原料乳的化学组成，在奶粉中加入其8倍体积的无菌水，混合后调配成标准原料乳。采用的复原条件为：水温45～50℃，水合时间20～30min。

调配、均质：将10%刺梨混合果汁加入复原乳中进行调配，并加入8%糖和0.4%稳定剂，混匀后将混合液预热至55℃，均质压力25MPa，温度65～70℃。

杀菌、冷却：85℃下灭菌15min，然后迅速冷却至42～45℃。

（2）发酵剂制备

菌种活化：采用牛乳培养基活化发酵菌种，于42℃恒温培养5～7h，凝固后再移植到新的灭菌乳试管中，如此重复几次，至菌种经5～7h培养能产生凝乳，表明活力已恢复，经镜检细胞形态好、无杂菌。

菌种驯化：为使菌种适应刺梨酸乳的营养环境，驯化培养基为混合果汁与复原乳的体积比为1∶9，同时观察菌种活力是否恢复，直到42℃恒温培养5～7h能产生凝乳。

扩大培养：取50mL刺梨乳液于100mL三角瓶中，灭菌冷却接入已活化菌种，42℃恒温培养5～7h至乳凝固，如此逐级扩大到接种所需的量，发酵剂中乳酸菌量应大于108个/mL，于4℃下冷藏备用。

（3）接种、发酵、冷藏

接种：在无菌条件下，将培养好且活力旺盛的发酵剂（接种量4%）接入已调配杀菌冷却的乳液中，充分混合均匀后装罐。

发酵：灌装后的混合乳于42℃恒温培养，至pH值4.5～4.7，酸乳凝固时应迅速降温停止发酵。

冷藏后熟：酸乳的风味物质大多是在发酵结束后12～14h产生的，将冷却后的酸乳于1～5℃下冷藏，降低乳酸菌的活力和产酸的速度，同时使其成熟产香，保证酸乳风味纯正。

3. 产品质量标准

（1）感官指标　产品光滑、细腻，呈乳白色，凝乳均匀结实、软硬适中、无气泡；有浓郁发酵乳香和刺梨果香，酸甜适中，清爽润喉，无杂质，无异味。

（2）理化指标　总固形物≥11.0%，蛋白质≥2.3%，脂肪≥2.5%。

（3）微生物指标　乳酸菌≥1×10⁶个/mL，大肠杆菌菌群≤3个/100mL，致病菌不得检出。

（二）刺梨果醋

相对于食醋而言，果醋除具有食醋的营养功效外，还具有易被人体吸收、调节人体钠钾平衡、酸味柔和等优点。以刺梨果实和糯米为原料，经过发酵、调配而制得的刺梨果醋，新鲜爽口、口感醇厚、营养丰富，其营养价值和风味均优于粮食醋。刘春梅等（2010）以刺梨为主要原料，研究了发酵法制备果醋的技术工艺，同时以制得的刺梨果醋为原料，添加蜂蜜、柠檬酸等辅助材料制成酸甜可口、营养丰富的刺梨果醋饮料。

1. 生产加工工艺流程

刺梨→清洗→破碎→打浆→果胶酶处理→过滤→澄清果汁→糖度调配→巴氏杀菌→活性菌种→添加干酵母静置乙醇发酵→用醋酸菌进行静置发酵→澄清脱涩→勾兑调配→灌装→灭菌→成品。

2. 具体操作及要求

（1）原料处理　选取新鲜、充分成熟、无病虫害、无霉烂的刺梨果实，除去杂质、残渣等物质后，用清水清洗干净，切半去籽，加入一定量的柠檬酸，防止维生素 C 氧化，破碎后打浆，同时加入 1g/kg 的 NaHSO₃溶液，并混匀，以防果汁被氧化以及抑制微生物的生长。然后添加 0.3％的果胶酶制剂，在 40～45℃处理 2～3h，过滤去渣后，将糖度调整为 15％～20％，然后在 65℃煮沸灭菌 30min。

（2）刺梨汁的乙醇发酵　将安琪活性干酵母在 35～40℃无菌水中活化 10min 左右，酵母接种量为 1％，用黑色袋子罩住置于 28℃下密封、静置发酵 2～3 天，当乙醇浓度为 15％以上、残糖变化较少时即可停止乙醇发酵，进行醋酸发酵。

（3）醋酸发酵　将 1g 酵母膏、1g 碳酸钙、1g 葡萄糖、2g 琼脂、100mL 水加热溶解，分装于锥形瓶中封口，进行高温高压灭菌，冷却后加入 3g 95％乙醇。在无菌条件下，转接醋酸杆菌，经活化、纯化、驯化扩大培养接种于刺梨果汁乙醇发酵酒醪中，接种量为 1％。然后于 30℃下静置发酵 4 天左右，每天检查发酵温度及醋酸、糖、乙醇含量，当酸含量达到 7.9％左右且不再升高时停止醋酸发酵，95℃灭菌 15min 后过滤，备用。

（4）果醋饮料的配制　以刺梨果醋为主要原料，加入适量蜂蜜、蔗糖、柠檬酸、纯净水等配制成果醋饮料。经装罐、灭菌，检验后，即得成品。

（三）刺梨酵素

食用酵素是以一种或多种新鲜水果、蔬菜、中草药、菌菇等为原料，经过多种有益菌发酵而成的，含有丰富的益生菌、益生元、生物酶、多酚类、维生素、矿物质、有机酸等功效成分的微生物发酵产品。食用酵素不仅保存了发酵原料中原有的营养物质，而且在发酵过程中还产生了一些新的生物活性成分。研究发现，刺梨酵素中含有多种对人体有益的营养保健成分，包括刺梨多糖、维生素、多酚类、有机酸、多种氨基酸和微量元素等，具有预防心脑血管疾病、抗疲劳、延缓衰老、抗氧化、提高机体免疫力等功效。

1. 生产加工工艺流程

刺梨原料预处理→入罐→发酵→过滤→陈酿→装罐→杀菌→包装→成品。

2. 具体操作及要求

（1）原料预处理　选取新鲜、无机械损伤、无病虫害的成熟金刺梨，对其进行清洗、沥干、切片处理。

（2）入罐　先在发酵罐中铺上一层切片处理后的金刺梨，然后在该层金刺梨上面铺一层由白砂糖、红糖以及异麦芽酮糖制成的混合糖液，接着在该层糖上面再铺上一层金刺梨，依此步骤，一层金刺梨一层糖交替铺设，铺设结束后向发酵罐中注入无菌软化水，并向其中接种 10％～15％的发酵菌种，然后在发酵菌种上面再铺上一层糖。最后将发酵罐进行密封。其中，金刺梨、糖、无菌软化水的比例为1:0.9:1。

（3）发酵　于 28～30℃条件下发酵 80～100 天，初期需每天打开发酵罐搅拌，然后再密封。

（4）过滤　发酵完成后，将发酵液进行压滤，弃滤渣保留滤液。

（5）陈酿　将滤液在26~30℃下陈酿2~4个月。

（6）装罐、杀菌　将陈酿结束后的酵素进行装罐，杀菌后分装即得成品。

五、刺梨美容系列产品

（一）刺梨种子油雪花膏

随着生活质量的提高和审美标准的提升，人们对化妆品的需求开始回归自然，由于市面上的部分合成化妆品对皮肤的副作用越来越多，对化妆品的研究慢慢转向中草药的开发利用，国内外出现了化妆品天然绿色化的倾向。雪花膏是一种能很好地保护、滋润皮肤的化妆品。研究发现，将药用植物提取物加入雪花膏中，制成药用雪花膏，不仅能有效保护肌肤，而且绿色环保、天然不刺激，深受广大消费者的青睐。刺梨种子油雪花膏不仅能使皮肤滋润和细致，而且还能美白、抗菌消炎、延缓皮肤衰老，对黄褐斑也有一定的疗效，并且生产这种雪花膏的成本较低，是一种比较有发展前景的新型雪花膏产品，值得大力开发。

1. 生产加工工艺流程

刺梨种子油的提取→取料→油相制备→水相制备→皂化反应→冷却→制膏→包装→成品。

2. 具体操作及要求

（1）刺梨种子油的提取　以石油醚（60~90℃）为溶剂，采用索式提取法提取刺梨种子油。

（2）取料　根据配方准备材料，配比为：硬脂酸8.00%、十六醇3.00%、甘油12.00%、单硬脂酸甘油酯1.50%、氢氧化钾0.50%、氢氧化钠0.05%、水74.95%、少量的苯甲酸钾、适量刺梨种子油提取物。

（3）油相制备　将称取的硬脂酸、十六醇、甘油、单硬脂酸甘油酯依次加入烧杯中进行油相的制备，水浴加热到80~90℃，保持该温度灭菌20min。

（4）水相制备　将称取的氢氧化钾、氢氧化钠及苯甲酸钾依次加入另外一个烧杯中，再加入蒸馏水进行水相的制备，水浴加热到80~90℃，保持该温度灭菌20min。

（5）皂化反应　在80~90℃的水浴锅中，将水相加入油相中，使油相和水相充分进行皂化反应。

（6）雪花膏的制备　皂化反应完成后，将烧杯从水浴锅中取出，室温冷却；稍冷后加入适量的刺梨种子油，再继续搅拌至室温，便可成膏状，得到雪白色刺梨种子油雪花膏，充分静置后装瓶进行密封保存，即得成品。

（二）刺梨面膜

以刺梨为原料生产的刺梨面膜具有抗衰老，治疗粉刺、皱纹、皮炎，降低色素沉着，使皮肤细腻、柔滑、富有弹性的有益效果。

1. 生产加工工艺流程

刺梨→选果→清洗、脱刺→切半、去籽→榨汁→调配→灭菌→封装→成品。

2. 具体操作及要求

（1）刺梨原汁的制备　采摘新鲜的野生刺梨果实，洗干净，刮去芒刺，掏出刺梨籽，漂洗干净，沥干水分，榨汁，过滤，即得刺梨原汁。

（2）调配　取 70% 刺梨原汁，依次加入丙二醇 18%、透明质酸钠 4.5%、黄原胶 1.8%、羟乙基纤维素 2.7%、甘草酸二钾 0.5%、PEG-40 氢化蓖麻油 0.1%、氯苯甘醚 0.02% 和三乙醇胺 0.1%，在 20℃下，搅拌均匀。

（3）灭菌、封装　将刺梨汁混合物放入高压灭菌反应釜中，设置高压灭菌反应釜的压力为常压、灭菌温度为 40～45℃、灭菌时间为 5～10min，灭菌后，真空包装，即得成品。

（三）刺梨口服护肤美容品

以新鲜饱满的成熟野生刺梨为原料加工制得的刺梨口服护肤美容品，对羟自由基有很强的清除作用，其效果优于抗坏血酸及其他抗氧化剂，折成等量维生素 C 含量计，其清除羟自由基作用是抗坏血酸的 47 倍。

六、刺梨功能性保健品

（一）刺梨冻干粉

刺梨冻干粉能够调节免疫炎症指标，明显减轻单侧输尿管梗阻（UUO）模型大鼠肾功能的损害以及输尿管梗阻导致的肾纤维化，能有效改善慢性肾脏病 3 期（CKD 3 期）脾肾气虚、湿热型患者的临床症状，改善肾功能。胡茂蓉等（2015）研究表明刺梨干粉可调整紫癜性肾炎（Henoch-Schonlein Purpura Nephritis，HSPN）患者体内 Th1/Th2 细胞失衡，明显改善过敏性紫癜性肾炎患者的主要中医临床证候，在临床应用中具有较良好的安全性。刺梨冻干粉能够最大限度地保存刺梨中 SOD、维生素 C 等活性物质的含量，且能够长期保存，是研究刺梨临床疗效较理想的剂型之一。浙江省柑橘研究所果品加工研发中心加工的刺梨冻干粉，经上海市食品研究所测试中心分析，维生素 C 含量为 14000mg/100g、总黄酮含量为

8500mg/100g、SOD 活性测定为 40U/g，说明冻干粉能较好地保持刺梨的营养成分。

1. 生产加工工艺流程

刺梨果采摘及前处理→真空冷冻干燥→粉碎→检验→包装→贮藏。

2. 具体操作及要求

（1）采果、选果、处理　采摘新鲜、饱满、成熟的刺梨果实，剔除伤果、虫果、绿果，拣去叶片等杂物。去除芒刺，用流水清洗干净，去除蒂和梗等不可食部分，切半去籽，将果块切成 4～6mm 的小果块，洗干净，沥干水分，备用。

（2）真空冷冻干燥　将洗干净的刺梨小果块置于真空冷冻干燥机中干燥，直至刺梨果块全部冻干为止。

（3）粉碎处理　采用粉碎机对干燥后的刺梨果块进行粉碎，粉碎后的刺梨冻干粉过 100 目筛备用。

（4）检验和包装　过筛后的刺梨冻干粉经检验合格后，即可真空包装，得成品。

（二）刺梨冻干粉胶囊

刺梨冻干粉胶囊在一定程度上弥补了刺梨鲜果保存期短、易腐败变质的缺点，但其生产成本较高，在大范围内的应用推广有一定的困难。另外，虽然胶囊产品保质期长，能较好地保持刺梨的营养保健成分，但在风味成分上有一定的损失，口感也不如其他刺梨产品。

1. 生产加工工艺流程

刺梨果实采摘及挑选→清洗→榨汁→预冻→升华干燥→解析干燥→粉碎→胶囊充填→抛光→包装。

2. 具体操作及要求

（1）采果、选果、清洗　采摘新鲜、饱满、成熟的刺梨果实，剔除伤果、虫果、绿果，拣去叶片等杂物。去除芒刺，用流水清洗干净，去除蒂和梗等不可食部分，切半去籽，将果块切成 4～6mm 的小果块，洗干净，沥干水分，备用。

（2）榨汁　将洗干净、沥干水分的刺梨小果块装入榨汁机中进行榨汁，经反复压榨后过滤、脱单宁、澄清后备用。

（3）预冻　设定预冻温度在 −30℃ 以下，在物料温度达到 −30℃ 以下后，继续保持 1h 以上，确保刺梨汁中的水分全部冻结。

（4）升华干燥　转换冷媒对捕水器制冷，使捕水器温度迅速降至 −50℃ 左右。将预冻好的刺梨汁转移到冻干仓，观察真空度数值，3h 后开始对加热板进行缓慢升温，真空度维持在 30～60Pa，此过程持续 8～10h。

（5）解析干燥　该阶段虽然刺梨果块不存在冻结冰，但还存在 10% 左右的水分，为使产品的水分含量达到合格，必须对产品进行二次干燥。在该阶段，可以使板层的温度迅速上升到最高温度 45℃，真空度保持在 10～30Pa，直到冻干结束为止。

（6）粉碎　干燥后的刺梨汁成块状，需经过粉碎、过筛后才能包装。因刺梨冻干粉吸湿性较强，所以粉碎必须在湿度小于 40％的环境下进行。

（7）胶囊充填　将粉碎、过筛后的刺梨冻干粉装入胶囊机中进行胶囊充填。

（8）抛光、包装　将充填完整的胶囊剂经过抛光处理，经检验合格后，即可包装得成品。

（三）刺梨咀嚼片

刺梨咀嚼片采用了纯天然的刺梨原料，不添加任何防腐剂、香精、色素、香料等成分，制作方法简单易行、原料易得、投资少、成本低、生产效率高，充分保留了刺梨的营养成分和药用价值，风味独特，具有良好的经济效益和保健价值。

1. 生产加工工艺流程

刺梨果实→去刺→去籽→清洗→切丁→去涩→榨汁→调配→制浆→压片→包装→成品。

2. 具体操作及要求

（1）原料称取　按质量分数称取刺梨 65％～70％、罗汉果 17％～20％、蔗糖 10％～12％、淀粉 3％～4％。

（2）刺梨前处理　将刺梨去除芒刺、刺梨籽和外果皮，洗净、沥干水分，切丁，备用。

（3）去涩、榨汁　将刺梨丁用温盐水浸泡去涩，30min 后取出沥干水分，放入榨汁机中榨汁，过滤后得到刺梨汁。

（4）调配、制浆　取刺梨汁 65％～70％，加入罗汉果提取液 17％～20％、蔗糖 10％～12％、淀粉 3％～4％，搅拌均匀制成混合果浆。

（5）压片、封装　将混合果浆干燥后用压片机压片，冷却包装后，得到刺梨咀嚼片成品。

（四）刺梨固元膏

刺梨固元膏，精选上乘刺梨干、榛子仁、红糖、阿胶、熟地、黄芪等原料，科学组配，不仅色香味形俱佳、口感优良、营养丰富，且具有消斑祛痘、滋润肌肤、抗菌、排毒养颜、强健身体等功效，能有效促进身体组织的新陈代谢，改善肌肤，长期食用具有非常好的养生效果，男女老少皆宜。

1. 生产加工工艺流程

原料称取→炒熟→研磨→浸泡→加热→溶糖→拌匀→冷却→封装→成品。

2. 具体操作及要求

（1）原料称取　按质量分数称取刺梨干 18％～24％、刺梨酒 22％～43％、阿胶 15％～21％、黄芪 5％～9％、榛子仁 7％～11％、红糖 5％～10％、熟地 3％～8％，备用。

（2）粉碎　将刺梨干、榛子仁、阿胶、熟地、黄芪于 85～92℃下分别炒熟，冷却后研磨成 150～300 目的细粉，混合均匀，备用。

（3）制膏　称取研磨后的细粉投入刺梨酒中浸泡 30～45h，然后置于瓦罐或陶瓷容器中于 105～115℃下隔水加热 55～65min，加入红糖完全融化，搅拌均匀，冷却后分装，即成刺梨固元膏。

（五）刺梨胶原蛋白片

刺梨胶原蛋白片是一种纯天然的健康食品，对改善肠道有明显的作用，并能够补充维生素 C、微量元素和 SOD 等对人体有益的成分，同时作为一种休闲时尚的食品，具有改善皮肤、美容养颜的作用，能使皮肤变得丰满而有光泽、细腻、柔嫩，而且还有抗氧化、增强肌肉组织的韧性和弹性、延缓衰老、祛除黄褐斑、益气健脾、增强免疫力以及抗疲劳的作用。其以胶原蛋白粉、葡萄籽提取物、刺梨冻干粉为主要原料，添加抗龋齿、低能量、改善肠道功能的木糖醇、甘露醇作为甜味剂（矫味剂），制成一种具有多种保健功效的低热量片剂。该产品符合国际上食品向低热能、低糖保健食品发展的趋势，具有良好的市场开发前景。张容榕等（2016）研究发现刺梨胶原蛋白片的最佳配方为：刺梨冻干粉 15％＋胶原蛋白 25％＋葡萄籽提取物 0.5％＋木露醇 20％＋甘露醇 12％＋淀粉 16％＋微晶纤维素 10％。

1. 生产加工工艺流程

（1）刺梨冻干粉生产加工工艺流程　刺梨果采摘及选取→预冻→升华干燥（一次干燥）→解析干燥（二次干燥）→粉碎→检验→包装→贮藏。

（2）刺梨胶原蛋白片的制备流程　原辅料→混合→制软材→造粒→干燥→整粒→压片→灭菌→包装→检验。

2. 具体操作及要求

（1）刺梨冻干粉的制备

刺梨果块的采摘及选取：采摘刺梨成熟果实，除去损伤果、虫果、绿果及叶片等杂物，用水清洗，去除不可食部分后切成 4～6mm 的果块，将刺梨果块淘干净，洗去余刺、残渣等。

预冻：将处理好的刺梨果块放入温度为 −35℃ 以下的环境中冷冻，保持 1.5h 以上，确保刺梨果块中水分全部冻结。

升华干燥：将预冻好的刺梨果块转放到冻干仓，设置真空度为 30～60Pa，开始对加热板缓慢升温，在升温过程中刺梨果块的温度始终维持在低于而又接近共融点，以利于热量的传递和升华的进行，此过程持续 10～12h。

解析干燥：该阶段刺梨果块虽然不存在冻结冰，但还有少量的水分，为使产品水分含量达到合格，必须对产品进行二次干燥。在该阶段，可以使板层的温度迅速上升到最高温度 45℃，设置真空度为 10～30Pa，直到冻干结束为止。

粉碎处理：采用 KCL-5 连续投料式粉碎机对解析干燥后的刺梨果块进行粉碎，得到的刺梨冻干粉细度大于 100 目。因刺梨冻干粉的吸湿能力较强，所以粉碎时环境湿度应低于 40%。

检验和包装：产品按 GB/T 4789.21—2003《食品卫生微生物学检验冷冻饮品、饮料检验》要求进行检验；真空包装。

（2）刺梨胶原蛋白片的制备

原辅料处理：将胶原蛋白粉、刺梨冻干粉、葡萄籽提取物、木糖醇、甘露醇、微晶纤维素、硬脂酸镁、淀粉等原辅料过 100 目筛后，倒入配料罐中充分混匀。

配比混合：将上述物料按配方投入混合机中进行混合。

制软材：待物料混合均匀后，调整物料湿度，制成软材。软材应符合"手握成团，捏之即散"的标准要求。

造粒与干燥：将制好的软材投入摇摆式颗粒机中进行制粒，过 20 目和 40 目筛，取中间部分。将湿颗粒迅速置于 50℃真空干燥箱中干燥，否则易变形。干燥终点主要依靠感官判断，当手握干粒时手感干脆、不粘手，用力一捏可勉强捏碎为宜。

整粒：经干燥后的颗粒，可能会出现粘连、结块等现象，需用摇摆式整理机通过 20 目筛进行整粒，再通过 60 目筛除去细小的颗粒。完成整粒后，加入所需量的润滑剂充分混匀，待压片。

压片与灭菌：压片机进行运行无异常情况后，将上述物料颗粒加入料斗中进行压片。将压好的片剂放在紫外线下照射 20～30min 进行灭菌，完成后及时包装，即得成品。

包装、检验：将压好的片按要求包装并检验，检验按 GB/T 4789.21—2003《食品卫生微生物学检验冷冻饮品、饮料检验》要求进行。

3. 产品质量标准

（1）感官指标　浅褐色；具有刺梨的清香味；入口滋味清香、微酸，甜味绵长；无裂片，外表光滑，无肉眼可见杂质。

（2）理化指标　维生素 C$\geqslant$25mg/g，蛋白质$\geqslant$20%，水分$\geqslant$9%，铅$\leqslant$0.5mg/kg，砷$\leqslant$0.3mg/kg，汞$\leqslant$0.1mg/kg，铜$\leqslant$5.0mg/kg，二氧化硫残留量$\leqslant$10.0mg/kg。

（3）微生物指标　菌落总数$\leqslant$1000CFU/g，大肠菌群$\leqslant$90MPN/100g，酵母$\leqslant$25CFU/g，霉菌$\leqslant$25CFU/g，致病菌不得检出。

（六）刺梨口含片

刺梨口含片具有便于携带、服用方便、质量稳定、受众人群广等优点，被广泛应用在临床中，具有滋补、健胃、消食、抗疲劳等功效。制作刺梨口含片可选用刺梨鲜果和刺梨汁，也可选用刺梨全粉。用刺梨全粉制作刺梨口含片，既可不受采收季节限制，保存期长且保藏条件简单，又避免了刺梨鲜果和刺梨汁霉烂、变质带来的损耗以及果肉中膳食纤维等的浪费，节约了成本，也实现了原料的全利用。另外，孙悦等（2018）以刺梨粉末为原料，辅以淀粉、蔗糖、甘露醇、硬脂酸镁及麦芽糊精等，采用湿法制粒压片法，以口含片口感、硬度、外观、崩解时限、脆碎度和片重差异等因素为指标，确定口含片的制备工艺路线，并筛选出最佳配方。最佳处方配比为：刺梨粉末 10%、蔗糖 25%、淀粉 24.7%、甘露醇 25%、麦芽糊精 15% 和硬脂酸镁 0.3%。也可选用如下配方：刺梨全粉 20%～25%、麦芽糊精 20%、β-环状糊精 8%～10%、蔗糖粉 30%～35%、柠檬酸 3%～5%、苹果酸 0.5%～1%。

1. 生产加工工艺流程

原料称取→粉碎→调配→搅匀→制软材→过筛→烘干→整粒→压片→杀菌→封装→成品。

2. 具体操作及要求

（1）原料粉碎　将刺梨果实进行筛选、清洗并沥干表面水分，于 40～60℃ 下干燥至含水量为 5%～10%，然后粉碎至粒度为 200 目的刺梨全粉，同时将蔗糖、柠檬酸和苹果酸磨粉至 200 目。

（2）制软材　先将刺梨全粉 20%～25%、蔗糖粉 30%～35%、麦芽糊精 20%、β-环状糊精 8%～10%、柠檬酸 3%～5%、苹果酸 0.5%～1% 搅拌混合均匀，然后喷洒体积百分比浓度为 40%～60% 的乙醇溶液制成软材，使软材中乙醇溶液的含量为 5%～8%。

（3）过筛、烘干　将软材过 10～20 目筛，然后于 50～70℃ 下烘干至含水量为 2%～5%。

（4）整粒、压片、封装　将干燥后的软材过 10～20 目筛以整粒，然后加入硬脂酸镁 1% 并混合均匀，加盖静置 8～10min 后，压片、杀菌、包装，即得成品。

3. 产品质量标准

（1）感官标准　片剂表面色泽均匀、无异物、无任何杂斑。

（2）崩解时限考察结果　各含片在 30min 内均能完全崩解，平均崩解时间为 15min 20s，符合药典规定。

（3）片重差异考察结果　测量并计算得刺梨含片平均片重 0.5490g，片重范围 0.5284～0.5814g，片重差异范围－2.06%～3.24%，符合药典 0.30g 及 0.30g 以上片重差异±5%的规定。

（4）脆碎度考察　所有含片均未出现粉碎、龟裂及断裂的现象，且减失质量为0.62%，符合药典要求。

（七）刺梨精油

刺梨精油以天然植物刺梨籽为原料制备，原材料无毒，制备工艺简单、易行，适合大规模工业生产，所得刺梨精油富含亚麻酸、亚油酸、棕榈酸和油酸等多种活性成分，不仅可供食用，还具有较高的保健和药用价值，在调节神经、抑制肿瘤生长、增强免疫力、预防过敏、预防心脑血管疾病、治疗动脉粥样硬化、降血压等方面均有疗效，且还能滋养肌肤、延缓衰老。经 CC-MS 联用分析表明，刺梨精油中脂肪酸组成为：亚油酸（41.68%）、亚麻酸（25.44%）、油酸（12.74%）、棕榈酸（8.54%）、硬脂酸（4.42%），且不饱和脂肪酸含量高达 83.64%。

1. 生产加工工艺流程

刺梨→选果→摘籽→晾晒→切碎→翻炒→榨油→包装→成品。

2. 具体操作及要求

（1）制干刺梨籽　选取新鲜、饱满、无病虫害的刺梨果，掏出刺梨籽，用清水冲洗干净，在阳光充足的地方晾晒一天，得干刺梨籽。

（2）制刺梨籽碎块　取干刺梨籽，每个干刺梨籽破碎成 3～5 块，得刺梨籽碎块。

（3）翻炒　将刺梨籽碎块放入 100℃锅中翻炒 15～20min，再置于干燥处自然冷却至常温。

（4）榨油　将冷却后的刺梨籽碎块倒入榨油机中榨油（榨油温度为 50～80℃，工作压力为 0.2～0.4MPa，生产能力 80kg/h），得刺梨毛油，将刺梨毛油过 100 目筛后得刺梨精油；也可采用超临界 CO_2 萃取法提取刺梨种子油。包装检验后，即得成品。

（八）刺梨汁口含片

刺梨汁口含片中的有效成分在含服的过程中可以直接被口腔黏膜吸收，减少了药物及营养成分通过人体胃肠等器官吸收时所产生的损耗，提高了刺梨汁中营养成分的吸收利用率，对保健预防和临床治疗具有重要意义。

1. 生产加工工艺流程

刺梨→选果→去刺去籽→榨汁→过滤→浓缩→调配→干燥→整粒→压片→包装→成品。

2. 具体操作及要求

（1）刺梨汁制备　选取新鲜、饱满、无病虫害、果大、汁多的刺梨，将刺梨洗净，去刺去籽，然后在4～5℃条件下粉碎并榨汁，离心或过滤，除去沉渣，滤液浓缩至比重为1.15～1.40，得稠状浓缩刺梨汁。

（2）原料准备　按质量分数分别称取刺梨汁65%～70%、淀粉5%～8%、木糖醇8%～10%、硬脂酸镁2%～3%、微晶纤维素8%～10%。

（3）调配、干燥、整粒、压片　将浓缩刺梨汁与淀粉、微晶纤维素、木糖醇混合均匀，把混匀后的混合物过筛并干燥，再过筛，整粒，加入硬脂酸镁，然后将此混合物压片，每片重200mg，即得刺梨汁口含片，包装后即得成品。

（九）刺梨营养粉

刺梨营养粉为颗粒状粉，既可冲水作为饮料饮用，又可以加适量水搅拌成营养糊，食用方式多样，具有消食健脾、清热解暑等作用，具有较高的营养及保健价值。

1. 生产加工工艺流程

原料预处理→打浆→酶处理→调配→均质→真空干燥→粉碎→过滤→包装→成品。

2. 具体操作及要求

（1）原料预处理　挑选成熟、无病虫害的刺梨、火棘、绵枣，将7kg去核清洗后的刺梨、1kg火棘、2kg清洗后的绵枣混合均匀后，放入83℃的温水中杀菌2.5min，然后取出沥干水分，制得混合原料。

（2）打浆　将4kg浓度为35%的蜂蜜溶液加入杀菌后的混合原料中，混匀后进行打浆，制成刺梨果浆。

（3）酶处理　向刺梨果浆中加入40g纤维素酶、45g果胶酶，混合均匀，于43℃下处理5h。

（4）调配　向酶处理后的刺梨果浆中加入1kg玉竹汁、1.8kg果葡糖浆、1kg油麦菜汁、1kg鱼腥草汁、8g黄原胶、40g柠檬酸混合均匀，制得混合液。

（5）均质　将调配好的混合液于65℃、33MPa的条件下均质3次。

（6）真空干燥　设定干燥曲线，将物料加热至90℃保持30min，然后快速冷却至88℃，保持30min后，快速冷却至75℃，保持30min，再将物料自然冷却至55℃，抽真空至85Pa，干燥后即得到刺梨干品，干燥时间为19h。

（7）粉碎　将刺梨干品在温度为20℃、相对湿度为45%的封闭车间内，用破碎机将刺梨干品打成均匀的颗粒状。

（8）过滤　将粉碎好的刺梨颗粒过100目筛，制得刺梨营养粉。

（9）包装　将刺梨营养粉包装检验后，入通风干燥环境中保存。

（十）刺梨软胶囊

以刺梨为原料制备的刺梨软胶囊，具有刺梨的原有香气，香味浓郁，且有效地保留了刺梨中的原有成分，富含维生素、氨基酸、多糖等生物活性成分，具有抗疲劳、延缓衰老、抗氧化、降血糖血脂等保健功能，且稳定性好、保质期长。

1. 生产加工工艺流程

刺梨→浸泡→煎煮→过滤→反复抽提→浓缩→加醇→搅拌→静置→烘干→透析→离心→浓缩→内容物填充→抛光→包装→成品。

2. 具体操作及要求

（1）刺梨浓缩汁制备　取新鲜刺梨果实，加 10～12 倍的水浸泡 20～30min 后，煎煮，过滤，滤渣再加 8～10 倍的水提取 1～3 次，每次 2～3h，过滤弃渣，合并滤液，浓缩成浓缩液。

（2）醇沉样品制备　浓缩液加入 3～5 倍量的无水乙醇，搅拌 10～15min 后，于 4℃静置 10～14h，得醇沉样品。

（3）透析　醇沉样品烘干除去乙醇后，溶于 10～12 倍量的蒸馏水中，于 3500Da 透析袋透析 2～3 天，得透析液。

（4）胶囊制备　透析液于 5000r/min 下离心 5min 后，浓缩至 50～60℃下相对密度为 1.1～1.2 的稠膏，稠膏中加入膏量 3％～5％的山梨酸钾，混匀后作为内容物；内容物装入软胶囊，抛光、包装后即得成品。

（十一）刺梨泡腾颗粒及含片

应用当代先进的中药生产技术和工艺生产刺梨泡腾颗粒及含片，不仅保留了刺梨果实中丰富的营养物质，同时还解决了以往刺梨产品存在的澄清度不够、口感不好等技术问题，且便于携带和保管、易于食用，长期食用能补充人体必需的微量元素、维生素、氨基酸等有益于身体健康的营养物质，有助于健脾消食、促进身体健康。

1. 生产加工工艺流程

原料准备→刺梨清洗→榨汁→静置→消毒→浓缩→调配→制粒/压片→检验→包装→成品。

2. 具体操作及要求

（1）原料准备　用于配制原生刺梨泡腾颗粒的原料配制量为，按每袋包装 6～12g 计。1000 袋用量为刺梨 3000～7000g、蔗糖 5500～11000g、900 型异麦芽低聚糖 150～250g、甘露醇 70～130g、蜂蜜 40～80g、柠檬酸 15～35g、碳酸氢钠 40～80g、酒石酸 25～65g。用于配制刺梨含片的原料配制量为，按片重每片 0.5～3g 计，1000 片用量为，刺梨 3000～7000g、蔗糖 450～2500g、900 型异麦芽低聚糖 150～250g、甘露醇 70～130g、酒石酸 25～65g、柠檬酸 15～35g、硬脂酸镁（适量）。

（2）榨汁　筛选刺梨果实，清洗并晾干表面水分，按配方量投料榨汁。将刺梨汁静置 24h 后待用。

（3）消毒　取静置液过滤，并使用紫外灯或臭氧消毒。

（4）浓缩　将消毒后的刺梨原汁通过减压浓缩为刺梨流浸膏，待用。

（5）调配　将蔗糖磨粉，按配方比例与刺梨流浸膏、异麦芽低聚糖混合搅拌均匀。

（6）颗粒或片剂制备　颗粒剂需分别制作成酸、碱颗粒，将酸、碱颗粒合并混匀，按规定的重量进行分装即得成品；或按片剂配方将物料搅拌均匀并制成颗粒，按规定的重量进行压片，重量差异不得超过 10%。

（7）检验、包装　通过质检部门抽样检验，检验合格后进行包装，即得成品。

（十二）刺梨精粉

以天然植物刺梨为原料制作刺梨精粉，不仅原料易得、成本低廉、食用安全，而且工艺简单，利于工厂化大规模生产，同时还能最大限度地保留刺梨中的营养物质，减少营养物质的损失，提高刺梨资源利用率，有利于延长刺梨的保质期及货架期，提升刺梨的经济价值。刺梨精粉具有健胃消食、止泻、抗氧化、防衰老等功效，老人服用能够提高机体免疫力，女性服用能够美容养颜，孩子服用能够补充生长所需维生素和微量元素，上班族服用能抗辐射、抗疲劳。

1. 生产加工工艺流程

刺梨挑选→清洗→榨汁→喷雾干燥→冷却→包装→成品。

2. 具体操作及要求

（1）刺梨挑选、清洗　挑选新鲜、饱满、无霉烂及病虫害的刺梨成熟果实，洗净、去刺、去籽、洗净、沥干表面水分，备用。

（2）刺梨榨汁　将洗干净的刺梨切成 20～40mm 的刺梨块，榨汁，经 100 目滤筛过滤后，得刺梨汁。

（3）喷雾干燥　将刺梨汁组织捣碎 2～5min，再于压力为 10～50MPa、转速为 3000～4000r/min、温度为 50～80℃下喷雾干燥 2～5min，冷却包装后，即得成品。

七、刺梨冷冻系列产品

（一）刺梨果奶

杨胜敖等（2005）以刺梨果汁为主要原料，研制出酸甜可口、风味突出、稳定性好的刺梨果奶。

1. 生产加工工艺流程

原料处理→压榨→添加果胶酶静置→分离→下胶→冷冻过滤→添加乳粉等调

配→均质→脱气→灌装→杀菌→冷却→成品。

2. 具体操作及要求

（1）刺梨汁的制备

选果、冲洗：挑拣刺梨果实，然后将挑选好的刺梨果实用洁净水洗干净、沥干。

破碎、压榨：由于刺梨较坚硬，破碎刺梨时应适当，破碎的颗粒细会影响出汁率，破碎的颗粒粗会影响压榨效果。

静置、分离、下胶：将榨出的果汁装入罐，加入 200mg/L 的 SO_2 和 200mg/L 的果胶酶搅拌均匀，密封静置 7 天，分离出沉淀；在果汁中加入 800mg/L 的明胶，使果汁中的单宁与明胶发生反应，形成沉淀，从而得到澄清的刺梨汁。

冷冻过滤：−4℃冷冻处理 7 天，除去那些随着温度降低其溶解度下降而析出的成分；过滤，获得稳定性好的澄清型果汁。

（2）调配　取刺梨汁 25%，依次加入溶解后的辅料。其中脱脂乳粉（4%）应加水后搅拌浸泡 0.5h；乳化稳定剂（阿拉伯胶 0.13%、黄原胶 0.10%、CMC-Na 0.10%和海藻酸钠 0.07%）、白砂糖（8%）要分别先加入热水中搅溶；最后加入柠檬酸（0.4%），并迅速搅匀。

（3）均质　将调配好的料液，在温度 55℃、压力 25MPa 下均质，使其具有良好的稳定性以及组织状态，产品更加圆润细腻，避免粗糙。均质 2 次，效果更好。

（4）脱气　经真空脱气机脱气，除去料液中的气体，防止因氧化作用而引起维生素 C 等营养成分的损失及色泽变化。

（5）灌装、杀菌、冷却　均质脱气后的料液趁热灌装、压盖封口，在 90℃ 的水温下杀菌 20min，冷却至室温，贮存 7 天，检验不胀气、无分层，即得成品。

3. 产品质量指标

（1）感官指标　产品淡黄色，有刺梨特有的果味和奶香味，风味突出，酸甜可口细腻，无异味；呈均匀乳浊状液体，无杂质，不分层，静置后允许有少量沉淀。

（2）理化指标　蛋白质≥1.5%，总糖（以还原糖计）≥5.0%，总酸（以柠檬酸计）≥0.4%，可溶性固形物（以折光计）≥10%。

（3）微生物指标　菌落总数≤90CFU/mL，大肠菌群数≤3MPN/100mL，致病菌不得检出。

（二）刺梨凉糕

刺梨凉糕不仅具有增强体质、促进人体新陈代谢、助消化、增强食欲等功能，而且酸甜可口，是一种保健效果好、营养价值高的夏季消暑食品。

1. 生产加工工艺流程

原料预处理→制备刺梨汁→制备香茅汁→均质→搅拌静置→调配→灭菌→

成品。

2. 具体操作及要求

（1）原料预处理　按质量分数称取优质粳米 5％、糯米 35％，将无杂质、无虫、无霉烂的优质粳米和糯米分别用粉碎机粉碎，过 120 目筛后备用。

（2）制备刺梨汁　将刺梨果渣 10％与纯净水按 1∶3.5 比例混合，加热至 68～72℃后，分别加入混合物重量的 2％～6％的纤维素酶和 3％～5％的果胶酶，边冷却边搅拌，时间为 2～5h，加入 0.15％的吉利丁粉搅拌均匀后，放入 3～5℃冷库中冷藏，得刺梨果汁混合物。

（3）制备香茅汁　称取 0.5％质量分数的无病虫害的新鲜香茅根，与纯净水按 1∶（10～15）比例混合放入打浆机中打浆，经 4 层纱布过滤后得香茅汁。

（4）均质　将处理好的刺梨果汁和香茅汁混合，并加入一定比例的白砂糖，混合后均质，温度为 68～72℃，压力为 20～25MPa，时间为 20～30min，得混合液。

（5）搅拌静置　将均质后的混合液与面团混合后于 200～300r/min 下搅拌 2～3h，然后在 24～35℃下静置 1～2h。

（6）调配　将 0.5％质量分数的魔芋粉加入搅拌静置后的混合液中，混合均匀后，边搅拌边按 2.5∶1 比例加入纯净水，加热至 75～80℃，按照 0.15g/kg 的比例加入山梨酸钠进行调配，所得混合液再用 80～100 目纱布过滤。

（7）杀菌　采用巴氏杀菌法灭菌，加热至 75～80℃，经 15～20min 高温杀菌，冷却后，包装入袋，即制得刺梨凉糕。

（三）刺梨冰淇淋

以刺梨为原料制作冰淇淋，不仅使冰淇淋具有刺梨的芳香及酸甜口味，而且甜度适宜、口感细腻，同时保留了刺梨的营养成分，使刺梨冰淇淋含有丰富的维生素B、维生素C、胡萝卜素、氨基酸、多糖等营养成分，经常食用能够解暑、生津止渴、健脾助消化，且老少皆宜。

1. 生产加工工艺流程

准备原料→加奶→加糖→加蛋黄→加热、搅拌→加奶油、香精等→刺梨泥混合物→调配→搅匀→冷冻→搅打→制模→脱模→包装→成品。

2. 具体操作及要求

① 按如下质量分数称取原料：刺梨 25％～30％、蛋黄 1.5％～2％、牛奶 35％～40％、砂糖 1.60％～1.9％、动物性淡奶油 20％～25％、柠檬汁 2％～3％、香草精 0.1％～0.4％、盐 0.02％～0.06％。

② 取牛奶、2/3 的白砂糖和蛋黄，搅拌均匀得混合液，缓慢加热并不断搅拌，直至混合液中有沸腾趋势后，立即关火。

③ 向混合液中加入淡奶油，并不断搅拌至均匀，加入盐和香草精，冷却，得

到奶油混合物。

④ 刺梨去皮、去刺、去籽，洗净，搅打成刺梨泥，过 100 目筛，再加入剩下的白砂糖和柠檬汁，搅拌均匀，4℃冷藏 1～2h，备用。

⑤ 在奶油混合物中加入冷藏后的刺梨泥，搅打均匀，得刺梨冰淇淋液。

⑥ 将刺梨冰淇淋液放入 −10～−20℃ 冷库中冷冻到开始结冰后，立即取出，搅打 3～5min，然后再放入冷库中冷冻，之后每隔半小时取出搅打一次，重复 4 次以上，再将冰淇淋液倒入模具中彻底冻硬，脱模后包装，即得刺梨冰淇淋。

（四）刺梨汁营养果冻

刺梨果榨汁后加工制成的刺梨汁营养果冻，既保留了刺梨原有的果香，而且口感好，适宜儿童、老年人食用。果冻中富含维生素 C、维生素 E、SOD 以及多种人体必需的氨基酸及微量元素，有健胃、助消化、消食等保健功能，是一种营养丰富的小食品。

1. 生产加工工艺流程

刺梨果→选果→洗净→修整→沥干→破碎→压榨取汁→杀菌→过滤→澄清→溶胶→煮胶→消泡→配料→装盘（或装杯）→成品。

2. 具体操作及要求

（1）选果、洗果　将未成熟、变干、腐烂变质的果拣掉，最好选用 8～9 成熟的刺梨果，这种果呈橙黄色、果肉脆嫩、香味浓郁、口感好。将选好的刺梨果用高压自来水清洗，洗去果皮上的杂质、尘物以及果皮和果刺上部分微生物孢子。清洗后的刺梨果用小刀削去不合格部分，再用自来水冲洗一遍，装塑料筐，让其自然沥干。

（2）破碎　把沥干的刺梨果送入不锈钢破碎机中破碎，反复破碎 2～3 次，以利于压榨取汁。小规模制作可用手工切碎成 1～2cm 小块。

（3）压榨取汁　将碎果料压榨取汁。在压榨后的果渣中再加入相当于果渣重量 10% 的无菌水，拌匀，进行二次压榨。将两次榨取的果汁合并，搅拌均匀。

（4）灭菌　将刺梨果汁泵入瞬时高温灭菌机，在 120℃ 下瞬时灭菌 4s，经冷却后流出，此时料温在 65℃ 左右。在家里自制刺梨汁营养果冻时，可以将果汁直接放在铝锅中明火加热至 65℃ 后，保持 3min 即可。

（5）过滤　在上述果汁中加入质量分数为 10% 的无菌水，搅拌均匀后，用离心机分离或用干净的细纱布过滤，取液去渣。

（6）澄清　加入果汁量 0.03%～0.05% 的抗坏血酸，迅速搅拌均匀进行护色，保持原汁风味。

（7）取料　按原料配方取料：刺梨果汁 19.5%、白砂糖 15%、褐藻酸钠 1%～1.2%、碳酸钙 0.1%、柠檬酸 0.15%、葡萄糖酸内酯 0.15%、雪梨香精 0.01%、水 64%。

(8) 溶胶　将溶胶缸洗净，按配方加入 40℃煮沸后的温水，再加入总配料 1%的食用褐藻酸钠以及 0.1%的碳酸钙，并不断搅拌，使胶质均匀溶解。

(9) 煮胶　将胶液加热煮沸 5min，进行杀菌处理。但煮沸时间不能过长，以免藻胶发生脱羧反应。

(10) 消泡　在溶胶过程中，胶液会产生许多气泡，需冷却静置一段时间，使气泡上浮消失，以免制作果冻时带有气泡，影响感观质量，静置的时间以胶液温度降至 40℃为宜。

(11) 配料　将糖加热溶解，煮沸冷却至 40℃后，加入果汁中，再加入柠檬酸和葡萄糖酸内酯，搅拌均匀，注入正在搅拌的褐藻酸钠溶液中，调胶溶液 pH 值为 3.5，在家自制可自备 pH 试纸，测定其 pH 值。

(12) 装盘　在家自制果汁果冻时，不要一次性把混合液体加进去，否则不等装完塑料盒就已经凝固。若没有实现机械化自动灌装的工厂，用手工装盒，每人每次最多用 1000mL 的容器装胶液，加入混合液，轻轻搅拌均匀，立即倒入消毒的食用塑料盒，然后加盖加热密封袋口，即得成品。

3. 产品质量指标

(1) 感官指标　产品呈浅酱色，具有刺梨特有的香气和果冻的滋味，糖体光亮透明、无气泡、手压有弹性、无杂质。

(2) 理化指标　糖度（以总还原糖计）≥13%，锌（以 Zn 计）<30mg/kg，铅（以 Pb 计）<2mg/kg，砷（以 As 计）<0.5mg/kg，锡（以 Sn 计）<50mg/kg，铜（以 Cu 计）<10mg/kg，二氧化硫（以 SO_2 计）<50mg/kg。食品添加剂符合国家 GB 2760—81 规定。

(3) 卫生指标　细菌总数≤100 个/g，大肠杆菌菌群≤30 个/g，致病菌不得检出。

（五）刺梨冰棍

冰棍是世界各国人们都喜欢的止渴解暑食品。刺梨富含维生素 C、维生素 P、SOD、多糖、有机酸、胡萝卜素等 10 余种对人体有益的微量元素和 20 多种氨基酸等成分，尤其是维生素 C、SOD 等含量极高。以刺梨汁为原料制作刺梨冰棍，不仅工艺简单、原料易得，而且冰爽香甜、醇厚香浓、美味爽口，适合儿童、老人食用，有消暑、降脂降压、助消化、提神醒脑等保健效果。

1. 生产加工工艺流程

刺梨→选果→清洗、去籽→搅拌、腌制→榨汁→切丁→制模→冰冻→脱模、封装→成品。

2. 具体操作及要求

(1) 清洗、去籽　采摘新鲜的野生刺梨，洗去果面污物，去刺，掏出刺梨果实中的籽粒，洗净、沥水，备用。

（2）搅拌、腌制　将沥干水分的刺梨果实与白糖搅拌均匀，腌制。其中刺梨果实与白糖的比例为（7∶1）～（10∶1），腌制时间为 4～6h。

（3）榨汁　取 30%～50% 腌制后的刺梨果实，榨汁。

（4）切丁　将剩余腌制过的刺梨果实切丁，粒径为 0.2～0.4cm。

（5）制模　将刺梨汁和刺梨丁混合，放入冰棍模具中。

（6）冰冻　将冰棍模具放入冰柜中冰冻，冰冻时间为 4～5h，冰冻温度为 −3～−1℃。

（7）脱模、封装　取出冰棍模具，将冰棍放入密封袋中密封，即得成品。

八、刺梨小食品

（一）刺梨罐头

刺梨罐头果块酸甜可口、口感爽脆，具有较高含量的维生素 C、SOD，同时富含纤维素、有机酸等活性成分，属于保健型加工制品。该产品既充分利用了刺梨果实的纤维素，又丰富了刺梨的加工制品。不足之处是该产品纤维素含量高，口感略粗糙，有待通过品种改良加以解决。

1. 生产加工工艺流程

刺梨果实→挑选→去刺→去花萼→切片→去籽→修整→清洗→装罐→封罐→杀菌→检验→成品。

2. 具体操作及要求

（1）选果　由于刺梨罐头对原料的要求非常高，因此加工前应严格选果。罐藏用刺梨果要求是粗纤维少，形态好，无霉烂、虫眼、损伤及黑斑，接近成熟的鲜果。原料应在采摘后迅速加工。

（2）去刺　刺梨果实表面布满芒刺，加工制作罐头时要除去刺。一般采用机械去刺或者操作人员戴上手套将刺梨果放在粗麻袋中揉搓的方式去刺，去刺时不得对果肉造成严重损伤。

（3）去花萼、切片　用不锈钢刀片切掉刺梨花萼，然后将刺梨果拦腰切成两半。

（4）去籽、修整　掏出刺梨籽，然后修正果肉，使其美观。

（5）清洗　用清水洗去余刺、污物及杂质。

（6）装罐、加汤汁　清洗后的果肉应立即加入汤汁装罐。汤汁用 30% 的白砂糖和 1% 的柠檬汁调配。装罐量为：刺梨块 260g，汤汁 240g，总量 500g。

（7）封装　真空装罐、杀菌，冷却后封装即得成品。

3. 产品质量标准

（1）感官指标　产品色泽金黄、组织爽脆、酸甜适口、具有刺梨应有的味道和气味、无异味、大小均匀。

（2）理化指标　固形物含量≥50%，糖水浓度14%～18%，维生素C≥600mg/100g，总黄酮≥245mg/100g，酸度1.3%。

（二）无籽刺梨酸奶含片

以无籽刺梨、木糖醇、脱脂奶粉为主料制备的刺梨酸奶含片，酸奶香和无籽刺梨果香浓郁、营养丰富、酸甜适宜、保质期长，且便于携带、方便食用。

1. 生产加工工艺流程

① 木糖醇与脱脂奶粉加水复原→杀菌→冷却。

② 在步骤①得到的产物中加入无菌无籽刺梨冻干粉，接种酵母后发酵。

③ 将丝胶肽和硬脂酸镁加入步骤②中→冷冻干燥→研磨→压片→成品。

2. 具体操作及要求

（1）无籽刺梨冻干粉制备　挑选无破损、无霉变、形态完整的成熟无籽刺梨，去蒂去梗，清水浸泡1～2h，冲洗2～3次，洗去表面污物及泥沙。再用质量浓度为0.2%～0.3%的偏重亚硫酸钾溶液清洗后用洁净水冲洗干净，自然沥干。将沥干后的无籽刺梨切成小块后，于温度低于－50℃、真空度小于10Pa条件下真空冷冻干燥12～24h。将完全冻干的无籽刺梨粉碎，过80目筛，制成无籽刺梨冻干粉以备用。

（2）无籽刺梨酸奶发酵　将洁净水灌入洁净锥形瓶中，50℃水浴溶解占总料质量25%的木糖醇及50%的脱脂奶粉，制成复原乳液。于90℃灭菌10min，冷却至40℃左右备用。将10%的无籽刺梨粉紫外线灭菌30min，与灭菌乳混合均匀，接入占脱脂奶粉质量1%的德氏乳杆菌保加利亚亚种，然后置于培养箱中，42℃发酵4h左右得酸奶。

（3）酸奶粉制备　将发酵好的无籽刺梨酸奶与经过紫外线灭菌30min的2%丝胶钛粉和硬脂酸镁混合均匀，分装在无菌培养皿中，厚度保持0.5cm左右。分装好的发酵无籽刺梨酸奶经过－20℃预冻12h后，在温度低于－50℃、真空度小于10Pa的条件下干燥16～24h。将冻干后的无籽刺梨酸奶粉取出，分装在洁净的塑料密封袋中。因为糖度较高，略有粘连，故选择隔袋研磨，确保细粉状态。

（4）压片成粒　压片前用75%乙醇对压片机进冲头及料口进行消毒，如有粘连需要及时清洗。然后在20kN的压力下将酸奶粉压片成粒，即得成品。

3. 产品质量标准

（1）感官指标　浅黄色，平均每片质量为1g左右，表面光滑整齐，形态完整，无粉渣脱落，入口时酸奶香和无籽刺梨果香浓郁，酸甜适宜。

（2）理化指标　维生素 C 按 GB/T 5009.86—2003 执行，蛋白质按 GB/T 5009.5—2010 执行，氨基酸按 GB/T 5009.124—2003 执行，膳食纤维按 GB/T 5009.88—2008 执行，矿物质按 GB/T 5009—2003 执行，微生物按 GB 19302—2010 执行，硬度值用质构仪硬度穿刺测定法。

九、刺梨面食系列产品

（一）刺梨糯米糍

糯米是我国主要的粮食作物之一，除直接食用外，还是制作中国传统食品的重要原料，而糯米糍是我国的一种传统食品，尤其在南方地区较为常见。韦国美等（2018）以糯米粉、刺梨、玉米淀粉为原料，以火龙果、南瓜等果蔬泥为辅料制作刺梨糯米糍，并筛选刺梨糯米糍的最佳抗老化物质。结果表明刺梨糯米糍的最佳配方为，刺梨馅：刺梨果浆 65%、白砂糖 31%、柠檬酸 1%、黄原胶 3%；糯米糍皮：糯米粉 36%、白砂糖 21%、牛奶 18%、玉米淀粉 18%、植物油 7%。通过 TPA 质构测试和感官评价确定刺梨糯米糍的最佳抗老化物质为大豆蛋白粉和黄原胶，添加比例为 1:1（质量比），添加量为总量的 2%。

1. 生产加工工艺流程

原辅料预处理→制馅→制皮→包馅→成品。

2. 具体操作及要求

（1）原辅料预处理　刺梨应选择新鲜饱满的果实，剔除干枯、发黑、霉烂果以及其他杂质。严格挑选后去刺清洗，去核打浆，放于 −20℃冷柜中冷冻保存；将火龙果、南瓜等果蔬洗净用打浆机打浆。

（2）馅的制作　将刺梨浆、黄原胶、柠檬酸、白砂糖、适量水，按比例添加到蒸锅内，熬制成糯米糍馅。

（3）皮的制作　将糯米粉、玉米淀粉、白砂糖、牛奶、植物油及适量南瓜、芹菜、火龙果等果蔬泥按一定比例混匀，用蒸锅蒸煮 20min 得到各种颜色的糯米糍皮。

（4）包馅定型　将刺梨糯米糍馅包入刺梨糯米糍皮中（皮与馅的比例为 2:1），包成小球状，糯米糍即成型。

（5）成品　将成型后的刺梨糯米糍用透明塑料袋包装，即得刺梨糯米糍成品，于 4℃冰箱冷藏。

（二）金刺梨酥

金刺梨的药用价值很高，有消食、滋补、止泻、健胃的功效，成熟的金刺梨口味酸甜、肉质肥厚，果实富含维生素 C、多糖、有机酸、胡萝卜素和 20 多种氨基酸，以及 10 余种对人体有益的微量元素，适合用于食品及保健品的开发。以金刺梨粉制作的金刺梨酥，不仅保留了金刺梨原有的果味风味和营养价值，且融合了菠萝的特殊香气，口味独特、香味浓郁、营养丰富、保健价值高，尤其适宜儿童及老年人食用。金刺梨酥的研发及生产，为刺梨产品提供一种新的加工途径。

1. 生产加工工艺流程

菠萝处理→捣碎→熬煮加白砂糖→加金刺梨粉→金刺梨馅；糖油打发→加粉搅拌→分割搓圆→包馅成型→烘烤→脱模→成品。

2. 具体操作及要求

（1）菠萝处理　选取新鲜菠萝去皮、去眼、清洗干净，切成 1.5cm 左右的小方块；菠萝装入组织捣碎机，加少量水，分次捣碎处理，用双层纱布过滤分离出菠萝汁和菠萝蓉。

（2）馅料制备　取 550g 菠萝蓉用不锈钢锅小火不断翻炒，边炒边加入少量菠萝汁和柠檬汁，待水分蒸发过半时，加入 70g 白砂糖继续翻炒，直至呈金黄色成型；加入 40g 金刺梨粉，搅拌均匀，保证有较浓郁的金刺梨风味，金刺梨馅完成，冷却待用。

（3）酥皮制备　糖油打发，先将 100g 牛油水浴软化，再加入 70g 白砂糖，打发牛油和白砂糖至发白；然后加入 500g 低筋面粉、30g 杏仁粉、30g 鸡蛋蛋黄和 6g 食用盐，搅拌均匀至面团成形，静置 2h。

（4）分割称量　将酥皮搓条、下剂，按照每个 20g 分割；称量准备好的金刺梨馅，每个 50g，搓圆。

（5）成型　将馅料包入酥皮剂子中，用铝合金模具按压成型。

（6）烘烤　下火温度 185℃，上火温度 200℃，烘烤时间 15min，至微黄色取出。

（7）脱模冷却　取出后马上脱模、冷却、即得成品。

3. 产品质量标准

（1）色泽　表面呈微黄色，色泽均匀，无烤焦现象。

（2）口感　酥松细密，甜而不腻。

（3）风味　具有较浓郁的金刺梨果味。

（4）形态　外形完整，无裂口。

（三）刺梨糕

刺梨糕口感细腻、咀嚼性好，是很好的刺梨食品研发方向。谢国芳等（2011）优化刺梨糕制作工艺，发现刺梨糕的最佳配方为：刺梨浓缩汁 10.6mL、白砂糖添加量 12.5g、胶凝剂添加量 1g、柠檬酸添加量 0.3g，还发现刺梨糕在 50℃下烘干 12～16h 综合感官品质好，有良好的咀嚼性及口感。在研究不同胶凝剂对刺梨糕胶凝性的影响时发现，最适复配比为羧甲基纤维素钠（CMC）0.19g、海藻酸钠0.21g和黄原胶0.18g。此复配比例生产的刺梨糕外观金黄透明，具有良好的口感及咀嚼性。

1. 生产加工工艺流程

刺梨前处理→榨汁→刺梨浓缩汁→溶糖→溶胶→调配→搅匀→制模→烘干→脱模→包装→成品。

2. 具体操作及要求

（1）刺梨浓缩汁的制备　挑选新鲜饱满、无病虫害、无腐烂霉变的刺梨果实，流水冲洗干净后，切半去籽，破碎榨汁，经过滤后浓缩得到刺梨浓缩汁，放4℃冰箱备用。

（2）溶糖　将称取的白砂糖溶于水中，过滤备用。

（3）溶胶　将凝胶剂（海藻酸钠、黄原胶等）溶解后，过滤备用。

（4）原料混合　将糖液、胶液、刺梨浓缩汁以及其他成分按比例添加后，混匀。

（5）烘制　将得到的混合原料倒入模具中，烘干、脱模、包装后即得到成品。

（四）刺梨面点

以刺梨为主要原料制作的刺梨面点，不仅有刺梨的特殊香味、甜而不腻、口感好，而且营养价值丰富，适合老人及儿童食用。

1. 生产加工工艺流程

原料前处理→榨汁→磨粉→制作奶油基底→调配→烘焙→冷却→包装→成品。

2. 具体操作及要求

（1）原料准备　按质量分数称取原料：刺梨28%～32%、核桃17%～20%、蜂蜜5%～7%、苹果干10%～15%、糯米粉40%～45%、油脂3%～5%和乳化剂0.5%～1%。

（2）制备刺梨汁和刺梨粉　将刺梨去皮、去籽，切成小块，放入温水中浸泡，沥干水分后分别制取刺梨汁和刺梨粉。

（3）制作奶油基底　在温度为10～20℃、转速为1500r/min的搅拌条件下向蜂蜜中加入油脂，搅拌均匀后制作奶油基底。

（4）调配、烘焙　将准备好的刺梨汁液、刺梨粉、核桃、苹果干、糯米粉、乳化剂和奶油基底混合，并加入40～60℃的水搅拌均匀，和面揉搓获取胚料，然后将胚料切成小块并进行烘烤，即得到刺梨面点。

（五）刺梨面包

以刺梨为主料生产的刺梨面包口感松软、带有刺梨香味，具有促进消化、降低血压的作用。

1. 生产加工工艺流程

原料准备→调配→和面→切割→醒面→烘焙→冷却→包装→成品。

2. 具体操作及要求

（1）原料准备　按质量分数称取原料：高筋面粉 45％～50％、刺梨粉 12％～15％、牛奶 24％～28％、鸡蛋蛋清液 5％～8％、白砂糖 5％～8％、奶粉 2％～3％、黄油 3％～5％、黑芝麻 3％～5％、盐 0.5％～0.8％、酵母 0.5％～0.8％。

（2）和面　将高筋面粉、刺梨粉、奶粉、牛奶、蛋清液、白砂糖、盐与酵母依次加入面包机中进行第一次和面，和面时间为 25～40min，然后再加入黄油，继续第二次和面，和面时间为 25～40min，得到面团。

（3）烘焙　将面团均匀切割成等量的六至八份，得到面块，然后用保鲜膜将面块包裹覆盖 15～30min，接着揭开保鲜膜并在面块表面均匀撒上黑芝麻，最后送入烤箱中烘烤，上火温度 120～150℃，下火温度 110～130℃，烘烤 20～40min，冷却、包装即得成品。

（六）刺梨蛋糕

蛋糕作为一种焙烤食品，质地柔软易消化，富含碳水化合物和蛋白质，但矿物质和维生素含量较低，尤其是缺乏维生素 C 和维生素 A。以刺梨汁为原料，配以糖、面粉、鸡蛋、牛奶等，可制得风味良好、具有强化营养保健功能的刺梨蛋糕。开发此类产品不仅使蛋糕具有浓郁的刺梨香味和较高的营养保健功能，而且增加了焙烤食品的花色品种。刺梨蛋糕含有天然刺梨成分，表层金黄，香气浓郁，有奶香味，味道酸中带甜，既具有蛋糕休闲食品的食味特性，又可以使人们在食用的过程中摄入大量的维生素，促进消化。

1. 生产加工工艺流程

刺梨前处理→微波冷冻干燥→粉碎→打发→蛋清糊→调配→面糊→制模→烘焙→脱模→冷却→包装→成品。

2. 具体操作及要求

（1）刺梨粉制备　取新鲜刺梨，洗净、去刺、去籽后，经微波冷冻干燥、粉碎后，得到刺梨粉，过 90～110 目筛，备用。其中，微波冷冻干燥的具体参数为：真空度为 70～100Pa，温度为 −20～−30℃，微波功率密度为 200W/kg，微波时间为 5～6h。

（2）原料准备　按质量分数称取原料，刺梨粉 7％～10％、面粉 33％～35％、鸡蛋 45％～50％、牛奶 17％～20％、白糖 10％、盐 0.3％～0.5％ 和酵母0.3％～0.5％。

（3）蛋清糊制备　用打蛋器将鸡蛋的蛋清和蛋黄分离，将蛋清进行 3～4 次打发，每次5~8min，将白糖和盐分次平均加入，打发至奶油状态，得到蛋清糊。

（4）面糊 将刺梨粉、面粉、蛋黄、牛奶和酵母搅拌均匀，得到面糊。

（5）烘焙 将蛋清糊分2~3次加入面糊中，边搅拌边发酵，然后装入模具中，150~180℃烘焙10~20min，再置于常温下放凉，包装，即得到成品。

（七）刺梨饼干

刺梨饼干含有天然刺梨成分，香气浓郁，酥脆，味道酸中带甜，既具有饼干休闲食品的食味特性，又可以使人们在食用的过程中摄入大量的维生素等营养物质，促进消化。

1. 生产加工工艺流程

刺梨前处理→微波冷冻干燥→粉碎→过筛→刺梨粉→调配→搅匀→面团→定型→醒面→切片→烘焙→冷却→包装→成品。

2. 具体操作及要求

（1）刺梨粉制备 取新鲜刺梨，经微波冷冻干燥、粉碎后，过90~110目筛，得到刺梨粉。其中，微波冷冻干燥的具体参数为：温度为-20~-30℃，真空度为70~100Pa，微波功率密度为200W/kg，微波时间为5~6h。

（2）原料准备 按质量分数称取如下原料，刺梨粉18%~20%、面粉50%~55%、牛奶12%~15%、鸡蛋液20%~30%、白糖9%~12%、黄油7%~10%和苏打粉0.2%~0.5%。

（3）面团制备 将刺梨粉、黄油、牛奶、白糖和鸡蛋液依次放入搅拌机，搅拌均匀，再加入苏打粉和面粉，搅拌成面团。

（4）醒面 将面团整成长条，定型，于4℃冰箱中冷藏1~2h。

（5）切片、烘焙 将冷藏后的面团进行切片，厚度为0.5~0.8cm，160~180℃烘焙15~25min，表面呈金黄色后取出，再置于常温下放凉，包装，即得刺梨饼干。

（八）刺梨乳饼

刺梨经压榨取汁后会残留大量刺梨果渣，刺梨果渣通常会被直接丢弃。但榨汁后的刺梨果渣仍含有较丰富的黄酮、SOD、维生素等活性成分，其中SOD约为250U/g、维生素C约为750mg/100g、黄酮约为200mg/100g，有的营养物质含量甚至高于其他种类的新鲜水果。采用刺梨果渣制作的刺梨乳饼，不仅酸甜酥软、营养丰富，而且能最大限度地保留刺梨中的营养成分，还具有降血糖、降血脂、抗肿瘤、抗衰老、抗氧化等保健作用，适用于大规模工业化生产，市场前景广阔。

1. 生产加工工艺流程

制备刺梨果醋汁→制备木瓜汁→乳液制备→凝乳→静置凝固→压制成型→杀

菌→装袋→成品。

2. 具体操作及要求

(1) 刺梨果醋汁的制备 将刺梨果渣与纯净水按 1:3.5 的比例混合加热至 60～65℃后，分别加入混合物重量 6%～10% 的纤维素酶和 3%～5% 的果胶酶，边冷却边搅拌，时间为 2～5h；在刺梨汁混合物中加入其质量 10%～15% 的白砂糖、1.2%～1.5% 的碳酸钙和 0.5%～1% 的活性醋酸菌以及 0.5%～1.0% 的酵母菌，然后放入发酵罐中于 28～32℃发酵 7～10 天，得刺梨果醋汁。

(2) 木瓜汁的制备 挑选新鲜的木瓜洗净去皮，放入打浆机中打浆，加入木瓜汁液质量 3%～5% 的番木瓜蛋白酶，静置 3～5h，即得木瓜汁。

(3) 原料准备 按质量分数称取鲜奶 75%～80%、刺梨果醋汁 15%～18%、甘露醇 10%～13%、木瓜汁 1.5%～2%、乳酸菌 0.01%、柠檬酸钠 0.15%、$CaCl_2$ 0.1%。

(4) 乳液制备 将称好的鲜奶用 0.45μm 的滤膜过滤后，放入锥形瓶中于65～75℃下水浴加热 40～45min；然后加入 $CaCl_2$，静置 1～2h 后备用。

(5) 凝乳 将称好的柠檬酸钠、刺梨果醋汁、木瓜汁、甘露醇和乳酸菌加热至 60～65℃，再与处理好的乳液混合，然后放入搅拌机中边加热边搅拌 4～6h，静置 1～2h 后，得絮状凝乳。

(6) 静置凝固 将絮状凝乳在室温下静置 1～2h。

(7) 压制成型 将静置后的凝乳块放入模具中压制成型。

(8) 杀菌、装袋 将模具中的乳饼脱模，按常规工序进行真空包装，采用瞬时高温杀菌法杀菌，脱模即可得成品。

（九）刺梨风味面条

以刺梨为原料制作的刺梨面条，不仅含有刺梨的芳香，而且营养价值高、口感好。

1. 生产加工工艺流程

刺梨预处理→榨汁→调配→揉面→醒面→轧辊→晾干→切条→装袋→成品。

2. 具体操作及要求

(1) 刺梨预处理 将刺梨去刺、去籽、洗净，晾干表面水分，备用。

(2) 榨汁 将洗净晾干的刺梨榨汁、过滤，取滤液。

(3) 配料、揉面 按质量分数取刺梨滤液 20%～25%、面粉 75%～80% 和食盐 0.4%～0.5%，混合均匀后，揉成面团。

(4) 醒面 将面团用保鲜膜覆盖，20～25℃醒面 1～2h。

(5) 轧辊、包装 将醒好的面团进行轧辊，形成面带，自然晾干、切条、包装即得到成品。

（十）刺梨饵块粑

以刺梨为原料制作的刺梨饵块粑，富含多糖、维生素、20多种氨基酸、有机酸和10余种对人体有益的微量元素，特别是含有大量的维生素C。刺梨饵块粑不但口感软糯、食用方便，而且具有保健作用。

1. 生产加工工艺流程

选料→粉碎→制作膏状饵块粑→切片→烘制→封装→成品。

2. 具体操作及要求

（1）选料　选用无病虫害的优质大米40%～50%，在50～60℃水中浸泡25～30min，备用。

（2）粉碎　将浸泡好的大米捞出沥干水分后与刺梨干25%～28%一同放入粉碎机中粉碎，过70～80目筛后，即得混合米粉，备用。

（3）制作膏状饵块粑　将混合米粉、蔗糖3%、淀粉磷酸酯钠7%～10%、食盐0.5%、水32%混合均匀后，倒入温度为220～240℃的米线机中制熟，即得膏状饵块粑，备用。

（4）切片　将制熟的膏状饵块粑用刀片机切割制成厚度为1～1.2mm、宽度为1～1.2mm的条状饵块粑，备用。

（5）烘制　将切好的条状饵块粑置于烘箱中，于70～74℃下烘制8～10h，冷却后，真空封装，即得成品。

（十一）刺梨方便面

加入刺梨成分生产出的方便面带有刺梨的香气，口感微香浓厚、无涩味，其中氨基酸、微量元素及维生素C等各种营养物质含量大大提高，且生产的面饼表面无气泡、外形美观，面饼具有完整性。

1. 生产加工工艺流程

刺梨预处理→榨汁→调配→面团→熟化→面带→波浪形面饼→蒸煮→油炸→冷却→包装→成品。

2. 具体操作及要求

（1）原料准备　按质量分数称取原料，其中刺梨12.5%～15%、面粉52%～55%、魔芋精粉0.25%～0.3%、食碱0.1%、水35%～37.5%、盐1%。

（2）刺梨预处理　将称取的刺梨洗净、去刺、去籽、沥干表面水分，然后破碎、榨汁、过滤，得到刺梨汁；将刺梨汁与35%～37.5%水混合，得到混合液，20～25℃恒温保存，备用。

（3）面团制作　在52%～55%面粉中加入0.25%～0.3%魔芋精粉、0.1%食用碱、1%盐，搅拌均匀后加入处理好的刺梨汁混合液，不断搅拌，得到面团。

（4）面团熟化　将面团在 25℃ 温度下不断搅拌，得到熟化后的面团。

（5）面带制作　将熟化后的面团压成面带。

（6）波浪形面饼制作　将面带切成宽度为 3～5mm 的面条，然后加工成波浪形，并切割成面块，得到波浪形面饼。

（7）蒸煮、油炸和降温　将波浪形面饼经 100℃ 蒸煮 5～10min，140～160℃ 油炸 1min，冷却降温后，包装即得到刺梨方便面。

十、刺梨糖制食品

（一）刺梨糖浆

刺梨糖浆系刺梨原汁与糖及调味料科学配制而成，可直接稀释作饮料饮用，也可添加别的成分制成口服液。

1. 生产加工工艺流程

刺梨→选果→前处理→浸泡→发酵→熬制→过滤→冷却→包装→成品。

2. 具体操作及要求

（1）选果　选择新鲜、饱满、色泽橙黄的成熟、无病虫害、无霉烂刺梨鲜果，备用。

（2）前处理　将刺梨鲜果洗净、脱刺，切去蒂和柄，切半去籽，流水冲净，备用。

（3）浸泡　开水浸泡刺梨块 3～5min，捞出沥干，备用。

（4）发酵　将经过浸泡的刺梨块与白糖按 100∶30 的质量比混匀，密封发酵 10～12h。

（5）熬制　将经过发酵的刺梨块与发酵液倒入容器中，中火熬制 2～3h，起锅、过滤、冷却、包装即得成品。

（二）刺梨果脯

邓茹月等（2014）采用传统糖渍技术和真空糖渍技术制备刺梨果脯，并将其进行比较，制备过程中用草酸对维生素 C 进行保护，再以气相色谱-质谱分析技术和顶空固相微萃取对刺梨果脯进行风味成分分析，发现采用真空糖渍技术可较好地保留刺梨的营养成分以及风味物质。应瑞峰等采用糖分低的山梨糖醇、D-甘露糖醇以及木糖醇代替了一部分白砂糖，能够较好地保存刺梨果脯中的黄酮及维生素 C，所制得的果脯颜色鲜亮、口感清爽、含糖量较低，且营养物质含量高。

1. 生产加工工艺流程

刺梨挑选→清洗→脱刺→切半、去籽→护色硬化→清洗→糖制→烘烤→包装→

成品。

2. 具体操作及要求

（1）原料挑选　选择成熟度适宜、肉质肥厚、果肉厚、纤维少的刺梨鲜果作为加工原料，剔除病虫害果、腐烂果和伤果。

（2）清洗　用流水洗净刺梨表面的泥沙、杂物及微生物孢子等。

（3）脱刺　为了便于加工，去除刺梨芒刺，可用竹片将其刮去。

（4）切半、去籽　用不锈钢刀切半、去籽。

（5）护色硬化　刺梨切半、去籽后应将其放入 1.0% 左右的氢氧化钙与 0.5% 的食盐混合液中进行 1.5～3h 的护色和硬化处理。

（6）清洗　用清水将经过护色硬化处理的果块漂洗 0.5～1h，期间换水 3～5 次，以洗去果片表面残留的护色硬化液。

（7）糖制　将处理好的果块放入装有 pH 值为 4.0～4.3 的 30% 糖液的真空蒸煮锅内加热煮沸 2～3min 后取出，然后用 10℃、30% 的冷糖液浸渍 12h；再将果块分别放入浓度为 40%、50%、60%、65% 的糖液中采用真空煮制和冷热交替处理的方法进行糖制处理，处理条件与处理 30% 糖液的相同。待果块呈半透明状、含糖量达到 60% 以上时取出，沥去残余的糖液。

（8）烘烤　将果脯摊在果盘中，在 55～65℃ 烤箱中烘烤 8～12h，待果脯变为金黄色、含水量为 16%～18% 时取出，包装即得成品。

3. 产品质量标准

（1）感官指标　产品颜色金黄，表面洁净、无杂质，透明发亮有光泽；软硬适度，甜酸可口，细嫩易化渣。

（2）理化指标　维生素 C 1846mg/100g；水分 16%～18%，总糖 60%～65%。

（3）卫生指标　大肠菌群≤30 个/100g，细菌总数≤750 个/g，致病菌不得检出。

（三）刺梨干

刺梨干主要由刺梨鲜果与白糖制作而成，该刺梨干具有略涩、微咸、微酸的独特风味，兼具刺梨的特殊醇香，是一种营养丰富、老少皆宜的纯天然绿色风味休闲食品。

1. 生产加工工艺流程

刺梨→选果→清洗、脱刺→切半、去籽→软化→发酵→调配、熬制→晾晒、封装→成品。

2. 具体操作及要求

（1）选果　选择色泽金黄、新鲜、饱满的刺梨鲜果备用。

（2）清洗、脱刺　将刺梨鲜果搅拌冲洗、脱刺。

（3）切半、去籽　用不锈钢刀切去刺梨鲜果的果柄和花蒂，将果实横剖切成两瓣、去籽。

（4）软化　将刺梨瓣置于开水中浸泡 3～5min，捞出沥干。

（5）发酵　按 100∶30∶2 的质量比加入浸泡过的刺梨瓣、白糖、食用盐，混匀，密封发酵 10～12h。

（6）调配、熬制　将经过发酵的刺梨瓣及发酵液倒入容器中，大火熬制 2～3h；加入刺梨鲜果重量 3% 的蜂蜜以及 1% 的食用盐，搅拌均匀、起锅、捞出冷却。

（7）晾晒、封装　将经过熬制的刺梨瓣晾晒至不粘手，封装，即得成品。

（四）刺梨糖片

以刺梨汁为主料制作的刺梨糖片，不仅制备成本低、便于携带，而且带有刺梨固有的清香，略酸、不涩，口感好，而且还含有丰富的维生素 C、维生素 E、多糖、黄酮等活性成分，是一种很受欢迎的休闲保健食品。

1. 生产加工工艺流程

刺梨前处理→刺梨汁→浓缩→干燥→糖片配料→烘干→过筛→压片→包装→成品。

2. 具体操作及要求

（1）制备刺梨果粉　选取新鲜、成熟的刺梨果实，榨取刺梨果汁；采用孔径 ≤0.5nm 的反渗透膜浓缩两次，得刺梨浓缩汁；向浓缩果汁中加入 β-环糊精 8% 和麦芽糊精 17%，混匀，得刺梨果汁混合料。

（2）干燥　将刺梨果汁混合料进行喷雾干燥，得果粉；控制干燥塔内负压为 1.5Pa，干燥设备进风温度为 165～185℃、出风温度为 80～95℃。

（3）糖片制备　按质量分数将刺梨果粉 30%～40%、乳糖 10%～20%、白砂糖 35%～40%、羧甲基纤维素钠 5%～10%、柠檬酸 2.5%、苹果酸 2.5% 混合，微粉碎至 160 目，得混合微粉；向混合微粉中加入黏合剂 5%～7%、混匀，得湿微粉。

（4）烘干　将湿微粉按分段温度曲线加热至 60℃、烘干，得干燥粒料。其中，分段曲线的加热温度为：匀速升温至 40℃，保温 20min；然后继续匀速升温至 50℃，保温 20min；最后匀速升温至 60℃，保温 6h。

（5）过筛　所述干燥粒料过 0.6mm 孔筛，保证整粒后的细粉比重为 10%～20%。

（6）压片　在空气湿度低于 40% 的环境中，将所述细粉模压成 0.6mm 厚的片剂。

（五）刺梨巧克力糖

以刺梨汁为原料生产刺梨巧克力糖，不仅保留了刺梨的营养价值，具有刺梨独特的酸甜口感和浓郁的香气以及巧克力独特的味道，而且咀嚼感良好，外部的刺梨部分弹性佳，内部的巧克力陷软硬适度，能够满足大多数人的口感需求。

1. 生产加工工艺流程

原料准备→溶胶→溶糖→刺梨汁制备→制作馅料→熬糖→浇模→脱模→包装→成品。

2. 具体操作及要求

(1) 原料的称取及准备　按照质量分数取刺梨果汁 30%～40%、白砂糖 8%～12%、黑巧克力 60%～65%、凝胶剂 4%～4.5%、蜂蜜 5%～10%、黄油 3%～5%、蔗糖 0.1%～0.2%、抗氧化剂 0.1%～0.15%。

(2) 溶胶　果胶加 50 倍热水搅拌均匀，将卡拉胶加水溶解浸泡 20min 以上，加热溶解；琼脂加 40 倍水浸泡 12h 以上，然后加热煮沸，使其充分溶解。

(3) 溶糖　将蔗糖和白砂糖混合均匀后，加水加热溶解。

(4) 刺梨汁制备　将刺梨去刺去核清洗、沥干后备用；将刺梨榨成汁，滤去刺梨渣，避光放置，保持恒温 15～20h。

(5) 制作馅料　将黑巧克力于 40～50℃隔水融化，缓慢搅拌并加入黄油，搅拌均匀后注入模型，放入冰箱冷却成型。

(6) 熬糖　将凝胶剂溶液及糖溶液混合均匀并加入刺梨汁、蜂蜜，在电炉上加热，温度控制在 105℃并不断搅拌，蒸发到固形物含量为 30%时，停止加热。

(7) 浇模　将熬制后的糖液混合物注入模内，加入巧克力馅料，自然冷却成型。脱模，包装即得成品。

（六）刺梨甜品

以刺梨汁为原料制作的刺梨甜品不仅口感好、营养丰富，而且能够增强人体免疫力、促进消化、增强食欲。

1. 生产加工工艺流程

原料准备→磨粉→超声→过滤→浓缩→调配→压片→浇汁→烘干→冷却→包装→成品。

2. 具体操作及要求

(1) 原料准备　按质量分数称取如下原料，刺梨 50%～60%、绿茶 30%～40%、蜂蜜 15%～20%。

(2) 制备浓缩液　将称取的刺梨、绿茶、蜂蜜混合均匀后，将其置于研磨机中研磨成粉末并加入水，在 20～30Hz 下超声处理 3～7min，然后将香醋加入其中，于 30～60℃下处理 2～3h，然后置于研磨机中，研磨，过滤得到滤液；并将滤液浓缩至三分之一后，得到浓缩液。

(3) 配料　将甘草放入粉碎机中粉碎，过 80～100 目筛后，与小麦面粉混合均匀，然后加入浓缩液，搅拌呈面团状。

（4）压片、烘干　将面团制作成片，置于温度为 30～50℃的烤箱中烘烤熟，再将浓缩液浇在片上，并在温度为 25～35℃下烘干，冷却包装，即得成品。

（七）刺梨蜜饯

刺梨蜜饯具有色泽鲜艳、口感佳、营养丰富等优点。

1. 生产加工工艺流程

刺梨选果→清洗→脱刺→浸泡熏硫→盐水浸泡→糖煮→冷却→造型→干燥→冷却→包装→成品。

2. 具体操作及要求

（1）刺梨选果　精选成熟、色泽橙黄、个大、无霉烂变质的刺梨鲜果备用。

（2）清洗　以超声波高压水流清洗设备清洗筛选后的刺梨鲜果。

（3）脱刺　用回转式削磨机去除刺梨果实芒刺。

（4）浸泡熏硫　用浓度为 0.5％～0.6％的亚硫酸氢钠溶液浸泡 40min。

（5）盐水浸泡　将浸泡后的刺梨果实取出用清水冲洗后，放入浓度为 20％的盐水池浸泡 24h，取出后用清水冲洗，沥干。

（6）糖煮　糖煮分三次进行。一次煮，即将经过预处理的刺梨与 30％浓度的糖液倒入糖煮锅中加热至沸腾，保持 3min，煮好以后在糖煮锅中浸泡 24h；二次煮，即在一次煮后的糖煮锅中加入白砂糖，直到糖煮锅中糖液浓度稳定在 50％时为止，再次煮沸 3min，然后将刺梨、糖液一并倒入缸里浸渍 24h，接着将刺梨捞出滤去糖液，放在屉上干燥，使其丧失部分水分，至果实边缘卷缩，表面形成小皱纹，即可进行第三次煮制；三次煮是在二次煮的基础上将糖液浓度增至 75％，将二次煮的刺梨倒入糖煮锅，沸腾后再煮 18～22min，捞出滤去糖液，冷却后用机械或者手工将果实捏成扁圆形状，于 75～80℃下干燥，当其含水量为 28％左右时，停止加热，取出果粒，自然冷却以后包装即得成品。

（八）刺梨糖

以刺梨汁为主料制作的刺梨糖，具有营养价值高、口感独特的特点。

1. 生产加工工艺流程

刺梨选果、榨汁→葡萄选果、榨汁→葛根制汁→原料称取→山楂切丁→调配→熬煮→溶糖→成型→冷却→包装→成品。

2. 具体操作及要求

（1）刺梨选果、榨汁　挑选新鲜、饱满、无病虫害、无霉烂的刺梨洗净榨汁，过滤得刺梨汁，备用。

（2）葡萄选果、榨汁　摘取饱满、成熟、无病虫害、无霉烂的葡萄洗净榨汁，过滤得葡萄汁，备用。

（3）葛根制汁　将葛根与水按质量比 1：15 混合后，在 95～100℃下煎煮 15～20min，过滤得葛根汁，备用。

（4）原料称取　按质量分数称取白砂糖 80%～90%、刺梨汁 4%～8%、山楂 2%～6%、葛根汁 1%～4%、葡萄汁 3%～6%、人参 0.5%～3%、植物脂末 1%～5%。

（5）山楂切丁　将山楂切成细丁，备用。

（6）调配、熬煮　将刺梨汁、葛根液和葡萄汁倒入搅拌锅里混合，然后将山楂丁、人参颗粒和白砂糖倒入搅拌锅中，于 0.3～0.5MPa 下加压搅拌熬煮。

（7）溶糖、成型　熬煮中，当糖液温度为 80～85℃时，加入植物脂末，当熬煮的混合糖液温度为 95～110℃时，溶糖结束，然后经糖果浇注机成型，冷却，包装即得成品。

（九）刺梨软糖

由刺梨汁加工而制成的刺梨软糖弹性佳、软硬适度、咀嚼感良好，同时保留了刺梨独特的酸甜口感和浓郁的香气，营养价值高。

1. 生产加工工艺流程

刺梨选果→切片→原料称取→浸泡→速冻→解冻→离心→过滤→调配→熬煮→加柠檬酸→制模→烘干→冷却→包装→成品。

2. 具体操作及要求

（1）刺梨切片　采摘新鲜、成熟、无霉烂的刺梨去刺、去籽，切成厚度为 8～12mm 的薄片，得刺梨片，备用。

（2）原料称取　按质量分数称取原料，其中刺梨 55%～65%、白砂糖 20%～25%、红薯淀粉 10%～15%、柠檬酸 0.8%～1.2%、山梨糖醇 8.5%～12% 以及阿拉伯胶 2%～3%，水适量。

（3）浸泡　将刺梨片放在 40%～52% vol. 白酒中浸泡 20～30min。

（4）速冻　将白酒浸泡处理后的刺梨片放在 -30℃左右的冰柜中速冻 18～24h。

（5）解冻　将速冻后的刺梨片放在充入氮气的容器中解冻，解冻温度为 30～35℃，时间 3.5～5h。

（6）离心、过滤　将解冻好的刺梨片放入离心机中 1000～2000r/min 离心 10～20min，取汁，将离心处理获得的汁液过 200 目筛后获得刺梨汁。

（7）调配　将水和白砂糖以质量比为 1：2 混合均匀后，再加入刺梨汁、山梨糖醇、红薯淀粉搅拌均匀，获得糖浆。

（8）制胶　将水和阿拉伯胶按照 1：1 的比例混合后于 60～80℃加热，搅拌均匀制得胶水。

（9）熬煮　将糖浆和胶水混合均匀后，熬煮至微沸，保持 60～80s。

（10）加柠檬酸　将熬煮后的料液冷却，再加入称取的柠檬酸，混匀。

（11）制模　将混合料液注入模具中，呈凝胶状后置于低温环境中冷却定型，得软糖。

（12）烘制　将软糖从模具中取出进行高温烘干处理，期间翻动软糖，烘干至产品固形物含量超过 70%，冷却后包装，即得成品。

十一、刺梨酱料系列产品

（一）刺梨果酱

刘芳舒等（2015）以贵州无籽刺梨为主要原料，研究无籽刺梨果酱复合加工的关键技术。通过单因素试验、正交试验以及品质指标的测定，优化刺梨果酱加工技术。确定出刺梨果酱最佳工艺配方为：无籽刺梨与番茄比例 3∶1（质量比），原料与水比例 1∶2（质量比），复合增稠剂（羧甲基淀粉 6%、果胶 0.8%），柠檬酸 0.25%，葡萄糖浆 45%。生产出的刺梨果酱色泽鲜亮、口感独特、果味浓郁，具有较高的营养价值。

1. 生产加工工艺流程

选果→清洗→切半去籽→软化→打浆→配料→浓缩→装罐→杀菌→冷却→入库存放。

2. 具体操作及要求

（1）选果　选取无病虫害、无霉烂、芳香味浓、果肉厚、粗纤维少、维生素 C 含量高的成熟刺梨果为原料，若用无籽刺梨更好。

（2）清洗　用自来水冲刷、漂洗，除去果皮和果刺上的泥沙、污物、尘埃以及微生物孢子，沥干水分。

（3）切半去籽　果子清洗后用不锈钢刀切除萼片，切半去籽，立即放入偏重亚硫酸钠水溶液中护色。

（4）软化　取果块 50kg 加浓度为 10% 的糖水（用护色水溶液配制）淹没果肉，在不锈钢锅内加热软化 10～20min，破坏酶的活性，防止褐变和果胶水解，并软化果肉组织以便打浆。

（5）打浆　果肉软化后用孔径 0.7～1.5mm 的打浆机打成果泥浆，再用筛网或粗纱布过滤，除去粗长纤维。

（6）配料　果泥 50kg、白砂糖 24kg（配成 60% 的糖液）、淀粉糖浆 6kg、琼脂 0.14kg（50℃ 温水浸泡软化，洗净杂质，放在夹层锅内加水 4L，升温溶解，滤去杂质，冷却备用）、马铃薯淀粉 5kg（溶解于 25L 冷水，用 100 目筛过滤），由于刺梨含酸较高不需另加柠檬酸。

（7）浓缩　将果泥置于不锈钢浓缩锅内，先加入 30％的糖液，缓慢打开蒸气阀加热，常压浓缩蒸气压力为 0.20MPa 左右，真空浓缩为 0.10～0.15MPa（温度为 50～60℃），浓缩 10～20min 再加入其余 70％的糖液，浓缩至近终点（可溶性固形物约 60％）时依次缓慢加入琼脂、淀粉等，浓缩到可溶性固形物达 66％时迅速出锅。在浓缩的过程中应不停地搅拌，严防焦锅。

（8）装罐　空罐彻底刷洗后，玻璃罐以 95～100℃蒸气消毒 5～10min；铁罐以 95～100℃蒸气或沸水消毒 3～5min，倒罐沥干；罐盖以沸水消毒 3～5min 或以 75％乙醇擦拭消毒。酱出锅后迅速装罐，最好在 20min 内装完，最多不得超过 30min，用排气密封法，酱温应保持在 85℃以上，尽量少留顶隙；用抽气密封法，真空度应为 26.66kPa。

（9）杀菌、冷却　密封后立即于 100℃下杀菌 10～15s；玻璃罐杀菌后分段冷却至 38℃左右，镀锡薄板铁罐一次冷却到 38℃左右，擦干罐外水分，推入保温库，在 35～37℃保温 1 周。

3. 产品质量标准

（1）感官指标

色泽：酱体为淡黄色（普通刺梨果酱）或黄棕色（无籽刺梨果酱），色泽均匀一致。

滋味及气味：具有刺梨果酱特有的滋味及气味，无焦煳味及其他异味。

组织形态：酱体为黏稠状，倾斜时可以流动，但不流散，不分泌汁液、无糖的结晶。

杂质：不允许存在。

（2）理化指标　净重：227g 或 454g，允许±公差 3％，但每批产品平均不低于净重；总糖含量不低于 57％（以转化糖计）；可溶性固形物不低于 65％（以折光度计）；维生素 C 含量≥700mg/100g；重金属含量：锡≤200mg/kg、铅≤2mg/kg、铜≤10mg/kg。

（3）微生物指标　无致病菌及因微生物作用引起的腐败现象。

（二）刺梨风味鱼料

以刺梨为原料生产刺梨风味鱼调料，不仅口味清淡，而且在不添加花椒、辣椒等重口味材料的基础上能有效去除鱼的腥味，突出鱼的鲜味，是刺梨产品研发的一条新途径。

1. 生产加工工艺流程

刺梨→清洗→榨汁→过滤→调配→发酵→加油→封装→成品。

2. 具体操作及要求

（1）刺梨汁的制备　取新鲜的刺梨叶和刺梨果实一起洗净、榨汁，过滤取滤液，得到混合刺梨汁。

（2）调配　将生葱、姜、干芹菜、干胡萝卜和紫苏叶分别粉碎后混匀，得到混合粉，再将混合粉中加入盐、米酒、糖、混合刺梨汁，混合均匀后得到混合酱。

（3）发酵　将混合酱于37℃左右密封发酵1～2天。

（4）加油、封装　在发酵好的混合酱中加入温度为130～140℃的植物油［植物油与混合酱的质量比为1∶（6～9）］，即得刺梨风味鱼调料。将刺梨风味鱼调料封装、密封保存即可。

十二、刺梨中成药系列产品

（一）复方刺梨合剂

复方刺梨合剂主要由刺梨和苍术组方。《本草纲目拾遗》记载，刺梨具有消食和胃、健脾燥湿等功效，临床主要用于治疗胃脘胀满、泄泻、食积不化等症状。将苍术与刺梨配伍，旨在利用苍术辛温之性味，发挥其祛风散寒、燥湿健脾之功效，达到调和口味和协同增效的目的。复方刺梨合剂具有增加免疫功能、消食和胃、健脾燥湿等作用，主要用于治疗各种食积不化、胃脘胀满、黄褐斑及色素沉着等疾病。另外，该复方刺梨合剂的抗氧化作用强大，能使黑色素代谢的中间产物形成还原型的无色素物质而减少黑色素形成，对黄褐斑有较好的疗效（杨璐，2012）。具体制作方法如下：

取苍术70g，加水煎煮2次，每次1h，合并煎液、过滤，将滤液静置24h，然后取上清液浓缩至适量，冷却后，依次加入刺梨原汁700mL、蛋白糖5g和苯甲酸钠1.5g，搅匀、过滤，加水至1000mL，灌封、灭菌即得成品。

（二）刺梨中药包

刺梨中药包将刺梨和多种辅材进行混合制备，并将其浓缩液干燥制成颗粒，可用于热敷身体的各个部位，长期使用具有延缓衰老、舒筋活血的保健效果。

1. 生产加工工艺流程

原料准备→加热回流→第一滤液→加热回流→第二滤液→减压→浓缩膏体→干燥粉碎→装袋→成品。

2. 具体操作及要求

（1）原料准备　按质量分数称取原料，刺梨15%～25%、木瓜8%～12%、枸杞10%～15%、川芎3%～5%、龙眼8%～10%、芝麻3%～5%、玫瑰花10%～

15％、金银花7％～10％、黄菊2％～5％、薄荷3％～7％、檀香2％～3％、桑叶2％～4％、藏红花2％～5％、白藓皮2％～5％、菩提叶6％～10％、菟丝子2％～3％、沉香3％～5％、藿香3％～5％、当归3％～5％、皂角1％～2％、独活1％～2％、柏子仁1％～2％。

（2）粉碎　将上述所有材料晾干后粉碎混合，制得混合碎料。

（3）第一滤液的获得　向混合碎料内加入相当于混合物总量3～5倍的浓度为70％～80％的乙醇，加热回流2～3h，过滤得到第一滤液。

（4）第二滤液的获得　向过滤得到的残渣内再加入1～3倍的浓度为80％～90％的乙醇，加热回流4～6h，得到第二滤液。

（5）浓缩膏体制备　将第一滤液与第二滤液混合，得到混合滤液；然后将混合滤液倒入减压釜中，压力值为－0.05～－0.08MPa，50～70℃加热，并减压，除去乙醇溶剂，得到浓缩膏体。

（6）干燥粉碎、装袋　将浓缩膏体干燥粉碎，得到浓缩颗粒，颗粒直径为1～5mm，将浓缩颗粒装袋，得到刺梨中药包。

（三）刺梨SOD口服液

在成熟刺梨果实中SOD活性较高，可用刺梨开发和研制刺梨SOD口服液、刺梨SOD系列抗衰老口服液、刺梨SOD系列化妆品、刺梨-玫瑰化妆品等系列产品，以下主要介绍刺梨SOD口服液的制作。

刺梨不仅含有SOD，还含维生素、多糖、黄酮等其他有效成分，使得刺梨提取液对于防癌、抗氧化、延缓衰老、清除自由基、镇静、降血脂、增强免疫力等作用明显。目前，刺梨与不同植物配伍制剂种类繁多，刺梨SOD口服液将刺梨与苍术配伍，旨在利用苍术辛、温之性味，发挥其健脾、祛风驱寒、祛燥湿的功效，达到调和口味和协同增效的目的。经临床研究表明，刺梨SOD口服液具有稳定、安全、疗效确切等特性，在治疗失眠方面疗效显著，有效率达88.2％。

1. 生产加工工艺流程

刺梨前处理→榨汁→过滤→刺梨原汁→超滤→浓缩→调配→过滤→浓缩→调节pH→定容→过滤→装罐→灭菌→成品。

2. 具体操作及要求

（1）刺梨原汁制备　取新鲜、无霉烂的成熟刺梨果实若干，去杂质后清洗，经去刺、去籽、破碎、榨汁、过滤后，得到刺梨原汁。将此汁冷冻至0℃，经高速离心后超滤，滤液低温真空浓缩，浓缩液备用。

（2）配方　刺梨浓缩汁700mL、苍术70g、甜蜜素5g、苯甲酸钠3g，蒸馏水加至1000mL。

（3）刺梨SOD口服液制备　取苍术粉碎，加水煎煮2次，每次1h，合并煎液、过滤，滤液静置24h，取上清液浓缩至适量，冷却后依次加入刺梨原汁、甜蜜素、苯甲酸钠，调节pH值，然后加水至1000mL，搅拌均匀、过滤、装罐、灭菌即得成品。

（四）刺梨冲剂

在刺梨深加工过程中应用超临界二氧化碳萃取技术，能最大限度地保留刺梨的有效成分。以刺梨果、刺梨叶的超临界二氧化碳萃取物为主料制备的刺梨冲剂，不仅含有刺梨芳香，香味浓郁，而且对治疗初期感冒有较好的功效。

1. 生产加工工艺流程

刺梨叶预处理→刺梨果预处理→浓缩→制软材→造粒制冲剂→包装→成品。

2. 具体操作及要求

（1）刺梨叶预处理　将各材料按质量分数对刺梨叶和刺梨果进行预处理。将干的刺梨叶5%～10%粉碎后，用20%～25%饮用水在常温下浸提5～15h，过滤，得刺梨叶滤渣和刺梨叶水浸提液；将刺梨叶滤渣经超临界二氧化碳萃取设备萃取后，得刺梨叶萃取物。其中，萃取过程为：将刺梨叶滤渣装入萃取桶，直接在萃取桶中加入体积浓度为60%～85%的乙醇8%～12%；开启超临界二氧化碳萃取装置，对萃取釜和两个分离釜分别加热，当萃取釜温度达到35～50℃，分离釜Ⅰ的温度达到35～45℃，分离釜Ⅱ的温度为25～40℃时，打开CO_2气瓶，萃取釜加压至20～50MPa，当分离釜Ⅰ的压力为5～25MPa，分离釜Ⅱ的压力为3～10MPa时，开始循环萃取，CO_2流量为5～20L/h，萃取5～20h后，泄压，停止萃取，打开萃取釜和分离釜底阀，获得刺梨叶萃取物。

（2）刺梨果预处理　将0.001%～0.005%亚硫酸钾和0.001%～0.01%抗坏血酸钠溶于30%～50%饮用水，加入20%～25%的刺梨果，混合打碎成果浆，过滤，得刺梨果汁和刺梨果渣；将刺梨果渣用30%～50%的体积浓度为45%～55%的乙醇浸提6～10h，过滤，得到刺梨果醇提取液。

（3）浓缩　将刺梨叶预处理得到的水浸提液、刺梨果预处理得到的刺梨果汁和刺梨果醇提取液合并，通过膜分离设备，浓缩至1.2～1.6g/cm²，然后与刺梨叶预处理过程中得到的刺梨叶萃取物混合，得稠膏。

（4）制软材　把白砂糖、β-环糊精、麦芽糊精置于烘箱中，于50～80℃下烘干1～3h，干燥后，粉碎并过40～80目筛，将浓缩后的稠膏、白砂糖、麦芽糊精、β-环糊精按照质量比（1～2）：（1～2.5）：（1～2.5）：（1.5～5）混匀，制成软材，软材的软硬度为手捏成团、轻压则散。

（5）造粒制冲剂　将制好的软材置于造粒机内，制成湿颗粒，然后将湿颗粒置于25～32℃烘箱内干燥1～2h，然后将温度升到33～37℃干燥1～2h，升到38～42℃干燥1～2h，升到43～48℃干燥1～2h，升到49～55℃再干燥0.5～1h，再用

8目筛和16目筛对干颗粒进行筛选，取8～16目粒度颗粒包装，即得刺梨冲剂。

十三、刺梨日化产品

（一）刺梨洗发液

刺梨洗发液主要以刺梨叶提取物、刺梨果提取物、刺梨籽提取物、刺梨花提取物、何首乌提取物、芝麻籽提取物、互生叶白千层叶油、生姜提取物等为原料制得，不仅能滋养发根，使头发更加乌黑、光滑、柔顺，而且具有良好的防脱、去屑、止痒等功效。具体操作及要求如下。

1. 提取物制备

芝麻籽提取物、刺梨叶提取物、刺梨果提取物及刺梨籽提取物的制备方法：在原料中加入其2倍重量的无水乙醇和3倍重量的水，打浆后常温浸提24h，期间每隔3h搅拌一次，然后经1000目压滤，取过滤液浓缩至1.5g/cm²制得。

2. 刺梨花提取物制备

将刺梨花以100℃水蒸气蒸馏1～2h，冷凝收集其蒸馏部分即得。

3. 称取原料

按如下质量分数称取原料：刺梨籽提取物6%～9%、刺梨叶提取物0.6%～1%、刺梨果提取物4%～6%、刺梨花提取物0.5%～1%、何首乌提取物3%～5%、生姜提取物2%～3%、芝麻籽提取物1%～2%、月桂酰肌氨酸钠3%～5%、互生叶白千层叶油0.15%～0.25%、季戊四醇硬脂酸酯2.5%～3.5%、羟乙基纤维素3%～5%、甘油2.5%～3.5%、聚季铵盐-10 0.2%～0.3%、椰油酰胺丙基甜菜碱3%～5%、苯氧乙醇2.5%～3.5%、椰油酰胺MEA 0.15%～0.25%、苯乙烯-丙烯酸酯共聚物0.08%～0.12%、聚季铵盐-7 3%～5%、水30%～33%。

4. 调配

将称取的各物料混合均匀，按常规方法制备成洗发水。

（二）刺梨酵素洗衣液

以刺梨为主料生产的刺梨酵素洗衣液，带有刺梨果香，味道好闻、不刺鼻，抑菌灭菌效果明显，去污力较强，易清除、残留量小。

1. 生产加工工艺流程

刺梨果→打浆→发酵→过滤→吸附→解吸附→浓缩→复配→搅匀→包装→成品。

2. 具体操作及要求

（1）打浆　将刺梨果0.1～10kg加至0.1～10kg饮用水中，打成果浆。

（2）发酵　将酵母菌活化后于麦芽汁培养基中扩培，再将扩培液接种至刺梨果浆中培养，培养条件为 25～28℃，得到发酵液。

（3）浓缩　将发酵液依次经过过滤、树脂吸附、解吸附和浓缩，提取得到刺梨酵素提取浓缩液。其中树脂吸附为用大孔树脂静态吸附 36～48h，每隔 8～10h 搅拌一次；解吸附为将吸附树脂置于乙醇溶液中静态解吸附 18～24h，每隔 2～4h 搅拌一次；浓缩为在 40～50℃下，对解吸附剂进行减压浓缩。

（4）复配　将 1kg 刺梨酵素提取浓缩液和脂肪醇聚氧乙烯醚硫酸钠 40～50kg、异构醇醚 45kg、EDTA 4.5～5kg、复合生物酶 0.05kg、柠檬酸 0.05kg，加去离子水至 200kg，混合、搅拌、分装即制得刺梨酵素洗衣液成品。也可用刺梨酵素提取浓缩液与其他洗衣液基础液进行复配。

第二节　刺梨副产物的开发利用

刺梨可药食两用，具有抗肿瘤、清除自由基、抗氧化、防衰老、抗疲劳等药理作用，主要分布于云南、四川、贵州等地。随着对刺梨认识的加深以及刺梨产业的快速发展，刺梨果树被大量栽培，在医药、食品、保健品、日化品等领域也不断开发出刺梨新产品。在刺梨的生产加工及产品研发中，主要用刺梨果实，而刺梨叶、根、籽、果皮等常常作为废弃物丢弃，不仅造成资源的浪费，而且污染环境，增加企业处理的成本，不利于刺梨产业的可持续发展。刺梨叶、根、籽、果皮、果渣中含有大量的黄酮、维生素 C、SOD、有机酸等活性成分，不仅可用于茶叶、醋、糕点等食品的开发，而且可入药，用于防治冠心病、健脾、消食、促消化、抗肿瘤等。因此，研究并开发利用刺梨副产物，具有重要意义。

一、刺梨叶

刺梨嫩叶中，多糖、维生素 C 和维生素 E 等成分均低于成熟叶，而蛋白质含量则是嫩叶中最高；刺梨成熟叶中的总糖含量最高。刺梨叶片中含有丰富的刺梨多糖、黄酮、维生素、SOD 等活性成分，在医疗保健方面有独特的作用，对防治冠心病、心绞痛，治疗皮肤癌和早期宫颈癌，以及健脾、消食、平喘等具有一定的功效，还可降低血液中过高的胆固醇等；外用可治疮疖、烧烫伤。

刺梨叶片中使用最多的是嫩叶，主要用于加工刺梨茶品，或者提取刺梨叶中的活性成分，用作洗发水、洗衣液的添加剂。老叶主要用于生产刺梨酵素肥料以及栽培食用菌。有关刺梨叶片的更多产品及用途还有待开发。

二、刺梨花

刺梨花粉中主要营养成分含量较高，尤其是糖、蛋白质、维生素 C、维生素 E 含量相当丰富。刺梨花粉中含有总糖 26.71%、还原糖 21.58%、维生素 C 436.13mg/100g、维生素 E 17.98mg/100g、蛋白质 28.32%，还原糖是刺梨花粉中糖的主要成分（樊卫国等，1998）。刺梨花粉中铁、锌、硼、磷元素含量丰富，其含量分别为 57.37%、19.56%、16.32%、3.78%。刺梨花粉中，还含有 17 种游离氨基酸，包括 8 种必需氨基酸，其中游离氨基酸含量为 2224.82mg/100g，必需氨基酸含量为 338.36mg/100g；在 8 种必需氨基酸中，色氨酸和赖氨酸含量明显高于其他必需氨基酸，其含量分别为 89.11mg/100g、67.99mg/100g。花粉中构成蛋白质的氨基酸及必需氨基酸含量最高，分别为 20.46%、6.85%；色氨酸和赖氨酸含量也较丰富，其中构成蛋白质的氨基酸中的赖氨酸含量为 0.93%，远高于鸡蛋蛋白中构成蛋白质的氨基酸中的赖氨酸含量（0.75%）（樊卫国等，1998），说明刺梨花粉蛋白质有较高的营养价值。

蛋白质含量高是刺梨花粉的营养特征之一。牛肉中蛋白质含量为 20.1%，大多数食用花粉的蛋白质含量为 21.4%～28.4%，而刺梨花粉中蛋白质含量为 28.32%，远高于牛肉与其他食用花粉，营养价值极高。

维生素 C 和维生素 E 含量丰富是刺梨花粉的又一营养特征。据徐景耀等（1991）报道，油菜花粉中维生素 C 含量为 4.81mg/100g，混杂的食用花粉中维生素 C 含量为 20.6mg/100g，而刺梨花粉的维生素 C 含量为 436.13mg/100g，其含量相当于油菜花粉的 90.7 倍。

另外，刺梨花粉资源丰富，利用蜜蜂采集刺梨花粉也相对较容易。据报道，在刺梨盛花期，每亩刺梨园可生产刺梨花粉 6～7kg（樊卫国等，1998）。由于刺梨花粉的营养丰富，铁、锌等微量元素含量高，因此，将刺梨花粉作为高营养价值的营养保健资源加以开发利用，这对于提高刺梨资源的综合利用率有重要意义。目前，刺梨作为粉源性植物也正在逐步被开发利用。

三、刺梨根

刺梨根是贵州省民族药材，据《贵州省中药材、民族药材质量标准》《中华本草》记载，刺梨根味苦、涩，性平，归胃、大肠经；功能主治：止痛、健胃消食、止血、涩精，还可用于治疗久咳、泄泻、食积腹痛、带下、牙痛、痔疮、崩漏、遗精。

现代研究表明，刺梨的根含有鞣质，有活血散瘀、收敛止泻、杀虫解毒及祛风除湿等作用，可用于治疗痢疾肠炎、食积腹胀、痔疮出血及自汗盗汗等。鲜刺梨根煎剂还可用于治疗急性细菌性痢疾。

四、刺梨种子

刺梨种子为刺梨的果实籽粒，约占刺梨鲜果的10％；刺梨种子油含有丰富的不饱和脂肪酸、氨基酸，如亚麻酸、亚油酸等人体所需的营养物质，具有促进脂肪的分解、治疗心脑血管疾病、抗癌防癌、抗氧化、促进生长发育、加快人体新陈代谢速率等作用，具有很高的经济价值及药用价值。在刺梨产品的生产加工中，刺梨种子均作为废弃物丢弃，刺梨加工企业每年丢弃的刺梨种子数量巨大，对环境造成较大的污染，开发并利用此资源，有利于实现刺梨资源的最大化利用，推动刺梨产业的可持续发展。

学者们对刺梨种子进行研究，分析测定并鉴定刺梨种子中的化学成分，以期为综合开发利用刺梨资源提供科学依据。朱海燕等（2006）采用GC-MS检测了刺梨籽的乙醚提取物，发现了31个成分并鉴定出了其中的25个化合物，该提取物中主要化学成分为小分子醛和醇类化合物。李东等（2015）研究发现，刺梨种子中氨基酸含量十分丰富，水解氨基酸的总含量为5.64％，其中包含21种氨基酸，天冬酰胺含量最高，为2.31％；酪氨酸含量最低，仅为0.04％；β-氨基异丁酸、精氨酸、γ-氨基丁酸和鸟氨酸含量也较多。刺梨种子中含有的4种人体必需氨基酸及含量分别为：蛋氨酸0.39％、苏氨酸0.11％、亮氨酸0.16％、异亮氨酸0.09％；此外还含有一种人体营养必不可少的氨基酸精氨酸（0.25％）和早产儿所必需的4种氨基酸：酪氨酸、牛磺酸、精氨酸和胱氨酸，总含量为0.45％。甲硫氨酸能通过多种途径有效降低体内氧自由基造成的膜脂质过度氧化及其引起的初级和次级溶酶体膜、细胞和线粒体膜的损害。蛋氨酸即为甲硫氨酸，是构成人体的必需氨基酸之一，参与蛋白质合成，如果甲硫氨酸缺乏就会导致体内蛋白质合成受阻，造成机体损害，而刺梨种子中有较高含量的蛋氨酸，能使人体所需的蛋氨酸及时得到补充。刺梨籽仁中香气成分含量高，周志等（2014）提取并分析刺梨籽仁中的香气成分，发现刺梨籽仁中有9种游离态香气物质，其中萜烯类物质最为丰富，其次是醇类物质和酚类物质；检出18种键合态香气物质，包括酸类8种、醇类3种、酚类3种、羟基醛类2种，羟基酮和羟基酯类各1种。籽仁中被释放出来的异香草醛（3-羟基-4-甲氧基苯甲醛）和香兰素（3-甲氧基-4-羟基苯甲醛）2种羟基醛是重要的键合态香气物质。涂小艳等（2019）采用超声提取工艺提取刺梨种子油并对种子油的理化性质进行分析，结果显示刺梨种子理化指标已达国家食用植物油标准，这为刺梨种子油开发成营养食用油提供了依据。陈青等（2014）采用索氏提取法对刺梨种子油中的脂肪酸成分进行提取，并采用GC-MS联用技术测定脂肪酸含量和组成，结果表明刺梨种子油脂肪酸主要有4种，分别为饱和脂肪酸：硬脂酸及棕榈酸；不饱和脂肪酸：亚油酸和亚麻酸，其中含量最高的成分为亚油酸，平均相对含量为

49.5%，其次为亚麻酸，平均相对含量为 42.8%。亚油酸和亚麻酸是纯天然的不饱和脂肪酸，也是人体必需的营养物质，其分子中羧基具有 pH 响应性，在水溶液中会发生自组装形成囊泡，脂肪酸囊泡具有中空核壳结构，能够作为药物载体应用在医药领域。因此，在开发利用刺梨种子油的同时，开展其在脂肪酸囊泡制备及包埋药物分子上的研究，具有理论和实际意义。

综上所述，刺梨种子具有较大的利用价值以及开发潜力。因此，如何合理开发利用刺梨种子资源，是刺梨产业可持续发展中的关键环节。

五、刺梨皮

刺梨全身都是宝，刺梨皮含有鞣质，有收敛止泻作用，可用于治疗自汗盗汗、食积腹胀、痔疮出血及痢疾肠炎等。刺梨皮还可用于提取花青素或加工制成栲胶。

当前刺梨加工过程中主要采用机械取汁，取汁后的大量皮渣中含有丰富的香气物质和营养物质，生产上往往作为废弃物丢掉，这不仅会造成资源浪费，还会给企业增加压力，而且还会污染环境。周志等（2014）采用顶空-固相微萃取法提取刺梨皮渣中游离态香气物质和酶法释放刺梨皮渣中键合态香气物质，结合气相色谱-质谱法分析技术对刺梨皮渣中的键合态和游离态香气物质进行定性和定量研究。结果表明，刺梨皮渣中检出的游离态香气物质有 21 种，萜烯类物质最丰富，其次是酮类物质和酯类物质；检出的键合态香气物质有 23 种，其中酸类物质最为丰富，其次是醇类物质和酚类物质。皮渣中游离态和键合态香气物质有很大差异，只有辛酸 1 种物质以游离态和键合态两种形式存在。刺梨皮渣中含有较丰富的键合态和游离态香气物质，充分收集并利用这些香气物质，是综合开发利用刺梨资源的一条理想途径。

六、刺梨果渣

伴随着刺梨产业的迅猛发展和刺梨产品的大量研发，产生了大量的刺梨果渣，这些果渣的处理，成为严重困扰刺梨加工企业的一个问题。刺梨果实经榨汁后残留了近 50% 果渣，由于果渣中含大量的粗纤维和单宁，口感差，难以直接食用，直接作为饲料饲养动物，效果不佳，而且鲜残渣容易发霉腐烂不耐贮存，以刺梨果渣为原料加工的产品种类很少。刺梨果渣大部分被丢弃造成很大的资源浪费，对环境造成严重污染，影响农作物的生长，果渣的处理又需要耗费大量的人力、物力，给企业增加压力及运营成本。近年来，研究发现刺梨果渣含有大量的营养物质，其主要成分为粗纤维 38.28%、无氮浸出物 38.46%、粗脂肪 5.62%、粗蛋白 7.07%；另外刺梨果渣中还含有丰富的单宁、维生素、多糖、三萜皂苷、黄酮、矿物质、有机酸、生物碱等活性成分，而且刺梨果渣无毒性，可长期安全食用。

近年来，随着科学技术手段的提升以及刺梨产业的快速发展，刺梨果渣作为一种可循环利用的资源，不仅可应用于农业生产，还可以应用于污水处理、饲料加工、有机肥生产、食品添加等工业方面，具有广阔的发展空间及应用前景。刺梨在食品、药用和保健品领域有很多技术成果和上市产品，而刺梨果渣资源再利用还处于初步研究阶段，目前主要用于生产饲料、发酵品、面食、保健品等。刺梨渣中大量的膳食纤维，经挤压、超微粉碎等生物技术处理后可生产优质纤维，用于焙烤食品、加工面条、制作糖果等；刺梨渣经发酵后可生产果酒或与大米共同发酵生产特色刺梨米酒，制得的果酒风味纯正、果香浓郁，且营养价值优于粮食酒；刺梨渣还可加工成果渣纸，用于包装食品，这种纸容易分解，可回收再利用，不会造成环境污染；将刺梨果渣经发酵处理后再制备饲料或饲料蛋白，其饲喂效果显著提高；以刺梨果渣为主，将其发酵后制备刺梨果醋，这种果醋饮料不仅酸甜爽口，还具备刺梨的独特香气；利用刺梨渣与茶叶共同发酵生产刺梨保健袋泡茶，茶的苦涩味降低，具有刺梨香味，并可以工业化生产；Claudio 等利用植物废渣资源发明了一种新型绿色催化剂，该催化剂可用作亚甲基蓝（MB）和铁肥降解的反应，以及用于大肠杆菌的消毒；还可开展从刺梨渣中提取天然香精的技术研究。刺梨渣综合利用前景广阔，实现刺梨渣的规模化开发与综合利用，建立技术集约型加工模式并进行示范，可全面提升中国刺梨渣综合利用的技术水平和创新能力。因此，为实现刺梨渣的高效利用，减少刺梨果渣的排放及浪费，需要对刺梨果渣进行高值化利用研究。如何利用高新技术改善刺梨果渣原料加工品质，提高其产品附加值，实现刺梨渣的高效利用，减少生产排放及浪费，是刺梨果渣的研究主题，对打造全新的刺梨产业业态，促进刺梨产业及地方经济的发展具有重要意义。

目前，有关刺梨果渣的研究及开发利用主要表现在以下几个方面。

（一）以刺梨果渣为原料生产饲料

由于刺梨果渣含大量粗纤维和单宁，直接用作动物饲料时，口感差，饲养效果不佳。而刺梨果渣富含果糖、维生素等可溶性营养成分，很适合用作发酵基质。刺梨果渣通过发酵后粗蛋白含量明显增加，灰分和粗脂肪含量也大幅度增加，同时消除其中的抗营养因子，经济收益和饲喂效果比直接鲜用和烘干食用有较大提高。另外，以刺梨果渣为原料发酵生产饲料蛋白，适口性得到明显改善，同时具有刺梨的特殊果香，适合作为饲料添加剂或加工成精品饲料饲养宠物，所含营养成分有助于提高动物的消化能力，防治消化不良。

研究发现，新鲜的刺梨果渣与2％尿素混合均匀后，制成固态培养基；将康宁木霉、热带假丝酵母与白地霉混菌按照质量比1:2:2接入固态培养基，接种量为17％，装料量为55g/250mL，料液比1:1（g/mL），pH自然，于30℃培养箱中固态发酵培养5天，得到的发酵产物中蛋白质含量为19.06％，蛋白质含量较未发酵果渣提高175.8％，游离氨基酸含量提高56.3％，可溶性膳食纤维提高37.34％

（张瑜等，2014）。程园等（1988）研究了刺梨渣的饲料价值，发现将刺梨渣青贮半年，无论香味、颜色、松软度、酸度都达到优质标准，奶山羊喜欢吃，证明青贮是贮存的一种有效方法。风干刺梨渣属于粗饲料范畴，刺梨渣干粉可作为山羊、猪、奶牛、绵羊配合饲料原料的一部分。贵州省每年产刺梨果渣达 7.5×10^6 吨，如果全部被利用，可加工成刺梨果渣饲料 3×10^5 吨左右，大约每年能创收 2 亿元。如果再将一部分刺梨果渣饲料利润用于原料补贴，不仅能提高农民的种植积极性，带动其致富，缓解就业压力，同时能有效解决贵州省刺梨产业中刺梨渣资源浪费和环境污染等问题。

（二）用刺梨果渣栽培食用菌

刺梨果渣可以用于栽培平菇与双孢菇，通过刺梨果渣栽培的平菇生物学转化率达 80% 以上。榨汁后的刺梨果渣呈木屑状，有利于堆料发酵过程中保湿、保温，适合培养基质需要长时间发酵的菌种栽培。以刺梨果渣栽培平菇不仅出菇快、发菌周期短，而且其生物学转化率为 126%、平菇总糖含量为 36.99%、蛋白质含量为 20.86%，营养价值与产率均较高。杨勇等（2019）研究发现，以刺梨果渣为主料，栽培红平菇，其平均生物学转化率为 105%，比对照高出 7%；菌丝满袋时间缩短 2 天；刺梨果渣栽培的红平菇中总糖含量为 32.99%，总氨基酸含量为 15.36%，酸性不溶性灰分含量为 6.78%；同时发现红平菇能降解刺梨果渣中的木质素等成分，其对刺梨果渣培养基质中木质素、纤维素、半纤维素的降解率分别为 26.02%、55.62%、65.51%。用刺梨果渣作主料栽培平菇等食用菌，不仅周期短、产量高，实现了对刺梨果渣资源的二次利用，获得较高的经济效益，而且能有效降解刺梨果渣中的木质纤维，有效减少环境污染，同时也降低了平菇的生产成本，是一种高效的生态农业模式。同时，完全出菇后的菌糠，其木质纤维的结构发生变化，降解难度大幅度降低，将其进行加工处理后，又可用于制作生物环保材料、有机肥以及牲畜饲料等，最终实现刺梨果渣的零废弃利用。

（三）刺梨果渣用作食品添加剂

刺梨果渣保健成分含量高，含有大量的黄酮、有机酸、蛋白质和无机盐、矿物质等营养物质，特别是纤维素含量高，可作为食品添加剂使用或加工成各种食品。吴素玲等（2006）通过试验测定刺梨果、刺梨渣和刺梨果汁的总黄酮含量，结果显示果汁中黄酮含量很少，榨汁后还有 80% 以上的黄酮留在刺梨果渣中。所以，在开发利用富有药用价值的刺梨果汁的同时，其下脚料刺梨果渣是提取黄酮的很好的原料。

（四）以刺梨果渣为原料生产膳食纤维

刺梨果渣含 75.69%（以干基计）膳食纤维，是生产膳食纤维的优质原料。刺梨果渣中水溶性膳食纤维（Soluble Dietary Fiber，SDF）含量约为不溶性膳食纤维（Insoluble Dietary Fiber，IDF）的1/2，但却占总膳食纤维的30%以上，显著高于谷物类。研究普遍认为，纤维原料中IDF与SDF质量比接近2∶1，可作为良好的食物添加剂，可见刺梨果实膳食纤维的品质极佳，是优质膳食纤维的良好来源，因此具有极大的开发利用价值。周笑犁等（2018）以发酵法制备的刺梨果渣膳食纤维为材料，模拟人体肠道和胃的pH环境，探讨刺梨果渣不可溶性和可溶性膳食纤维对胆固醇、油脂、葡萄糖、亚硝酸盐和胆酸钠的吸附能力，试验结果表明刺梨果渣膳食纤维具有抑制膳食中脂肪的吸收和利用、清除胆固醇、减少亚硝酸盐的吸收等作用，可作为一种较为优质的膳食纤维资源。李达等研究表明，刺梨果渣与其他常用于提取膳食纤维的原料相比，其持水率和膨胀率相关数值均适中，便于膳食纤维的活化处理，从而提高其利用价值。

高质量的膳食纤维要求其中的水溶性膳食纤维含量在10%以上，因此通过化学、生物及物理改性手段提高膳食纤维中的SDF含量具有重要的应用价值。张瑜等（2015）用发酵法、酶法和化学法制备刺梨果渣膳食纤维，对原果渣以及3种改性方式的膳食纤维样品进行品质分析。结果表明，发酵法SDF得率为12.75%，比原果渣SDF提高74.42%，为制备刺梨果渣SDF的最佳方法，优化工艺条件为：绿色木霉接种量10%，培养温度28℃，pH值为7，培养5天。3种处理方法对刺梨果渣膳食纤维SDF物化性质的影响很大，尤其是发酵法，较原果渣持水力提高37.09%，溶胀性提高19.31%，饱和脂肪吸附力提高226.09%，不饱和脂肪的吸附力提高103.77%，胆固醇吸附力在pH值为7时提高256.16%，能明显改善刺梨果渣膳食纤维的品质。用酿酒酵母发酵后的刺梨果渣除了能大大提高刺梨果渣纤维的膨胀率和持水率外，还具有特殊的发酵香，色泽也很正常。孟满等（2017）采用超微粉碎、双螺杆挤压以及挤压-超微粉碎联用处理方式对刺梨果渣理化性质、基本营养成分以及微观形态结构进行对比分析，发现3种改性方式对刺梨果渣理化性质、营养成分等影响显著，其中挤压处理对果渣SDF含量提高效果最佳，经过挤压处理的果渣中SDF含量为24.39%，是原果渣SDF含量的3.11倍；超微粉碎组（粒径250～150μm）和挤压处理组果渣膨胀力较对照组提高，持水力较对照组有所降低。超微粉碎、挤压和挤压-超微粉碎联用处理能显著提高刺梨果渣的水溶性。刺梨果渣经改性后的理化性质、营养成分得到改善，可更好地发挥其生理功能，为开发制备高膳食纤维的功能性产品提供技术支撑和理论参考。

（五）以刺梨果渣为原料生产刺梨果渣超微粉

制备野生刺梨果渣超微粉的最佳粉碎条件为：于−20℃下超微粉碎20min，微晶纤维素添加量为30g/kg。在此条件下，超微粉粒径适中，既能使细胞充分破壁，提高人体对营养物质的吸收速度，又避免粉体粒径过小发生团聚吸潮，更有利于贮存保质。成品超微粉的出粉率、抗结块性和流动性较好，营养素溶出率大大提高，其多酚及黄酮溶出量分别为 1.90mg/g 和 0.74mg/g，比普通粗粉高 135.0％ 和 24.5％，在实际生产中具有良好的应用前景。梁欣妍等人研究发现，60 目和 300 目 2 种粒度的刺梨果渣粉均能较好地改善高脂血小鼠氧化应激作用，缓解高脂血症状。通过研究刺梨果渣经挤压超微粉碎处理技术处理前后对四氧嘧啶所致高血糖小鼠的降血糖及抗氧化功能，发现挤压超微粉碎刺梨果渣与原果渣对四氧嘧啶所致糖尿病小鼠的血糖均有降低作用，其中挤压超微粉碎处理的果渣降血糖作用更为明显，说明刺梨果渣对降血糖及改善氧化应激作用有较好的效用，有助于缓解糖尿病症状。

（六）以刺梨果渣为原料生产果醋

在微生物发酵中，以水果代替粮食可保留水果中的矿物质元素及营养成分。此外，果醋中一般含有原水果中特殊的芳香和色泽，具有不同于一般粮食醋的外观、风味和口感，更受市场欢迎。应用刺梨果渣制醋有固态发酵法和液态发酵法，或用刺梨废渣代替部分麸皮等做填充料酿造具有刺梨风味的果醋。其中，采用液态发酵法制作刺梨果醋，其乙醇发酵工艺条件为：以刺梨果渣为主要原料，加入 7 倍质量的纯净水，用白砂糖将糖度调整为 9％～13％，再加入混合物质量 0.3％ 的葡萄酒活性干酵母，发酵 6～10 天；刺梨果醋醋酸发酵的最佳工艺条件为：菌种接种量 10％，果酒酒精度 5％ vol.，发酵时间为 10 天，该工艺条件下，总酸为 2.79g/100mL。刺梨果醋饮料通常采用 10％ 刺梨汁、10％ 白砂糖、17％ 刺梨醋调配，且调制后的刺梨果醋饮料具有刺梨的独特香气、颜色金黄、酸甜爽口（康志娇等，2013）。采用固态发酵法即加入药曲、黑曲霉菌种使淀粉糖化与乙醇发酵同时进行，加入麸皮、刺梨渣进行醋酸发酵，经陈酿、淋醋、勾兑、检测后，酿制出的果醋酸味适中、回甜可口，具有独特的刺梨果香，且维生素 C 含量高，具有较强的营养保健功能。王岁楼等（1998）利用刺梨果渣代替部分麸皮做填充料，酿制出具有刺梨特有风味的优质果醋。利用刺梨果渣做醋酸发酵填充料，既能减少麸皮等的用量，将生产成本降低 20％ 以上，又可在提高经济效益的同时，生产出符合要求的风味保健型优质香醋，是综合利用刺梨果渣的简单实用而有效的途径，特别值得缺少稻糠、麸皮而又具有刺梨果渣来源的酿醋厂重视。

（七）以刺梨果渣为原料生产保健品

可以挤压改性后的刺梨果渣超微粉以及膳食纤维为主要原料制备具有保健功能的刺梨膳食纤维素片或者刺梨果维咀嚼片。其中，刺梨果维咀嚼片的配制方法为，将刺梨果渣膳食纤维粉或刺梨果渣超微粉过 300 目筛备用；取蔗糖粉碎，按配方称取刺梨果渣超微粉、柠檬酸、蔗糖，并置于搅拌机内搅拌均匀，再加入刺梨汁和适量纯净水混合搅拌，制成颗粒，经压片后即得蔗糖型刺梨果维咀嚼片；或以复合甜味剂、山梨糖醇和麦芽糊精为赋形剂，按配方比例加入刺梨果渣超微粉、复合甜味剂、麦芽糊精、柠檬酸以及山梨糖醇，并置于搅拌机内搅拌均匀，再加入刺梨汁和适量纯净水混合搅拌制成颗粒，经压片后即得低糖型刺梨果维咀嚼片。

（八）以刺梨果渣为原料制作软糖

刺梨果渣中含有大量的有机酸和较高含量的蛋白质、糖分、无机盐、粗纤维和维生素 C 等多种营养物质，具有较高的开发利用价值。有学者以新鲜刺梨果渣为原料，研究发现制作刺梨软糖的最佳胶凝剂复配种类和比例为卡拉胶、麦芽糊精与明胶质量比 1∶2∶7，最优工艺条件为复配胶凝剂含量 9.01%、蔗糖含量 36.82%、果渣含量 24.59%，在此工艺条件下制备的刺梨软糖具有良好的外观、组织状态和口感，感官评分高达 92.6 分，是适合各类消费人群食用的休闲营养小食品（李小鑫等，2013）。

（九）刺梨果渣香气成分的应用

刺梨果渣中含有大量游离态及键合态香气成分，可用于提取天然香料。这种香料同合成香料相比，富含天然果香味而且无毒无害、使用安全，可用于化妆品、果汁饮料、绿色食品、芳香剂中。

（十）以刺梨果渣为原料生产生物肥

刺梨生物肥系列产品目前得到生产应用的主要是刺梨酵素菌肥。在刺梨加工生产过程中常产生大量的果渣等废料，这些废料经常被随意丢弃，不仅污染环境，更造成资源的浪费，影响经济效益。普通化肥的有效利用率仅为 1/3，在土壤中的残留量高达 2/3，经常使用这些化肥会导致土壤板结、生态破坏。以刺梨废料为原料制备的刺梨酵素菌肥，不仅能有效改善土壤环境，增加土壤肥沃度及有机物含量，提高植物生长速率，而且还能提高资源利用率，有效地保护生态环境。

1. 生产加工工艺流程

原料准备→洗净→切段→加料→搅匀→发酵→成品。

2. 具体操作及要求

① 按质量分数称取原料，刺梨枝叶 60%～80%、废料 30%～50%、米糠 5%～8%、酵素菌 2%～3%、红糖 2%～3%；水∶原料＝1∶1。

② 将刺梨枝叶洗净并切成 3～10cm 长的短段。

③ 将农作物残枝叶、幼嫩枝叶、田间杂草等废料洗净，切成 10～20cm 的长段。

④ 将切成短段的刺梨枝叶与长段的废料以及米糠依次加入发酵池中，搅拌均匀。

⑤ 将红糖用适量水溶解，与酵素菌混合均匀，并均匀加入发酵池中，此时，

所有原料占发酵池容积的 70%～80%。

⑥ 向发酵池中注入清水，淹没原料即可，然后用透气的纸或者布盖好，静置发酵 3～10 天（其中，夏季放置时间为 3～4 天，冬季为 7～10 天），每天上午和下午均用洁净的器具对发酵池搅拌一次，每次 5min 左右，确保搅拌均匀；当发酵池中有气泡冒出且出现黄绿色液体时，即可取出使用。

参 考 文 献

[1] 安华明，刘明，杨曼，等．刺梨有机酸组分及抗坏血酸含量分析 [J]．中国农业科学，2011，44 (10)：2094-2100.

[2] 陈恩长．黔安无籽刺梨品种选育报告 [J]．大科技，2013，(14)：247-249.

[3] 陈红，张绿萍．刺梨花药愈伤组织培养过程中生理生化特性研究 [J]．北方园艺，2008，(8)：47-48.

[4] 陈青，陈琳，罗江鸿，等．刺梨籽油脂肪酸的提取及其成分测定 [J]．甘肃农业大学学报，2014，49 (2)：147-149.

[5] 邓茹月，曾海英．巴氏杀菌在刺梨果浆中的应用 [J]．食品工业，2017，38 (3)：124-127.

[6] 丁筑红，谭书明，吴翔．植酸对不同热处理刺梨果汁 Vc 含量及褐变的影响 [J]．食品研究与开发，2004，25 (5)：58-60.

[7] 樊卫国，刘进平．刺梨花粉和叶的营养成分分析 [J]．营养学报，1998，20 (1)：107-110.

[8] 樊卫国，安华明，刘国琴．不同刺梨品种的光合特性 [J]．种子，2006，25 (10)：27-28.

[9] 房洪舟，鲁敏，安华明．刺梨叶片愈伤组织培养体系建立及其主要活性物质分析 [J]．植物生理学报，2019，55 (8)：1147-1155.

[10] 高相福，罗翠芳，刘劲松．刺梨的组织培养 [J]．贵州农学院学报，1986，(1)：1-6.

[11] 郭建军，陆锦锐，罗俊，等．刺梨茶对糖尿病小鼠血糖的影响 [J]．中国民族民间医药，2017，26 (14)：50-53.

[12] 韩会庆，朱健，苏志华．气候变化对贵州省刺梨种植气候适宜性影响 [J]．北方园艺，2017，(5)：161-164.

[13] 何伟平，朱晓韵．刺梨的生物活性成分及食品开发研究进展 [J]．广西轻工业，2011，(11)：1-3.

[14] 胡斯杰，佟长青，郑鲁平，等．刺梨的化学成分、药理作用与性味归经 [J]．农产品加工，2017，(3)：48-50.

[15] 胡斯杰，牛红鑫，余睿智，等．刺梨果汁对乙醇诱导慢性肝损伤小鼠的保护作用 [J]．安徽农业科学，2017，45 (16)：102-105.

[16] 黄国柱，黄一萍，唐玉芳．刺梨果酱生产工艺 [J]．食品工业科技，1993，(5)：40-41.

[17] 黄桔梅，罗松，徐飞英．刺梨果实中 SOD 含量与生态气候研究 [J]．贵州气象，2003，27 (5)：32-35.

[18] 季祥彪，李淑久．贵州 4 种刺梨的比较形态解剖学研究 [J]．山地农业生物学报，1998，1 (1)：28-33.

[19] 蒋纬，谭书明，胡颖，等．刺梨果粉喷雾干燥工艺研究 [J]．食品工业，2013，34 (10)：25-28.

[20] 金敬宏，孙晓明，吴素玲．刺梨活性冻干粉冷冻干燥工艺研究 [J]．中国野生植物资源，2005，24 (2)：46-48.

[21] 康志娇，张明，陈华国，等．刺梨渣制备刺梨果醋的工艺优化 [J]．贵州农业科学，2013，41 (8)：170-172.

[22] 雷基祥，高天勇，高相福．试管繁殖刺梨不同继代主要性状研究 [J]．贵州农业科学，1997，25 (4)：17-19.

[23] 李东，谭书明，刘凯，等．刺梨种子中水解氨基酸的测定分析 [J]．食品与发酵科技，2015，51 (1)：70-73.

[24] 李齐激，邹顺，杨艳，等．贵州刺梨之民族植物学研究 [J]．中国民族医药杂志，2016，22 (4)：38-39.

[25] 李小鑫，郑文宇，王晓芸，等．刺梨果渣软糖配方工艺优化研究 [J]．食品科技，2013，38 (10)：

145-150.

[26] 林冰, 孙悦, 何怡, 等. 刺梨酵素的制备及活性测定 [J]. 中国食品添加剂, 2018, (10)：109-114.

[27] 梁梦琳, 李清, 龙勇兵, 等. 刺梨的化学成分鉴定及其抗菌活性 [J]. 贵州农业科学, 2019, 47 (5)：10-13.

[28] 廖安红, 陈红. 不同 ^{60}Co-γ 射线辐照剂量对刺梨幼苗生长及生理特性的影响 [J]. 分子植物育种, 2016, 14 (3)：742-748.

[29] 刘春梅, 代亨燕, 谢国芳, 等. 刺梨汁的澄清脱涩技术研究 [J]. 食品工业科技, 2010, 31(2)：237-239.

[30] 刘起展, 方耀明, 崔瑞平, 等. 刺梨汁对慢性氟中毒的影响及机理研究 [J]. 营养学报, 1995, 17 (2)：210-215.

[31] 刘芳舒, 张瑜, 罗昱, 等. 无籽刺梨复合果酱配方工艺技术研究 [J]. 食品科技, 2015, 40 (1)：107-111.

[32] 刘涵玉, 徐俐, 朱通, 等. 不同贮藏温度对刺梨果实品质影响 [J]. 食品工业, 2016, 37 (2)：59-63.

[33] 鲁敏, 安华明, 赵小红. 无籽刺梨与刺梨果实中氨基酸分析 [J]. 食品科学, 2015, 36 (14)：118-121.

[34] 罗登义. 刺梨的探索与研究 [M]. 贵阳：贵州人民出版社, 1987.

[35] 罗小杰. 刺梨果汁澄清技术研究 [J]. 广西轻工业, 2011, (4)：6-7.

[36] 罗亚红. 刺梨梨小食心虫的发生规律及防治措施研究 [J]. 河北农业科学, 2009, 13 (12)：20-21.

[37] 罗昱, 徐素云, 李小鑫, 等. 刺梨果汁储藏中非酶褐变原因解析 [J]. 食品科技, 2014, 39 (10)：69-73.

[38] 罗丽华, 张雪, 鲁敏, 等. 遮光对刺梨果实 AsA 含量及其合成基因表达的影响 [J]. 分子植物育种, 2018, 16 (21)：6975-6981.

[39] 孟满, 张瑜, 林梓, 等. 不同物理方法处理刺梨果渣理化性质分析 [J]. 食品科学, 2017, 38 (15)：171-177.

[40] 牟君富, 王绍美, 朱庆刚. 刺梨果实营养成分分析初报 [J]. 贵州农业科学, 1981 (6)：55-56.

[41] 牟君富. 贵州刺梨果实贮藏保鲜的研究 [J]. 园艺学报, 1984, 11 (2)：93-99.

[42] 牟君富, 王绍美, 朱庆刚. ^{60}Co-γ 射线在刺梨果实贮藏保鲜上的应用 [J]. 贵州农业科学, 1984 (4)：61-62.

[43] 牟君富. 解决刺梨加工原料周年供应的途径 [J]. 农业工程学报, 1988 (2)：49-60.

[44] 牟君富, 雷基祥, 谭书明, 等. 刺梨果实最适采收期的研究 [J]. 贵州农学院学报, 1995, 14 (4)：50-56.

[45] 牟君富, 李淑久. 刺梨果实冷冻贮藏保鲜及取汁技术研究 [J]. 中国野生植物资源, 2012, 31 (3)：63-66.

[46] 漆正方, 蔡金腾, 张容榕. 刺梨鲜果块真空冷冻干燥工艺研究 [J]. 食品安全导刊, 2015, (33)：153-154.

[47] 卿晓红. 刺梨果实中硒和维生素 E 含量的相关研究 [J]. 贵州农学院学报, 1995, 14 (1)：55-57.

[48] 任春光, 王莹, 贺红早, 等. 刺梨酥李复合果酒发酵研究 [J]. 酿酒科技, 2014, (10)：72-74.

[49] 石琳, 詹继红. 刺梨干粉联合西药防治慢性肾脏疾病的临床疗效观察 [J]. 中西医结合研究, 2014, 6 (5)：247-248.

[50] 孙悦, 林冰, 刘婷婷. 刺梨口含片的制备工艺研究 [J]. 现代食品, 2018 (14)：130-132.

[51] 孙红艳, 胡凯中, 郭志龙, 等. 超声波法提取刺梨多酚的工艺优化及体外抑菌活性研究 [J]. 中国食品添加剂, 2016, (2)：57-61.

[52] 唐健波,刘辉,刘嘉,等.不同提取方法刺梨多糖理化性质研究 [J].农业科技与信息,2016 (29):34-35.

[53] 王奎,刘丽君,刘进,等.黔南州刺梨主要蛀果害虫及防治措施 [J].现代农业科技,2018 (9):157-158.

[54] 王小平.刺梨(*Rosa roxburghii* Tratt.)离体繁殖与四倍体选育研究 [D].西南大学,2009.

[55] 王永志,姚银安,陈小荣,等.干旱和紫外线辐射对刺梨叶片光合生理的影响 [J].贵州农业科学,2009,37 (6):36-38+43.

[56] 王振伟,张品品.微波消解-火焰原子吸收光谱法测定刺梨中矿质元素含量 [J].河南农业科学,2015,44 (6):125-127.

[57] 王岁楼,孔德顺,王建民.用刺梨废渣做填充料酿造优质食醋 [J].中国调味品,1998 (1):14-25.

[58] 文晓鹏,朱维藩,向显衡,等.刺梨光合生理的初步研究(一) [J].贵州农业科学,1992,(6):27-31.

[59] 文晓鹏,邓秀新.利用细胞学和分子标记检测刺梨愈伤组织的遗传稳定性 [J].果树学报,2003,20 (6):467-470.

[60] 文晓鹏,徐强,樊卫国,等.刺梨杂种 F1 代田间抗白粉病的遗传分析初探 [J].园艺学报,2005,32 (2):304-306.

[61] 韦国美,张丹丹,梁周群,等.刺梨糯米糍的研制 [J].食品研究与开发,2018,39 (1):83-88.

[62] 吴惠芳,邹锁柱,陈雪,等.JA 高效澄清剂对提高刺梨饮料质量的研究 [J].贵州农业科学,1999,27 (2):24-27.

[63] 吴惠芳,邹锁柱,陈雪.可溶性甲壳质澄清刺梨汁的研究 [J].食品科学,2007,28 (3):131-134.

[64] 吴惠芳,吴英华,吕闻文.JA 剂涂膜保鲜刺梨的研究 [J].酿酒科技,2007,(5):59-60+64.

[65] 吴翔,蔡金腾.刺梨果微波冷冻干燥实验简报 [J].山地农业生物学报,2000,19 (1):72-74.

[66] 吴翔,吴龙英.雪莲果、梨、刺梨混合发酵果酒澄清效果探讨 [J].中国酿造,2013,32 (12):88-91.

[67] 夏星,钟振国,廖林枝,等.刺梨提取物影响小鼠抗疲劳及耐缺氧能力的研究 [J].时珍国医国药,2012,23 (7):1664-1666.

[68] 向显衡,刘进平,樊卫国.刺梨种质资源利用研究简报 [J].贵州农学院学报,1988,(1):103-104.

[69] 谢国芳,刘春梅,谭书明.刺梨汁澄清工艺的研究进展 [J].农产品加工(创新版),2009,(10):28-30.

[70] 谢国芳,谭书明.刺梨糕的研制 [J].食品工业,2011,32 (7):4-6.

[71] 严凯,罗泽丽,胡芳丽,等.刺梨白粉病的发生规律及生物学特性 [J].江苏农业科学,2017,45 (21):119-122.

[72] 杨娟,杨勇,罗忠圣,等.刺梨果渣栽培平菇及其酶法提取菌糠氨基酸工艺研究 [J].中国食用菌,2019,38 (7):50-57.

[73] 杨璐.复方刺梨合剂的制备、质控及治疗黄褐斑临床观察 [J].现代实用医学,2012,24 (1):95-96.

[74] 杨胜敖,江明.野生刺梨酸奶的研制 [J].食品科技,2005,(3):66-68.

[75] 叶镛.贵州刺梨与刺梨研究史——兼谈为刺梨"正名"的问题 [J].贵州社会科学,1983 (4):28-35.

[76] 张容榕,蔡金腾,漆正方.刺梨胶原蛋白片的制备 [J].食品研究与开发,2016,37 (8):68-71.

[77] 张瑜,李小鑫,罗昱,等.刺梨果渣发酵饲料蛋白的工艺研究 [J].中国酿造,2014,33 (11):75-80.

[78] 张瑜,李小鑫,刘芳舒,等.不同工艺制备刺梨果渣膳食纤维及品质分析 [J].中国酿造,2015,34

(2)：82-86.

[79]　周广志，鲁敏，安华明. 刺梨及其近缘种质叶片主要活性物质含量及抗氧化性分析［J］. 核农学报，2019，33（8）：1658-1665.

[80]　周志，汪兴平，朱玉昌，等. 刺梨皮渣和籽仁中游离态和键合态香气物质的比较［J］. 食品科学，2014，35（22）：121-125.

[81]　周笑犁，王瑞，高蓬明，等. 刺梨果渣膳食纤维的体外吸附性能［J］. 食品研究与开发，2018，39（2）：187-191.

[82]　朱通，徐俐，刘涵玉，等. 采收成熟度对刺梨果实贮藏品质的影响［J］. 食品科学，2014，35（22）：330-335.

[83]　Chen Y，Liu Z J，Liu J，et al. Inhibition of metastasis and invasion of ovarian cancer cells by crude polysaccharides from *Rosa roxburghii* Tratt in vitro［J］. Asian Pacific Journal of Cancer Prevention，2014，15（23）：10351-10354.

[84]　Fan W G，An H M，Liu G Q，et al. Changes of endogenous hormones contents in fruit，seeds and their effects on the fruit development of *Rosa roxburghii*［J］. Agricultural Sciences in China，2003，2（12）：1376-1381.

[85]　Liu W，Li S Y，Huang X E，et al. Inhibition of tumor growth in vitro by a combination of extracts from *Rosa roxburghii* tratt and *Fagopyrum cymosum*［J］. Asian Pacific Journal of Cancer Prevention，2012，13（5）：2409-2414.

[86]　Wang L，Zhang B，Xiao J，et al. Physicochemical，functional，and biological properties of water-soluble polysaccharides from *Rosa roxburghii* Tratt fruit［J］. Food Chemistry，2018，(249)：127-135.

[87]　Xu P，Zhang W B，Cai X H，et al. Flavonoids of *Rosa roxburghii* Tratt act as radioprotectors［J］. Asian Pacific Journal of Cancer Prevention，2014，15（19）：8171-8175.

[88]　Xu P，Liu X X，Xiong X W，et al. Flavonoids of *Rosa roxburghii* Tratt exhibit anti-apoptosis properties by regulating PARP-1/AIF［J］. Journal of Cellular Biochemistry，2017，118（11）：3943-3952.

[89]　Zhang C N，Liu X Z，Qiang H J，et al. Inhibitory effects of *Rosa roxburghii* Tratt juice on *in vitro* oxidative modification of low density lipoprotein and on the macrophage growth and cellular cholesteryl ester accumulation induced by oxidized low density lipoprotein［J］. Clinica Chimica Acta，2001，313（1-2）：37-43.